教育部高等……

学科教学指导委员会推荐教材

中国轻工业“十三五”规划教材

食品风味化学
（第二版）

王永华　戚穗坚　主编

张水华　主审

中国轻工业出版社

图书在版编目（CIP）数据

食品风味化学 / 王永华，戚穗坚主编. —2 版 . —北京 ：
中国轻工业出版社，2025. 1
ISBN 978-7-5184-3891-4

Ⅰ. ①食… Ⅱ. ①王… ②戚… Ⅲ. ①食品化学—教材
Ⅳ. ①TS201. 2

中国版本图书馆 CIP 数据核字（2022）第 030941 号

责任编辑：马 妍
策划编辑：马 妍　　责任终审：李建华　　封面设计：锋尚设计
版式设计：砚祥志远　　责任校对：朱燕春　　责任监印：张 可

出版发行：中国轻工业出版社（北京鲁谷东街 5 号，邮编：100040）
印　　刷：北京君升印刷有限公司
经　　销：各地新华书店
版　　次：2025 年 1 月第 2 版第 2 次印刷
开　　本：787×1092　1/16　印张：14. 25
字　　数：329 千字
书　　号：ISBN 978-7-5184-3891-4　定价：42. 00 元
邮购电话：010-85119873
发行电话：010-85119832　010-85119912
网　　址：http://www. chlip. com. cn
Email：club@ chlip. com. cn

250073J1C202ZBQ

第二版前言 | Preface

《食品风味化学》第一版作为教育部高等学校轻工与食品学科教学指导委员会推荐教材，于2015年6月出版。

第二版在第一版的基础上，在内容和编排上作了更合理和更符合研究现状的修订。修订后，教材分为四篇十二章，分别为：第一篇　风味的基础知识（包括原第一章、第二章、第十二章）；第二篇　风味物质的制备与创制（包括原第三章、第五章、第六章、第七章、第十章）；第三篇　风味物质的调控（包括原第四章和第九章）；第四篇　风味物质的鉴定与质控（包括原第八章和第十一章）；对各章节的内容进行了更新和精简。

本教材结合了国内外风味物质和风味化学的系统研究，按照实用性的原则，集合了有关食品风味化学的基础理论及应用的主要内容，可供高等学校食品科学与工程、食品质量与安全等各专业使用，也可供各化学相关学科专业、食品企业等单位的有关科技人员参考。

本教材由王永华、戚穗坚任主编，张水华任主审，参与编写的成员有华南理工大学王永华（第一、三、五、六、八章）；戚穗坚（第二、四、十、九、十一章）；蓝东明（第七章）；新疆石河子大学詹萍（第十二章）。

鉴于编者水平限制，书中难免存在疏漏之处，恳请读者批评指正。

编　者

2022年1月

第一版前言 Preface

食品除了要满足各种营养与安全方面的要求之外，作为一种被消费者喜爱的食品，还必须具备吸引人的色、香、味、形等方面的特征。食品风味化学是一门研究食品风味的产生、变化、提升与改良等的学科，是食品化学的一个重要分支，也是基于食品调味学理论不断发展起来的一门重要基础学科。

“食品风味化学”是食品科学与工程专业、食品质量与安全专业的重要课程之一。近年来，多种与食品相关的教科书中都涉及食品风味化学的内容，而国内比较系统、全面介绍食品风味知识的教科书比较少。

本教材以满足教学需要和注重实用性为基本出发点，重点介绍了食品风味化学的基础理论及应用，主要内容包括食品风味与风味物质的定义、风味感知基础、各类风味转化的化学、食品常见的异味及其调控、天然风味物质及化学合成风味物质的类别及形成、现代生物技术及其在制备风味物质中的应用和风味物质的分离、鉴定、控释及质量控制、国内外风味物质相关法律法规介绍。

本教材既可供高等学校食品科学与工程、食品质量与安全等专业使用，也可供各化学相关学科专业、食品企业等参考。

本教材由王永华、戚穗坚主编，张水华主审。编写分工如下：华南理工大学王永华编写第一、五、六、十、十二章；戚穗坚编写第二、三、四、九章；蓝东明编写第七章；王娟编写第八章；新疆石河子大学詹萍编写第十一章。感谢华南理工大学的研究生何思莲、邓敏、李道明、辛瑞璞、郑平玉等，以及本科生冼伟超、张亚丽等协助本书的整理与校对工作。

鉴于时间仓促以及编者水平限制，书中难免存在各种疏漏之处，恳请读者批评指正。

编　者

2015年3月

目录 Contents

第一篇　风味的基础知识

第二篇 风味物质的制备与创制

第三篇 风味物质的调控

第四篇 风味物质的分离鉴定与质控

第一篇

风味的基础知识

第一章 绪论

CHAPTER 1

第一节 食品风味领域发展沿革

史前时代，人们已开始使用天然草本植物和香辛料等来作为调味料。随着食品工业的飞速发展，大量的调味料得以开发并广泛应用于食品加工中。人类历史长河的发展和香料的开发使用息息相关，人们时时刻刻都感受着味觉和嗅觉感知所带来的不同体验，香精香料的应用旨在提升人们的感官享受和饮食兴趣，由此也奠定了食品风味领域的产业基础。

在埃及发展的历史早期，人类文明的进步已促使人们开始关注香料的开发与使用。人们了解到一些香料和树脂具有防腐性能；人们可用简单的蒸馏和萃取方法获得精油和树脂并用于制药。风味领域的发展最早可追溯于此。但直到宫廷巴洛克时期，香料开发利用才开始被人类所重视。在中世纪时代，一些修道士开始获取天然植物香料并将其加工成能够给食物调味的物质。精油的工业化生产最早形成于19世纪前半叶。在19世纪中叶，人们认识到芳香化合物单体在香气贡献中的重要作用，开始尝试从自然资源中分离单体呈香化合物，之后人们开始采用化学合成的方法合成芳香单体化合物，从而代替一些稀有的或者昂贵的天然香料。但是合成香料的大规模生产直到20世纪才得以实现。最早合成的重要芳香物质有水杨酸甲酯、肉桂醛、苯甲醛和香兰素。

化学工业技术的突破滋生了香精香料企业的产生。多年来，此领域已经发展成为一个高利润行业，主要服务于食品、饮料、化妆品、洗浴用品、家用产品以及日化香水、烟草等企业。随着食品工业及餐饮服务业的快速发展，香精香料企业在此食品领域中发挥着日益重要的作用。Haarmann & Reimer 成立于1919年，是世界上第一个生产合成香水和香料的公司。在2003年，该公司与Dragoco公司合并，命名为Symrise，并于2006年年底成功上市。目前，瑞士的奇华顿（Givaudan）公司和芬美意（Firmenich）公司是世界上最大的香精香料公司，它们控制着全球30%~40%的市场。在网络上有关于这两大公司发展历史的大量信息。

风味行业的发展不仅与世界工业进程紧密相连，其与化学、物理、生物等多学科的发展进步更是密不可分，并培养了多个诺贝尔奖得主，如奥托·瓦拉赫，他因在萜类化合物研究领域的杰出贡献于1910年获得诺贝尔化学奖。各种分析检测仪器的出现、计算机技术及网络系统的发展、化学合成技术的进步、加工新技术的层出不穷、风味感官生理基础理论研究的突破等都大大推进了风味领域进步的步伐。风味领域发展史如表1-1所示。

表1-1 风味领域发展史

1950—1965 古老期 老式天然香料	1965—1990 古典时期 仪器分析和合成	1990—1999 新时代时期 技术/应用	2000—? 新世纪初期 生产力/高科技/消费者研究
香料基于： ·天然提取物 ·香精油 ·合成香味组分很少 ·反应风味 ·香精是液体	香料相当基于： ·合成（性质相同的风味成分） ·单一的天然香气成分（发酵、物理手段） ·自然分离（如：柑橘、茶叶、香草） ·干风味变得更加重要 ·喷雾干燥 ·市场开辟了新产品和新概念：例如，引入方便食品	香精输送系统要求： ·功能（如风味释放） ·技术（如封装） ·在市场上取得成功的决定性因素 ·要求集成的产品概念 ·有额外利益的香精变得很重要 ·拓宽市场，引进时尚食品（有时很短的生命周期）成为流行	香精不仅是挥发物的一部分，而且能产生味道和化学物质 口感和味道的修饰变得非常重要 研究消费感官/市场研制 对于消费者来说，健康日益引起重视。肥胖和由此产生的低碳水化合物饮食会影响产品开发。 减盐变得同样重要

香精香料产业是一个创新技术高度驱动、综合人才高度集中和受市场紧密调节的行业。企业必须具有经验丰富的调香师、风味物质研发人员、剖析香气成分的分析技师、熟悉食品加工和应用的工程师和专业销售人员等。对于大型香精香料企业来讲，它们每年会划拨销售额的7%~8%用于新型香精香料产品的研发。企业都会设立大型的研发中心，且配备极好的分析仪器设备。典型的仪器有：气相色谱、高效液相色谱、傅里叶变换红外光谱、核磁共振、气相色谱-质谱联用仪、高效液相色谱-质谱联用仪、气相色谱-傅里叶变换红外光谱联用仪、气相色谱-质谱-质谱联用仪、高效液相色谱-磁共振联用仪等，这些仪器能够从各种各样复杂混合物产品中分离出目标物且能说明未知组分的化学结构。企业研发中心主要是根据市场需求，进行食品行业所需香精香料新产品的理解、设计与研发，以提高其感官特性。它们研究的重点在于发现新型香气成分，香气组分的分离与固定化技术，针对不同食品类型需求或不同食品加工工艺要求研发新产品，研发新型生物技术制备天然香料，新型香料产品的稳定化技术，改进旧工艺以降低成本、提高生产绩效等。例如，对调香师而言，通常以匹配一个天然食品或加工食品（饮料等）为目标，进行香精香料产品的研发与调制，并在食品加工技术专家的帮助下，确保风味物质和香气成分能够在产品中稳定存在并且有效释放，从而有效添加到目标食品产品中。

综上，食品风味领域是高度科学发展驱动的领域，科学技术，如基因工程、生物技术、酶学、物理学和电子学等交叉学科在安全、环保等创新性香料的发展过程中将起到重要作用。企业开发新型产品必须瞄准“安全、生产过程环保、市场定位清晰、绝对创新性”这四大特点，才能占领此领域的制高点。企业意识到当今成功的关键在于为市场尽可能快地带来新的研究成果。因此，大型公司都使用这种创新观念来确保合适的项目管理和创新理念的高效商业化。具有创新性的调香师、香料科学家并结合强大的应用团队和技术市场开拓团队，就会带来很强大的科研成果和巨额利润。此外，所有大型公司都会使用先进的网络系统来确保他们的产品研发和管理的高度有效性。因此，未来香精香料企业的竞争绝对是全面的、综合性的竞争。

第二节 食品风味概述

一、食品风味定义

对食品而言，风味的重要性毋庸置疑。清代袁枚的《随园食单》中就有“以味媚人”之说。现在我们对一道菜肴的高度评价多为“色、香、味”俱全。但究竟什么是风味？此答案在漫长的人类发展中得以不断阐释与完善。

风味这个概念并不起源于食品，它的历史几乎与人类文明史同样悠久。几千年以前，人们将精油、香料或香膏涂在身体上，使自己变得香气宜人。因此，“风味即香味”便成了从前人们对风味的理解。显然，以现在的认知，此理解过于简单化。虽说在现代生活中，香味这种嗅觉享受在风味中仍然占很大一部分，但确切的“风味内涵”远远不止这样，尤其是食品风味。

风味一词在英语中是“Flavor”，英国标准学会（British Standard Institution，BSI）对“Flavor”的注释是：风味是味觉和嗅觉的组合，受热觉、痛觉、冷觉和触觉的影响。

1986 年 Hall R. L. 提出，风味是摄入口腔的食物使人的感觉器官所产生的感觉印象，包括味觉、嗅觉以及痛觉、触觉和温觉等；即食物客观性质使人产生的感觉印象的综合。这个定义比前面对“Flavor”的注释更为广泛一些，它认为痛觉、触觉、温觉等本身就是风味的一部分，而不是风味的影响因素。

我国则在 GB/T 10221—2021《感官分析 术语》中规定了风味的含义：风味是品尝过程中感知到的嗅感、味感和三叉神经感觉的复合感觉，它可能受触觉、温度、痛觉和（或）动觉效应的影响。

Flavor Chemistry and Technology 一书中写道：完整的风味体验是各种感觉的结合，以及对这些感觉信息的认知处理。一般认为，风味感知只与嗅觉、味觉和体觉（刺激、触觉、温度）相关，实质上大量的其他感觉信息一同参与了大脑的信号加工形成最后的风味感知（图 1-1），这种广义上的“风味定义”近年来才得到人们的广泛认可，且激起了更多科研工作者在此领域的多学科交叉研究。

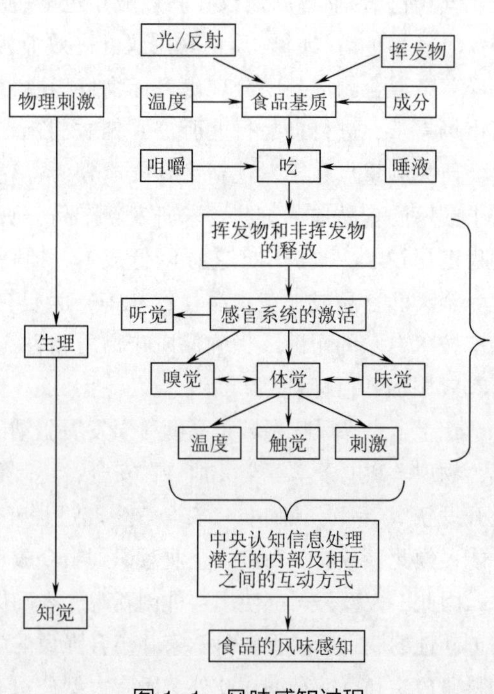

图 1-1 风味感知过程

综上所述，狭义上的食品风味是指食品给人带来的味觉和嗅觉的综合感觉。广义上的食品风味则是食物的客观性质作用于人的感觉器官所产生的综合知觉，涵盖了化学感觉、物理感觉及心理感觉等各个方面。食物的客观性质决定于食物的来源、存储条件和加工技术等可变的客观因素；人的感觉则为人的生理、心理、健康状况、习惯、种族等主观因素和环境所左右。因此，食品风味是一个多学科的复杂研究领域。

二、食品风味物质的定义与分类

在香料行业，许多风味物质（Flavouring Materials）可用于香精香料的创制。这些风味物质来源多样，如动植物及其衍生物、发酵产物、酶催化转化产物、合成香料化合物等。目前，越来越多的风味物质得以开发，这主要与新型产香原材料的发现（如外来的产香植物）、产香工艺的发展（蒸馏技术、有效产物抽提技术和吸附提取技术等）、生物技术（酶工程与发酵工程）、反应化学（反应风味等）和有机合成技术的进步等有关。下面就风味物质的基本概念和分类做简单介绍。

国际食用香料工业组织（International Organization of Flavor Industry，IOFI），也是美国香料与萃取物制造者协会（FEMA）成员之一，给出了食品风味物质的定义。食品风味物质是指一类能够赋予食品风味的物质组分，其只是用来加入到食品中赋予食品某种风味，而不是直接作为食品来食用；此风味物质是高浓度风味剂，同时包含风味辅剂（食品添加剂或一些易于风味物质保存、稳定、制备及应用有益的物质）。表 1-2 所示为不同组织对风味物质的定义。

表 1-2　　风味物质定义

国际食用香料工业组织，1990	欧盟理事会，1988
高浓度制剂、包含或者不包含风味辅助剂[①]、作用是赋予食物风味、不包含仅呈咸味、甜味和酸味的物质；不能直接食用	风味物质是指风味化合物、天然风味料、反应风味料、烟熏风味料或者烟熏风味混合物；风味物质包含风味剂和其他物质[②]

注：①风味辅助剂为食品添加剂，或易于风味物质的稳定性保存、易于风味物质产品的制备、易于风味物质在食品中应用的一些组分，这些组分在最终的食品中没有营养功能。

②易于风味物质的保存与使用的必须添加剂；用于稀释和溶解风味物质的产品、制备风味物质产品所用的添加剂（加工辅剂）。

国际食用香料工业组织和欧盟理事会也给出了不同风味物质组分（Flavouring Ingredients）的定义，如表 1-3 所示。

表 1-3　　风味物质组分的定义

风味物质	国际食用香料工业组织，1990	欧盟理事会，1988
风味化合物（Flavouring Substance）	具有某种风味特征的确定的化学成分；不能直接食用	确定的化学成分，具有一定的风味特征
天然风味物质（Natural-flavouring Substance）	通过适当的物理技术、微生物技术和酶法催化技术处理天然动植物原料和食品原料而得到的天然风味基料	是一类通过物理加工技术、微生物技术或者酶法催化转化技术来处理天然植物或动物原料或经烘干和发酵等技术加工后的食品原料而得到的天然风味基料

续表

风味物质	国际食用香料工业组织，1990	欧盟理事会，1988
天然等同风味物质（Natural-identical Flavouring Substance）	采用化学合成或者从天然香原料中用化学方法分离的风味物质，此风味物质与天然产物中的物质化学结构相同	通过化学合成或者化学分离过程得到的风味成分，此成分与天然动植物中的物质化学结构相同
人造风味物质（Artificial Flavouring Substance）	一类风味物质，此类风味成分在天然产物中还没有得以鉴定	采用化学方法得到的风味物质，此风味物质的化学结构在天然动植物原料中不存在
风味制剂（Flavouring Preparation）	一种制剂，因其风味特性而被使用，其是一类通过物理加工技术、微生物技术或酶法催化转化技术来处理动植物原料而得到的风味基料产品；其直接使用或经过一定的食品加工后再使用	一种产品，不仅仅包含风味物质，是一类通过物理过程（蒸馏和溶剂抽提）或通过酶催化和微生物技术加工动植物原料得到的风味基料；其为自然状态产品或再经其他食品加工工艺获得终产品（干燥、烘焙和发酵）
反应香料（Process Flavouring）	一种产品或风味料混合物，采用食品添加剂允许使用的材料，或天然食品添加剂，或允许在反应香料中使用的材料；产品中有可能有反应辅剂；此类香料不包括：风味抽提物、加工后的天然食品物料或风味物质混合物	指一类通过热反应而获得的香料混合物，此反应的反应温度不超过180℃，作用时间不超过15min。在反应前混合物中不一定要含有香味物质，但一定要含有氨基酸等氮源和还原糖
烟熏香料（Smoke Flavouring）	浓缩制剂；不是来源于烟熏材料、用于赋予食品一种烟熏风味，制剂中可能包含风味辅剂	指一类在传统烟熏类食品中使用的烟熏抽提物

风味物质有多种分类方法，通常人们习惯按照风味物质的来源来对风味物质进行分类。可分为天然风味物质（Natural Flavoring Subsfance）和人造风味物质（Artificial Flavoring Subsfance）。根据美国联邦规范法典（CFR）对天然风味物质的定义：天然风味物质是指精油、油性树脂、提取物、蛋白质水解液、馏出物、任何焙烧产物、热裂解或酶催化产物等，这些物质包含一些特殊风味组分，来自香料、水果或果汁、蔬菜或蔬菜汁、食用酵母、香草、树皮、根、叶等类似的植物原料、肉、海鲜、家禽、蛋品、乳制品、发酵产品等天然原料。这些香料的作用主要是贡献风味物质，而不是营养品。这些天然原料要在国家认可的物质安全列表中。CFR 对人造风味物质的定义：一类风味物质，赋予食品风味，但不是天然风味物质。一般来说，人造风味物质多是化学法合成的、具有比天然风味物质更强的香气或滋味的化合物单体或混合物。这类非天然的风味物质允许使用的种类不多，用量也有严格限定，如安赛蜜。

另外，根据风味物质的挥发性可将风味物质分为挥发性风味物质和非挥发性风味物质。与此法密切相关的另一分类方法是将风味物质分为香味物质（香精香料）和呈味物质。香味物质是刺激人的嗅觉器官产生嗅觉的物质。这类物质在常温下易挥发，这是引起嗅觉的前提条件。呈味物质则在常温下不易挥发，是通过刺激味蕾产生味觉的物质。具体的呈味物质又可分为甜味物质、酸味物质、苦味物质、咸味物质以及其他呈味物质。这种分类其实是根据风味物质使人产生的感觉来分的，从这个意义上来说，色素也算是风味物质的一种，因为它所引起的是视觉感受；还有其他一些引起触感的物质也是如此。表 1-4 对以上两种分类方法以及风味物质的相对分子质量特点进行了小结。另外，还可以根据风味物质的溶解性，将其分为油溶性风味物质和水溶性风味物质，这种分类在食品工业中也有较大应用，如饮料工业常常需要的是水溶性风味物质。根据风味物质的结构，还可将其分为醇类、醛类、酮类、酸类、酯类等。

表 1-4 风味物质的相对分子质量特点

挥发性	影响感官的功能	相对分子质量	实例
高	香气、味道	<150	酯、酮、简单杂环
低	香气、味道	<250	有机酸、氨基化合物
无	味道	50~10000	糖、氨基酸、核苷酸、盐、核酸、苦味剂、天然甜味剂
无	口感	>5000	淀粉、多肽
无	未知	>10000	生物聚合物、类黑素

第三节 食品风味化学的内容

食品是人类赖以生存的最基本和必需的条件，但对食品的要求和认识，则是在人类社会的进步中逐渐发展起来的。今天人们已不满足充饥的基本要求，而希望吃好，吃得科学，同时是一种享受。于是，对食品风味的研究引起了许多科研工作者的兴趣，并由此产生了食品风味化学这一门新兴交叉学科。

食品风味化学是一门内容涵盖广泛的交叉学科。其研究内容包括风味化学基础理论、风味物质的制备与控释技术、风味物质化学组成分析与鉴定、风味产品设计与应用、风味产品质量控制与管理五部分内容。食品风味化学涉及生理学、生物学、心理学、化学、生物化学、物理化学、食品化学、自动化控制等多学科，是一门实践性强、富有艺术性的个性化多交叉学科。具体分为：

（1）食品风味化学基础理论　主要包括食品感官基础理论和风味转化化学基础知识。感官基础理论包括人们的感觉器官（味觉、嗅觉、视觉、体觉等）如何感知食品风味以及风味物质的不同评价体系等相关的基础理论；风味转化化学基础知识包括植物风味转化化学、反应风味香料转化化学、热裂解风味转化化学；异味的产生及其调控等。

（2）风味物质的制备及其控释技术　主要描述天然动植物来源风味物质的制备、人工合成风味物质，微生物发酵和酶催化转化制备风味物质、利用现代基因工程和细胞工程等手段制备风味物质的技术，以及利用例如脂质体等技术进行风味控释的方法与技术。

（3）风味物质化学组成分析与鉴定　重点阐述不同的风味物质分离方法和不同的成分鉴

定分析方法。

（4）风味物质的设计及应用　重点描述根据不同食品工艺要求进行风味物质的设计和应用。

（5）风味物质的质量控制与管理　主要描述风味物质的理化指标检测、微生物指标检测、毒理学评估检测、感官检测、掺假检验等；同时介绍了不同国家对于香精香料风味物质的不同监管法律法规。

第四节　有关食品风味化学的资源

食品风味化学的内容涉及多个学科，随着人们对食品安全与健康食品的日益重视，生物技术在安全、健康与天然风味物质的制备中的地位越来越重要。因此，食品风味化学的涵盖内容广泛，除了涉及风味感知的相关生物学知识和植物风味物质转化过程中相关的植物生理学等知识以外，还包括基本的化学、食品化学、食品科学与工程、酶工程、生物工程、发酵工程等基础理论与技术等知识。此外，还需了解和关注食品风味化学领域相关的一些专业资料（书籍、杂志）与机构等信息。

实质上，与其他领域一样，信息化时代也推动着风味化学领域的信息化。迄今为止，尽管对风味的研究已经超过百年，但因早时的风味研究基本都是在企业进行而被视为商业机密，因此，在20世纪70年代以前，食品风味相关文献是很少的。下面专门介绍关于风味方面的书籍、期刊和相关机构、网络等信息。

一、　专业资料

Ernest Guenther是最早出版相关书籍的人士之一。他出版了*The essential oils*一书，共有6卷。此书在当时颇为流行，被列为“香料信息之源”，直到现在，此书仍在广为使用。

Arctander出版了*Perfume and Flavour Chemicals*和*Perfume and Flavour Materials of Natural Origin*，目前仍广为使用。

Merory先后在1960年和1968年出版了*Food Favourings：Composition，Manufacture，and Use*（第一和第二版）。主要描述公司如何进行风味设计和制作。

Heath出版了*Flavor Technology：Profiles，Products，Applications*和*Source Book of Flavors*，这是第一次综合性地描述风味公司参与的活动与有关风味行业功能。

Fenaroli于1971年、1975年、1994年和2001年分别出版了*Fenaroli's Handbook of Flavour Ingredients*的四个版次。在最后一版中包含的内容有：风味阈、分子结构、经验风味配方、应用说明书、天然香料、风味合成与消费及在食品中的应用、风味物质管理条例等。

以上这些书籍是由企业技术人员编写，具有较好的连贯性和覆盖面。后续的书籍大多是由从事风味研究的学者编写。

从20世纪70年代以后，关于风味化学的文献快速增长。这期间，在全世界，尤其是欧洲、美国和日本，在风味化学领域涌现了许多研究者。他们经常组织会议且把会议内容以专著形式出版。The Weurman Symposium 是风味有关研讨会之一，它从 1975 年开办，每三年举办一次，是享誉世界的知名会议，主要研讨科研工作者在风味领域的最新研究进展。2011 年曾在西班牙举办。美国化学协会（ACS）在杂志 *Journal of Agricultural Food Division* 和“ACS 书籍”中涉及风味化学研究内容，是美国风味化学相关内容的主要信息来源之一。虽然科研工作者发表的论文很多，但真正在生产上应用的也相对较少，在内容上也缺乏整体性与教学的系统性。为了使更多的工作者了解、学习风味物质并致以应用，Ashurst，Saxby，Ziegler，DeRovia 在材料的搜集与系统整理、书籍编写方面做出了大量贡献。Ashurst 分别于 1991 年，1995 年和 1999 年出版了 *Food Flavourings*。Saxby 分别于 1993 年和 1996 年出版了 *Food Taints and Off-Flvours*（第一和第二版）。Ziegler 于 1998 年出版了 *Flavourings：Production，Composition，Applications，Regulations*。DeRovia 于 1999 年出版了 *The Dictionary of Flavors and General Guide for Those Training in the Art of Flvour Chemistry*。到目前为止，关于风味化学的教科书是极其少的。Health and Reineccius 综合了科研和行业相关风味信息，于 1986 年编著了 *Flavor Chemistry and Technology*，Taylor 于 2002 年编著了 *Food Flavour Technology* 一书。

另一个专业资料的来源是各类期刊，包括科学类的和商业性的期刊，如表 1-5 所示。

表 1-5 风味化学的专业期刊

科学类杂志	商业性杂志
①重点介绍风味化学的杂志 *Journal of Agricultural and Food Chemistry* *Flavour and Fragrance* *Perfumer and Flavorist* ②综合性强，但包含风味化学研究内容的杂志 *Food Chemistry* *Journal of Food Science* *Journal of Science Food Agriculture Journal of Dairy Science* *Lipid Chemistry* *Food Engineering* *Cereal Chemistry* 等。 这些期刊都具有电子期刊，如果图书馆或公司订阅了数据库，就可很容易地获得相关文献内容。	很多商业化的杂志都会涉及风味知识内容。这些杂志中的内容主要是由广告商赞助，其中报道的内容大多是关于新产品或者市场流行趋势。有少数的关于风味行业未来发展趋势等的文章。还有一类较特别的商业期刊是由风味公司出版的，用来突显专业知识，或为新产品吸引潜质客户。 如：*Sigma-Aldrich Fine Chemicals Quarterly* 等。

二、专业机构

我们还能从众多的专业学会获得风味领域的信息。这些学会与风味领域有广泛的联系，它们可能参与业内人士的培训或对会员进行官方认可，建立、调整行业政策，提供一个会议环境去展示研究成果或产品等。一些美国的专业机构和学会如表 1-6 所示。

表 1-6　　美国专业机构与风味学会

美国谷物化学家协会 American Association of Cereal Chemists（AACC） www. aacc. org	美国油脂化学家协会 American Oil Chemists' Society（AOCS） www. aocs. org
美国化学协会风味部 American Chemical Society（ACS） Flavor Subdivision Cynthia Mussinan	美国化学协会 American Chemical Society（ACS） www. acs. org
美国制药协会 American Pharmaceutical Association（APhA） www. aphanet. org	美国香水协会 American Society of Perfumers www. perfumers. org
美国香料贸易协会 American Spice Trade Association（ASTA） www. astaspice. org	化学感受科学协会 Association for Chemoreception Sciences（AchemS） www. achems. org
黛安·戴维斯化学品来源协会 Diane Davis Chemical Sources Association（CSA） diane@ afius. org	控释协会 Controlled Release Society（CRS） www. controlledrelease. org
化妆品、浴室用品与香水协会 Cosmetic, Toiletry and Fragrance Association（CTFA） www. ctfa. org	药物、化学与联合贸易协会 Drug, Chemical & Allied Trades Association, Inc.（DCAT） www. dcat. org
美国食品工艺学家学会 Institute of Food Technologists（IFT） www. ift. org	美国食品与药物管理局 Food and Drug Administration（FDA） www. fda. gov
美国芳香材料协会 Fragrance Materials Association of the United States, Inc.（FMA） http：//www. fmafragrance. org	美国风味与提取物制造商协会 Flavor and Extract Manufacturers' Association of the United States（FEMA） www. femaflavor. org
薄荷工业研究委员会 Mint Industry Research Council（MIRC） mirc@ gorge. net	风味与食品配料成分国际协会 National Association of Flavors and Food Ingredient（NAFFS） www. naffs. org
整体芳香疗法国际协会 National Association for Holistic Aromatherapy（NAHA） www. naha. org	芳香材料研究机构 Research Institute for Fragrance Materials（RIFM） http：//www. fpinva. org/Industry/RIFM. htm

续表

美国嗅觉协会 Sense of Smell Institute www. senseofsmell. org	高露洁棕榄公司风味化学家协会 Society of Flavors Chemists（SFC） Colgate Palmolive Company http：//flavorchemist. org
有机合成化学制造商协会 Synthetic Organic Chemical Manufacturers Association（SOCMA） www. socma. com	女性风味与香味贸易公司 Women in Flavor and Fragrance Commerce，Inc.（WFFC） www. wffc. org

三、网络资源

Leffingwell & Associates 的网站（http：//www. leffingwell. com/）是获取风味物质信息最为流行的网站之一，如行业发展信息、新的风味化合物及其批准使用情况、购买化学物品或软件、国际法律法规的查询、联系方式查询，并且在这个网站还可连接到多个公司网站。另外，还有很多有用的搜索引擎可以使用，并且每一个都提供特有的搜索机制或标准。在不同的网站引擎搜索同样的关键词，可以得到许多不同的结果。

互联网是获取文献的有效途径。充足的文献查找、阅读与信息总结归纳是进行科学研究的前提。通过电脑，可快速有效查阅到相关文献，完整的文献内容（html 或者 PDF）可从当地图书馆（如一些大学图书馆等）或者一些帮助查阅文献的服务平台（如上海信息检索服务平台）来索取。在过去，获得国内的专利是个问题，要及时得到国际的专利几乎不可能。现在，网络使其变得相当简便，免费搜索和下载完整的专利也是可能的。现在所有的图书出版社都有网站去展示产品，并推出方便的网络订阅系统，从而使书籍查找与在线订阅都很简便。另外，通过网络也可及时获知相关的国际会议信息等。

总之，网络拉近了时空的距离。在网络世界中，我们可及时获取时刻更替的信息、科学研究的灵感、商业机遇。无论是在工业界、政府还是学术界，网络正在迅速取代参考书，并且彻底地改变工业界和学术界内部的联系，加强与世界的联系。因此，更好地利用网络来为学习知识服务，是现代大学生必须掌握的基本技能。

第二章 风味感知基础

CHAPTER 2

第一节　感觉概述

一、感觉

（一）感觉的定义与分类

根据 GB/T 10221—2021《感官分析　术语》的定义，感觉是感官刺激引起的心理生理反应。可以说，感觉是人脑对直接作用于感觉器官的客观事物个别属性的反映，是生物体认识客观世界的本能。每一个客观事物都有其光线、声音、温度、气味等属性，而相应地，我们的每个感觉器官只能反映物体的一个属性。例如，眼睛看到光线，耳朵听到声音，鼻子闻到气味，舌头尝到滋味，皮肤感受到温度和光滑的程度等。

按照刺激的来源可把感觉分为外部感觉和内部感觉。外部感觉是由外部刺激作用于感觉器官所引起的感觉，包括视觉、听觉、嗅觉、味觉和皮肤感觉（包括触觉、温觉、冷觉和痛觉）。内部感觉是对来自身体内部的刺激所引起的感觉，包括运动觉、平衡觉和内脏感觉（包括饿、胀、渴、窒息、疼痛等）。

客观事物可通过机械能、辐射能或化学能刺激生物体的相应受体，在生物体中产生反应。因此，感觉按照受体的不同可分为：

（1）机械能受体　听觉、触觉、压觉和平衡感；

（2）辐射能受体　视觉、热觉和冷觉；

（3）化学能受体　味觉、嗅觉和一般化学感。

感觉也可以简单地分为物理感（视觉、听觉和触觉）和化学感（味觉、嗅觉和一般化学感，后者包括皮肤、黏膜或神经末梢对刺激性药剂的感觉）。相应地，食品引起人体感官的各种反应（包括温感、舌头的触感等）可以将其分为物理性刺激，将引起这种感觉的刺激称为物理味；而甜味、酸味、咸味、苦味等物质刺激味觉神经为化学刺激，称为化学味。另外，视觉的感受、色泽、形状和光泽等，被日本人称为心理味。

（二）感觉与知觉的区别与联系

根据 GB/T 10221—2021《感官分析　术语》的定义，知觉是单一或多种感官刺激效应所形成的意识。感觉和知觉是不同的心理过程，感觉反映的是事物的个别属性，知觉反映的是事物的整体，即事物的各种不同属性、各个部分及其相互关系；感觉仅依赖个别感觉器官的活动，而知觉依赖多种感觉器官的联合活动。任何事物都是由许多属性组成。例如，一块面包有颜色、形状、气味、滋味、质地等属性。不同属性，通过刺激不同感觉器官反映到人的大脑，从而产生不同的感觉。知觉反映事物的整体及其联系与关系，它是人脑对各种感觉信息的组织与解释的过程。人认识某种事物或现象，并不仅仅局限于它的某方面的特性，而是把这些特性组合起来。将它们作为一种整体加以认识，并理解它的意义。例如，就感觉而言，我们可以获得各种不同的声音特性（音高、音响、音色），却无法理解它们的意义。知觉则将这些听觉刺激序列加以组织，并依据我们头脑中的过去经验，将它们理解为各种有意义的声音。知觉并非是各种感觉的简单相加，而是感觉信息与非感觉信息的有机结合。

感觉和知觉有相同的一面。它们都是对直接作用于感觉器官的事物的反映，如果事物不再直接作用于我们的感觉器官，那么我们对该事物的感觉和知觉也将停止。感觉和知觉都是人类认识世界的初级形式，反映的是事物的外部特征和外部联系。如果想揭示事物的本质特征，光靠感觉和知觉是不行的，还必须在感觉、知觉的基础上进行更复杂的心理活动，如记忆、想象、思维等。知觉是在感觉的基础上产生的，没有感觉，也就没有知觉。我们感觉到的事物的个别属性越多、越丰富，对事物的知觉也就越准确、越完整，但知觉并不是感觉的简单相加，因为在知觉过程中还有人的主观经验在起作用，人们要借助已有的经验去解释所获得的当前事物的感觉信息，从而对当前事物做出识别。

感觉虽然是低级的反映形式，但它是一切高级复杂心理活动的基础和前提，感觉对人类的生活有重要作用和影响。感觉和知觉通常合称为感知，是人类认识客观现象的最基本的认知形式，人们对客观世界的认识始于感知。

（三）感官的主要特征

在人类产生感觉的过程中，感觉器官直接与客观事物特性相联系。不同的感官对于外部刺激有较强的选择性。感官由感觉受体或一组对外界刺激有反应的细胞组成，这些受体物质获得刺激后，能将这些刺激信号通过神经传导到大脑。

感官的主要特征，是对周围环境和机体内部的化学和物理变化非常敏感。此外，感官通常还具有以下特征。

（1）一种感官只能接受和识别一种刺激　例如，眼睛接受光波的刺激而不能接受声波的刺激，耳朵接受声波的刺激而不是光波的刺激。

（2）只有刺激量在一定范围内才会对感官产生作用　感官或感受体并不是对所有变化都会产生反应，只有当引起感受体发生变化的外部刺激处于适当范围内时，才能产生正常的感觉。刺激量过大或过小会造成感受体无反应而不产生感觉或反应过于强烈而失去感觉。例如，人眼只对波长为380~780nm的光波产生的辐射能量变化才有反应。因此，对各种感觉来说都有一个感受体所能接受的外界刺激变化范围。感觉阈值是指从刚能引起感觉至刚好不能引起感觉刺激强度的一个范围。依照测量技术和目的的不同，可以将各种感觉的感觉阈分为绝对阈和差别阈两种。绝对阈是指刚刚能引起感觉的最小刺激量和刚刚导致感觉消失的最大刺激量，称为绝对感觉的两个阈限。低于该下限值的刺激称为阈下刺激，高于该上限值的刺激称为阈上刺激，而刚刚能引起感觉的刺激称为刺激阈或察觉阈。阈下刺激或阈上刺激都不能产生相应的感觉；差别阈是指感官所能感受到的刺激的最小变化量，或者是最小可觉察差别水平（JND）。差别阈不是一个恒定值，它会随一些因素的变化而变化。

（3）某种刺激连续施加到感官上一段时间后，感官会产生疲劳、适应现象，感觉灵敏度随之明显下降。具体可参看下面关于“疲劳现象”的说明。

（4）心理作用对感官识别刺激有影响　人的心理现象复杂多样，心理生活的内容也丰富多彩。从本质上讲，人的心理是人脑的功能，是对客观现实的主观反映。在人的心理活动中，认知是第一步，其后才有情绪和意志。而认知活动包括感觉、知觉、记忆、想象、思维等不同形式的心理活动。感知过的事物，可被保留、储存在头脑中，并在适当的时候重新显现，这就是记忆。在人脑对已储存的表象进行加工改造形成新现象的心理过程则称为想象。思维是人脑对客观现实间接的、概括的反映，是一种高级的认知活动。借助思维，人可以认识那些未直接作用于人的事物，也可以预见事物的未来及发展变化。例如，对于一个有经验的食品感官分析人员，根据食品的成分表，他可以粗略地判断出该食品可能具有的感官特性。情绪活动和意志活动是认知活动的进一步活动，认知影响情绪和意志，并最终与心理状态相关联。

（5）不同感官在接受信息时，会相互影响　在现实生活当中，我们会发现，如果一道菜肴外观看起来色泽亮丽、造型讨喜时，这些积极的视觉刺激信息，会导致我们在对它的味觉和嗅觉等的感受当中，也会带来积极的影响；反之，如果外观看起来色泽暗淡、邋遢糟糕时，我们对它的味觉和嗅觉等的感受也会偏向于负面，而不管实际其滋味如何。

二、影响感觉的几种现象

（一）疲劳现象

疲劳现象是发生在感官上的一种经常现象。当一种刺激长时间施加在一种感官上后，该感官就会产生疲劳现象。疲劳现象发生在感官的末端神经、感受中心的神经和大脑的中枢神经上，疲劳的结果是感官对刺激感受的灵敏度急剧下降。嗅觉器官若长时间嗅闻某种气体，就会使嗅感受体对这种气味产生疲劳，敏感度逐步下降，随着刺激时间的延长甚至达到忽略这种气味存在的程度。例如，刚刚进入出售新鲜鱼品的水产鱼店时，会嗅到强烈的鱼腥味，可是随着在鱼店逗留时间的延长，所感受到的鱼腥味渐渐变淡，如长期在鱼店工作的人，他甚至可以忽略这种鱼腥味的存在。味觉也有类似现象，例如，吃第二块糖总觉得不如第一块糖甜。除痛觉外，几乎所有感觉都存在疲劳现象。

感觉的疲劳程度依所施加刺激强度的不同而有所变化，在去除产生感觉疲劳的强烈刺激之后，感官的灵敏度会逐渐恢复。一般情况下，感觉疲劳产生得越快，感官灵敏度恢复得越快。要注意的是，强烈刺激的持续作用会使感觉产生疲劳，敏感度降低，而微弱刺激的结果，会使敏感度提高。我们可以利用后者进行感官评价员的培训，使其感官灵敏度得到大大的提高。

（二）对比现象

当两个刺激同时或连续作用于同一个感受器官时，由于一个刺激的存在造成另一个刺激增强的现象称为对比增强现象。在感觉这两个刺激的过程中，两个刺激量都未发生变化，而感觉上的变化只能归于这两种刺激同时或先后存在时对人心理上产生的影响。例如，在15g/100mL浓度蔗糖溶液中加入17g/L浓度的氯化钠后，会感觉甜度比单纯的15g/100mL蔗糖溶液要高。在吃过糖后，再吃山楂会感觉山楂特别酸，这是常见的先后对比增强现象。同一种颜色，将浓淡不同的两种放在一起观察，会感觉颜色深的更加突出，这是同时对比增强现象。再例如，在舌头的一边舔上低浓度的食盐溶液，另一边舔上低浓度的蔗糖溶液，即使蔗糖的浓度在阈下也会感到甜味。与对比增强现象相反，若一种刺激的存在减弱了另一种刺激，则称为对比减弱现象。例如，吃成熟的橘子（甜的），如果在吃了糖之后吃这个橘子，也不觉得橘子甜，这就是对比减弱现象。各种感觉都存在对比现象。对比现象提高了两个同时或连续刺激的差别反应。因此，在进行感官检验时，应尽量避免对比现象的发生。

（三）变调现象

当两个刺激先后施加时，一个刺激造成另一个刺激的感觉发生本质的变化时的现象，称为变调现象。例如，尝过氯化钠或奎宁后，即使再饮用无味的清水也会感觉有甜味。对比现象和变调现象虽然都是前一种刺激对后一种刺激的影响，但后者影响的结果是本质性的改变，例子中的清水本质是无味的，由于刺激的相互影响，感觉到清水的本质发生变化，成了甜味。

（四）相乘作用

当两种或两种以上的刺激同时施加时，感觉水平超出每种刺激单独作用效果叠加的现象，称为相乘作用，也称协同效应。例如，20g/L 的味精和 20g/L 的核苷酸共存时，会使鲜味明显增强，增强的强度超过 20g/L 的味精单独存在的鲜味与 20g/L 的核苷酸单独存在的鲜味的加和。相乘作用的效果广泛应用于复合调味料的调配中。5′-肌苷酸和 5′-鸟苷酸等动物性鲜味与谷氨酸并用可使鲜味明显增强。谷氨酸和肌苷酸的相乘作用是非常明显的，如果在 1%的食盐溶液中分别添加 0.02%谷氨酸钠和 0.02%肌苷酸钠，两者都只有咸味而无鲜味。但是如果将其混合在一起就有强烈的鲜味。另外，麦芽酚对甜味的增强效果，也是一种相乘作用。

（五）阻碍作用

由于某种刺激的存在导致另一种刺激的减弱或消失，称为阻碍作用或拮抗作用。产于西非的神秘果会阻碍味感受体对酸味的感觉。在食用过神秘果后，再食用带酸味的物质，会感觉不出酸味的存在。匙羹藤酸（Gymnemic Acid）能阻碍味感受体对苦味和甜味的感觉，但对咸味和酸味无影响。日常生活中，因为有谷氨酸的存在使盐腌制品同相同浓度的食盐溶液相比，感觉咸度不高，如酱油、咸鱼等含有 20%左右的食盐和 0.8%~1.0%谷氨酸。糖精是常用的合成甜味剂，但其缺点是有苦味，如果添加少量的谷氨酸钠，苦味就可明显缓和。

三、影响感觉的其他因素

（一）温度对感觉的影响

食物可分为热食食物、冷食食物和常温食用食物。如果将最适食用的温度弄反了，将会造成不好的效果。理想的食物温度因食品的品种不同而异，显然，热菜和冷菜的适宜品尝温度是有区别的，如表 2-1 所示。而一般的食品，通常以体温为中心，在（30±5）℃的范围内最适宜。热菜的温度最好在 60~65℃，冷菜肴最好在 10~15℃。适宜于室温下食用的食物不太多，一般只有饼干、糖果、西点等。食品的最佳食用温度，也因个人的健康状态和环境因素的影响而有所不同。体质虚弱的人喜欢食用温度稍高的食物。

表 2-1　　食品的最佳品尝温度

食物类别	食品名称	适温/℃	食物类别	食品名称	适温/℃
热食食物	咖啡	67~73	冷食食物	水	10~15
	牛乳	58~64		冷咖啡	6
	汤类	60~66		冷牛乳	10~15
	面条	58~70		果汁	5
	炸鱼	64~65		啤酒	10~15
				冰淇淋	-6

（二）年龄对感觉的影响

随着人的年龄的增长，各种感觉阈值都在升高，敏感程度下降，年龄到 50 岁左右，敏感性衰退得更加明显，对食物的嗜好也有很大的变化。老人的口味往往难以满足，主要是因为他们的味觉在衰退，吃什么东西都觉得无味。人们调查研究了年龄和味觉的关系，得出了各种年龄层次对鲜味、咸味、甜味、苦味等物质的阈值和满意浓度（满意浓度就是感觉最适口的浓度）。大人对甜味的阈值为 1.23%，孩子对甜味的敏感度是成人的两倍，阈值仅为 0.68%；5~6 岁的幼儿和老年人对甜味的满意浓度极大，而初高中生则喜欢低甜度。咸味则没有随着年龄的不同而发生明显的变化。

（三）生理对感觉的影响

人的生理周期对食物的嗜好也有很大的影响，平时觉得很好吃的食物，在特殊时期（如妇女妊娠期）会有很大变化。许多疾病也会影响人的感觉敏感度，如果突然发现味觉、嗅觉异常，往往是发生重大疾病的讯号。

（四）药物对感觉的影响

许多药物能削弱味觉功能，如服用抗阿米巴药、麻醉药、抗胆固醇血症药、抗凝血药、抗风湿药、抗生素、抗甲状腺药、利尿药、低血糖药、肌肉松弛剂、镇静剂、血管舒张药等药物的患者常患化学感觉失调症。

第二节　风味感知中的主要感觉

一、视觉

在风味感知中，视觉起着相当重要的作用，因为绝大部分外部信息都要靠视觉来获取。人们认识周围环境，获取客观事物第一印象最直接和最简捷的途径是通过视觉。

（一）视觉的形成及视觉特征

视觉是眼球接受外界光线（光波）刺激后产生的感觉。只有处于 380~780nm 范围内的光波才能被人所感受而产生视觉。波长大于或小于该波长范围内的光波都是不可见光。眼球的表面由三层组织构成，从外到里分别是巩膜、脉络膜、视网膜，如图 2-1 所示。巩膜使眼球免遭损伤并保持眼球形状，脉络膜可以阻止多余光线对眼球的干扰，视网膜是对视觉感觉最重要的部分，视网膜上分布有柱形和锥形光敏细胞。视网膜的中心部分只有锥形光敏细胞，这个区域对光线最敏感。晶状体位于眼球面，晶状体可以不同程度变曲，从而可以保持外部物体的图像始终集中在视网膜上。晶状体的前部是瞳孔，这是一个中心带有孔的薄肌隔膜，瞳孔直径可变化以控制进入眼球的光线。眼球视觉的基本原理类似于照相机成像：视网膜就好像照相机里的底片，脉络膜相当于照相机的暗室，晶状体和瞳孔分别相当于镜头和光圈（图 2-1）。视觉感受器、视杆和视锥细胞位于视网膜中。这些感受器含有光敏色素，当它收到光能刺激时会改变形状，导致电神经冲动的产生，并沿着视神经传递到大脑，这些脉冲经视神经和末梢传导到大脑，再由大脑转换成视觉。

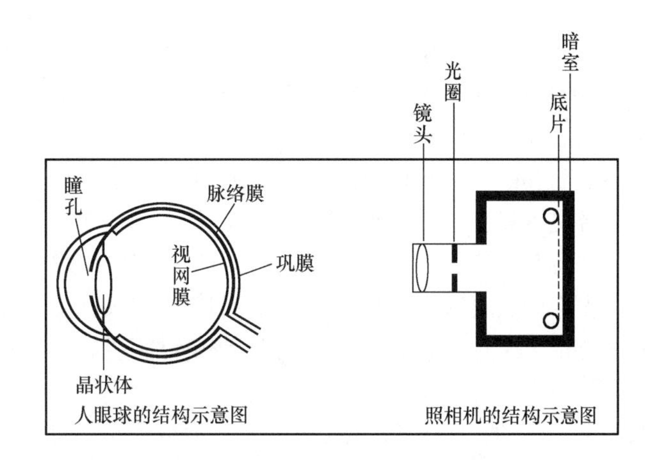

图 2-1 人眼球与照相机的结构示意图

视觉系统的基本机能之一主要是色彩视觉，即色觉，对图像和物体的检测具有重要意义。色觉是不同波长的光线作用于视网膜而在人脑引起的感觉。人眼可见光线的波长是380~780nm，一般可辨出包括紫、蓝、青、绿、黄、橙、红 7 种主要颜色在内的 120~180 种不同的颜色。人眼对颜色的感知，主要是由于位于视网膜上的视锥细胞的功能。因视锥细胞集中分布在视网膜中心，故该处辨色能力最强，越向周边部，视网膜对绿、红、黄、蓝 4 种颜色的感受力依次消失。关于色觉形成的机理，目前主要有“三原色学说”和“四色学说”。其中，三原色学说认为，人的视网膜上有三种不同类型的视锥细胞，每一种细胞对某一光谱段特别敏感，第一种对蓝色光特别敏感，第二种对绿色光特别敏感，第三种对红色光特别敏感。当不同波长的光线入眼时，可引起相应的视锥细胞发生不同程度的兴奋，于是在大脑产生相应的色觉；若三种视锥细胞受到同等程度的刺激，则产生白色色觉。不能正确辨认红色、绿色和蓝色的现象称为色盲。对色彩的感觉存在个体差异，即每个人对色彩的分辨能力有一定差别，此外，色觉还受到光线强度的影响，在亮度很低时，只能分辨物体的外形、轮廓，分辨不出物体的色彩。

此外，视觉的感觉特征还有闪烁效应、暗适应和亮适应、残像效应、日盲、夜盲等。

（二）视觉与食品风味分析

视觉虽不像味觉和嗅觉那样对食品风味分析起决定性作用，但视觉在食品风味分析尤其是喜好性分析上占据重要地位。因为从视觉获得的关于食品的颜色、外观等会对其他感觉造成心理上的影响。只有当食品处于正常颜色范围内才会使味觉和嗅觉正常发挥，否则这些感觉的灵敏度会下降，甚至不能正确感觉。

二、嗅觉

食品的味道和气味是食品风味的重要组成部分，影响人们对食品的偏好性和接受性。气味是靠嗅觉感知的，因此嗅觉与食品风味关系非常密切。食品的正常气味是人们能否接受该食品的一个决定性因素，食品气味常常与食品的新鲜度、加工方式、调制水平等有紧密关联。

（一）嗅觉的形成及嗅觉的特征

嗅觉是由挥发性物质刺激鼻腔中的嗅细胞，引起嗅觉神经冲动，冲动沿嗅神经传入大脑皮层而引起的感觉。嗅觉的刺激物必须是气体物质（嗅感物质），只有挥发性有味物质的分子，才能成为嗅细胞的刺激物。嗅觉感受器位于鼻腔顶部，称作嗅黏膜，约占 $5cm^2$ 面积，在鼻腔上鼻道内有嗅上皮，嗅上皮中的嗅细胞，是嗅觉器官的外周感受器。人类鼻腔每侧约有 2000 万个嗅细胞。嗅细胞的黏膜表面带有纤毛，可以同有气味的物质接触。人在正常呼吸时，嗅感物质随空气流进入鼻腔，溶于嗅黏液中，与嗅纤毛相遇而被吸附到嗅黏膜的嗅细胞上，然后通过内鼻进入肺部。溶解在嗅黏膜中的嗅感物质与嗅细胞感受器膜上的分子相互作用，生成一种特殊的复合物，再以特殊的离子传导机制穿过嗅细胞膜，将信息转换成电信号脉冲。经与嗅细胞相连的三叉神经的感觉神经末梢，将嗅黏膜或鼻腔表面感受到的各种刺激信息传递到大脑。

人类嗅觉的敏感度是很高的，比味觉敏感性高很多，通常用嗅觉阈来测定。最敏感的气味物质——甲基硫醇只要在 $1m^3$ 空气中有 $4\times10^{-5}mg$（$1.41\times10^{-10}mol/L$）就能被感觉到；而最敏感的呈味物质——马钱子碱的苦味要达到 $1.6\times10^{-6}mol/L$ 浓度才能感觉到。嗅觉感官能够感受到的乙醇溶液的浓度是味觉感官所能感受到的浓度的 1/24000。这是嗅觉很重要的一个特征，人嗅觉的敏感度，有很多时候甚至超过仪器分析方法测量的灵敏度。人类的嗅觉可以检测到许多在 $10^{-6}mol/L$ 水平范围内的风味物质，如某些含硫化合物。对于某些食品发生的轻微腐败变质，如鱼、肉等，往往它的理化指标变化不大，但是嗅觉的灵敏却能察觉到变质的异味。气味的敏感性也会因气味而异。如长期从事评酒工作的人，其嗅觉对酒香的变化非常敏感，但对其他气味就不一定敏感。一般来说，女性的嗅觉比男性敏锐，但通常世界顶尖的调香师都是男性。

几种不同的气味混合同时作用于嗅觉感受器时，可以产生不同情况，一种是产生新气味，一种是代替或掩蔽另一种气味，也可能产生气味中和，完全不引起嗅觉。嗅觉对于区分强度水平的能力相当差。人只能可靠地分辨大致 3 种气味的强度水平。从复杂气味混合物中分析识别其中许多成分的能力也是有限的。我们是将气味作为一个整体而不是作为单个特性的叠加而感受的。

嗅觉还具有易疲劳的特点，而且当嗅感中枢系统由于气味的刺激陷入负反馈状态时，感觉受到抑制，气味感消失，从而对气味产生抑制。长时间接触浓气味物质的刺激会产生疲劳，因此在气味检验时应先识别气味淡的，再鉴别气味浓的，并且在检验一段时间后应进行适当的休息。吸烟是禁止的。

食品的气味是由一些挥发性物质形成的，通常对温度的变化很敏感，因此在嗅觉检验时，可把食品稍稍加热到15~25℃；在鉴别食品的异味时，可将液态食品滴在清洁的手掌中摩擦以增加气味的挥发；识别畜肉等大块肉类产品时，可将一加热过的尖刀刺入肉的内部，拔出后立即嗅闻其气味。除食品温度之外，嗅觉敏感度受到多种因素的影响，例如身体状况、心理状态、实际经验、环境中的温度、湿度和气压等的明显变化等。如某些疾病，对嗅觉就有很大的影响，感冒、鼻炎都可以降低嗅觉的敏感度。如人患萎缩性鼻炎时，嗅黏膜上缺乏黏液，嗅细胞不能正常工作造成嗅觉减退。

（二）嗅觉机理

嗅觉产生的机理，目前主要有化学学说（特殊场区吸附理论、外形与功能团理论、渗透和穿刺理论等）、振动学说和酶学说等。2004年，美国生理学家琳达·巴克和导师理查德·阿克塞尔医学家因为在嗅觉系统领域做出了开拓性工作（嗅觉产生的机理）而获得了诺贝尔生理学或医学奖，他们的学说可称为基因学说。

（1）特殊场区吸附理论　该理论又称立体结构理论，于1949年由Moncrieff首先提出，后经Amoore补充发展而成，该理论认为嗅纤毛对嗅感物质的吸附具有确定的专一性和选择性，即在嗅黏膜上具有能感受某种基本形状的分子而不感受其他形状分子的固定几何位置，具有不同分子形状的带有特殊气味的分子（相当于“钥匙”）选择性地进入嗅黏膜上的形状各异的凹形嗅细胞（相当于“锁眼”），从而引起不同的嗅觉。因此，此学说又称“锁和钥匙学说”。该理论指出，嗅感都是由有限的几种原臭组成的刺激，通过比较每类原臭的气味分子的外形，发现具有相同气味的分子其外形有很大的共性，若分子的几何形状发生较大变化，嗅感也相应发生变化，即决定物质气味的主要因素是分子的几何形状，而与分子结构的细节无关。有些原臭的气味取决于分子所带的电荷。气味分为七种主要类型：樟脑味、麝香味、花香味、薄荷味、醚味、刺激臭味和腐烂臭味。前五种气味与分子的基本形状有关。对于那些原臭之外的其他气味，则相当于几种原臭同时刺激了不同形状的嗅细胞后产生的复合气味。根据该理论，可依据一个分子的几何形状，预测它的气味，确定原臭种类，找出数量组合，调配出这些天然气味。

（2）振动学说　该学说认为，嗅觉与嗅感物质的分子振动频率（远红外电磁波）有关，当嗅感物质分子的振动频率与受体膜分子的振动频率一致时，受体便接受气味信息；不同气味分子所产生的振动频率不同，从而形成不同的嗅感。

（3）酶学说　该学说认为，嗅感是因为气味分子刺激了嗅黏膜上的酶，使酶的催化能力、变构传递能力、酶蛋白的变性能力等发生变化而形成。不同气味分子对酶的影响不同，就产生不同的嗅觉。

（4）基因学说　1991年，琳达·巴克和理查德·阿克塞尔发表里程碑论文共同宣布发现了包括约1000种不同基因组成的嗅觉受体基因群，该基因群约占人体基因的3%（人体共有4万个基因）。每个嗅觉受体细胞只有一种嗅觉受体，但每个气味感受器能识别多种气味，每种气味能被多个气味感受器识别。因此，气味感受器是通过一种复杂的合作方式一起识别气味。1999年，相关密码破译，研究发现气味感受器是一种在鼻腔内嗅细胞表面的蛋白质分子，通过与特殊的气味分子结合来识别气体。

三、味觉

味觉是呈味物质在口腔内对味觉器官化学感受系统的刺激而产生的一种感觉。味觉在食品风味评价上占据有重要地位。味觉一直是人类对食物进行辨别、挑选和决定是否予以接受的主要因素之一，同时由于食品本身所具有的风味对相应味觉的刺激，使得人类在进食的时候产生相应的精神享受。

从生理上说，基本的味觉仅包含咸、甜、苦、酸四种，它们是食物直接刺激味蕾产生的，人感受到的这四种基本味觉来自舌头上的味蕾。一种观点认为，舌头上的味蕾可以感觉到各种味道，只是敏感度不一样。舌前部有大量感觉到甜的味蕾，舌两侧前半部负责咸味，后半部负责酸味，近舌根部分负责苦味。辣不属于味觉，而是食物成分刺激口腔黏膜、鼻腔黏膜、皮肤和三叉神经而引起的一种痛觉，它能直接刺激我们的舌头或皮肤的神经。从试验的角度，纯粹的味觉应该是堵塞鼻腔后，将接近体温的样品送入口腔中而获得的感觉；而通常，味感往往是味觉、嗅觉、温度觉和痛觉等几种感觉在口腔内的综合反应。

（一）味觉的形成与味觉特征

呈味物质（溶于水）刺激口腔内的味觉感受体，通过一个收集和传递信息的神经感觉系统传导到大脑的味觉中枢，最后通过大脑的综合神经中枢系统的分析而产生味觉。不同的味觉产生有不同的味觉感受体，味觉感受体与呈味物质之间的作用力也不相同。人对味的感觉主要依靠口腔内的味蕾，以及自由神经末梢。味蕾大部分分布在舌头表面的乳状突起中，尤其是舌黏膜皱褶处的乳状突起中最稠密。舌的表面分布有四种不同的乳突，数量最多的丝状乳突没有味蕾，从而不能感受味觉。菌状乳突、叶状乳突和有廓乳突都有味蕾则具有味觉功能。人的味蕾的数量随年龄的增大而减少，胎儿几个月就有味蕾，20岁时的味蕾最多，随着年龄到达70~80岁，就只剩下高峰时的1/3了。味蕾一般由40~150个香蕉形的味细胞构成，10~14d更换一次，味细胞表面有许多味觉感受分子，包括蛋白质、脂质及少量的糖类、核酸和无机离子，不同物质能与不同的味觉感受分子结合而呈现不同的味道。蛋白质是甜味物质的受体，脂质是苦味和咸味物质的受体，有人认为苦味物质的受体可能与蛋白质相关。

无髓神经纤维的棒状尾部与味细胞相连，把味的刺激传入脑。由于味觉通过神经几乎以极限速度传递信息，因此人的味觉从呈味物质刺激到感受到滋味仅需1.5~4.0ms，比视觉（13~45ms）、听觉（1.27~21.5ms）、触觉（2.4~8.9ms）都要快。

唾液对味感关系极大，因为味感物质必须要溶于水才能进入而刺激味细胞，口腔内的唾液是食物的天然溶剂。唾液分泌的数量和成分，受食物种类的影响。唾液的清洗作用，有利于味蕾准确地辨别各种味。

在四种基本味觉中，人对咸味的感觉最快，对苦味的感觉最慢，但就人对味觉的敏感性来讲，苦味比其他味觉都敏感，更容易被觉察。

味觉受到多种因素的影响：

（1）呈味物质的结构　一般来说，不同的物质结构会引起不同的味感，糖类引起甜味，酸类引起酸味，盐类引起咸味，生物碱类引起苦味。

（2）物质的水溶性　物质必须有一定的水溶性才可能引起味感，完全不溶于水的物质是无味的，溶解度小于阈值的物质也是无味的。水溶性越高，味觉产生得越快，消失得也越快，一般呈现酸味、甜味、咸味的物质有较大的水溶性，而呈现苦味的物质的水溶性较差。

（3）温度　一般来说，随着温度升高，味觉会加强。最适宜的味觉产生的温度是10~40℃，尤其是30℃最敏感，大于或小于此温度对味觉的感知都将变得迟钝。温度对呈味物质的阈值也有明显的影响。

（4）介质的黏度　介质的黏度会影响呈味物质的扩散，黏度增大，对味道的辨别能力下降。

味道与呈味物质的组合以及人的心理也有微妙的相互作用，味精只有在食盐存在时才呈现鲜味；食盐与砂糖以一定的浓度混合会使砂糖的甜味明显减弱。味之间的相互作用受多种因素的影响，呈味物质混合并不是简单的味道叠加，因此需要训练有素的风味分析评价员在实践中认真感觉才能获得比较可靠的结果。

味觉同样具有疲劳现象，并受身体的疾病、饥饿状态、年龄等因素影响。味觉的灵敏度存在广泛的个体差异，尤其是对于苦味物质。对某种味觉的感觉迟钝，称作“味盲”，苯硫脲（PTC）是最典型的苦味盲物质。进行味觉检验时，应该按照味觉刺激从弱到强的顺序进行鉴别，每鉴别一种食品之后应用温开水漱口，并进行适当的休息。

（二）味觉机理

味觉是呈味物质和味觉受体细胞顶端微纤毛上的受体和离子通道相互作用产生的。由于受到研究手段的限制，味觉研究一直落后于其他几种感觉的研究。关于味觉机理现在普遍接受的机理是：呈味物质分别以共价键、盐键、氢键和范德瓦耳斯力形成四类不同的化学键结构，对应酸、咸、甜、苦四种基本味。在味细胞的膜表层，呈味物质与味受体发生一种松弛、可逆的结合反应过程，刺激物与受体彼此诱导相互适应，通过改变彼此构象实现相互匹配契合，进而产生适当的键合作用，形成高能量的激发态，此激发态是亚稳态，有释放能量的趋势，从而产生特殊的味感信号。不同的呈味物质的激发态不同，产生的刺激信号也不同。由于甜受体穴位是由按一定顺序排列的氨基酸组成的蛋白体，若刺激物极性基的排列次序与受体的极性不能互补，将受到排斥，就不可能有甜感；换句话说，甜味物质的结构是很严格的。由表蛋白结合的多烯磷脂组成的苦味受体，对刺激物的极性和可极化性同样也有相应的要求。因受体与磷脂头部的亲水基团有关，对咸味剂和酸味剂的结构限制较小。

而对于味觉的传导机制，一些味觉传导过程是把化学信息转变为分子第二信使（如磷酸环苷酸 cNMPs 和三磷酸肌醇 IP_3）使味觉细胞去极化和 Ca^{2+}释放，另一些将呈味物质本身作为细胞信号（如 Na^+、K^+、H^+）使味觉细胞产生动作电位。呈味物质本身的结构和化学多样性决定了味觉传导有多种机制，从而决定了与视觉、嗅觉单一的刺激传导机制（光子或者挥发性小分子）具有显著区别。

四、听觉

听觉在食品风味评价中主要用于某些特定食品（如膨化谷物食品）和食品的某些特性（如质构）的评析上。

（一）听觉的形成及特征

听觉是接受声波刺激后产生的一种感觉。正常人只能感受到频率处于 30～15000Hz 的声波；对其中 500～4000Hz 的声波最为敏感。耳朵是感觉声波的器官，耳朵分为内耳和外耳，内、外耳之间通过耳道相连。外界的声波经过外耳道传到鼓膜，引起鼓膜的振动；振动通过听小骨传到内耳，刺激耳蜗内的听觉感受器，产生神经冲动；神经冲动通过与听觉有关的神经传递到大脑皮层的听觉中枢，就形成了听觉。

声波的振幅和频率是影响听觉的两个主要因素。声波振幅大小决定听觉所感受声音的强弱。振幅大则声音强，振幅小则声音弱。声波振幅通常用声压或声压级表示，即分贝（dB）。频率是指声波每秒钟振动的次数，它是决定音调的主要因素。

（二）听觉和食品风味分析

听觉虽不常用于食品风味分析，但对食品听觉的判断，对其风味的判断有一定的影响。例如，饼干类的这些膨化食品，正常情况下，在咀嚼时应该发出特有的清脆的响声，否则可认为质量已变化，从而影响对该食品的风味判断。

五、触觉

触觉是通过被检验物作用于触觉感受器所引起的反应。触觉检验主要依赖于人的口腔、皮肤以及手等器官的触觉神经来检验食品的弹性、韧性、紧密程度、稠度等。例如，根据手按压鱼体肌肉感觉其硬度和弹性，可以判断鱼的新鲜度或是否腐败；用手抓起一把谷物，凭手感判断其水分含量；用掌心或指头揉搓蜂蜜或饴糖，感受其润滑感，判断其稠度等。此外，在品尝食品时，除了味觉和嗅觉外，还可以靠口腔的触觉对食品的脆性、黏度、松化度、弹性、硬度、冷热、油腻性和接触压力等食品质地进行判断。口腔能感受到食品组成的大小和性状，样品大小不同，在口腔中会引起截然不同的感觉。因此我们可以认为，食品的触觉是口部和手与食品接触时产生的感觉，通过对食品的形变所加力产生刺激的反应表现出来，表现为咬断、咀嚼、品味、吞咽等反应。

进行食品风味的鉴定时，通常先进行视觉检验，再依次进行嗅觉、味觉和触觉检验。某些特殊产品还需进行听觉检验。

六、食品风味的综合感觉

前面提到，感觉是感官刺激引起的生理心理反应。以上的部分也介绍了人类的各种感官对刺激的响应的生理基础，不同感官对刺激的反应是相互作用、相互影响的，同时心理作用对感官识别刺激有重要的影响。因此，在对食品整体风味感觉进行评价时，应该重视感官之间的相互影响以及心理作用对鉴评结果所产生的影响，以获得更加准确的鉴评结果。任何位于鼻中或口中的风味化学物质可能有多重感官效应。食品的视觉和触觉印象对于正确评价和接受很关键。咀嚼食物时产生的声音同样会影响食品的综合感觉，而对食品综合感觉的影响，尤其以味觉与嗅觉的相互影响最为复杂。烹饪技术认为风味感觉是味觉与嗅觉印象的结合，同时受到质构、温度、外界的影响等。人们会将一些挥发性物质的感觉误认为是“味觉”。

第三节　风味评价体系

一、感官评价体系

食品的感官评价，也称感官分析，是通过人的感觉——味觉、嗅觉、视觉、触觉，客观地评价对食品的质量状况，也就是通过眼观、鼻嗅、口尝、耳听以及手触等方式，对食品的色、香、味、体进行综合性鉴别分析，最后以文字、符号或数据的形式作出评判。简言之，感官分析是用感觉器官检查产品的感官特性的科学。

食品质量的优劣最直接地表现在它的感官性状上，通过感官指标来鉴定食品的优劣和真伪，不仅简单易行，而且灵敏度高，直观准确，可以克服化学分析和仪器分析方法的许多不足。人的感官是十分有效而敏感的综合检验器，也是一种择食本能和自我保护的最原始方法，消费者常凭感官鉴别来作出对某种食品是否接受的最终判断。如果人体的感觉器官正常，又熟悉有关食品质量的基本知识，掌握了各类食品质量感官鉴别方法，就能在生活和工作中，正确选购食品和食品原料，并鉴别出其质量的优劣。

感官分析是在理化分析的基础上，集心理学、生理学、统计学的知识发展起来的一门学科，是通过评价员的视觉、嗅觉、味觉、听觉和触觉而引起反应的一种科学方法，包括组织、测量、分析和评价等过程。它是基于建立一套合理的程序，例如应在一定的控制条件下制备和处理样品，以随机数编号，并以不同的顺序提供给鉴评员，通过鉴评员按照产品质量的不同用定量的数据予以测量和记录，然后用统计的方法来分析所得数据，最后作出合理的评判的过程。

食品质量感官检验可在专门的感观分析实验室进行，也可在评比、鉴定会现场，甚至购物现场进行。由于它的简单易行，可靠性高，实用性强，目前已被国际上普遍承认和采用，并已日益广泛地应用于食品质量检查、原材料选购、工艺条件改变、食品的贮藏和保鲜、新产品开发、市场调查等许多方面。

感官分析方法主要来自于行为研究的方法，是通过观察和测量人的反应的方式的一种心理过程。食品感官分析是以人的感觉为基础，通过感官评价食品的各种属性后，再经统计分析获得客观结果的试验方法。因此，在评价过程中，其结果往往受到许多条件的影响。这些条件包括评价前的准备工作、感官实验室的外部环境、鉴评人员的基本条件和素质等。

（一）感官分析实验室要求

环境条件对食品感官评价的影响体现在两个方面，即对鉴评人员心理和生理上的影响以及对样品品质的影响。通常，感官分析环境条件的控制都从如何创造最能发挥感官作用的氛围和减少对评析人员的干扰和对样品质量的影响着手。因此，从这些要求出发，结合试验类型去考虑感官鉴评室的设置和各种条件的控制。

感官分析实验室应建立在环境清净交通便利的地区，应尽量创造有利于感官检验的顺利进行和评价员正常评价的良好环境，尽量减少评价员的精力分散以及可能引起的身体不适或心理因素的变化使得判断上产生错觉。

食品感官分析室由两个基本部分组成：检验区和样品制备区。若条件允许，也可设置一些附属部分，如办公室、休息室、更衣室和盥洗室等。

检验区是感官鉴评人员进行感官检验的场所，通常设有单独检验区和集体工作区。其中单独检验区是由供感官鉴评人员在内独立进行检验的若干个小间构成，小间的面积很小（0.9m×0.9m），内设工作台和座椅，并配备漱口用的清水和吐液用的容器，最好配备固定的水龙头和漱口池。集体工作区是用于检验员之间的讨论，也用于检验员的培训、授课等。集体工作区应设一张大型桌子及5~10把舒适椅子，桌子应配有可拆卸的隔板。推荐的感官检验实验室如图2-2所示。

食品感官实验室应具备一定的环境条件，应配备空气调节装置，可调节温度和湿度；具有良好的换气装置，换气速度以30s左右为宜；有充足的光线和照明，推荐灯的色温为6500K。

制备区内应配备有用于制备样品的必要设备，如炊具、冰箱、容器、盘子、天平等。

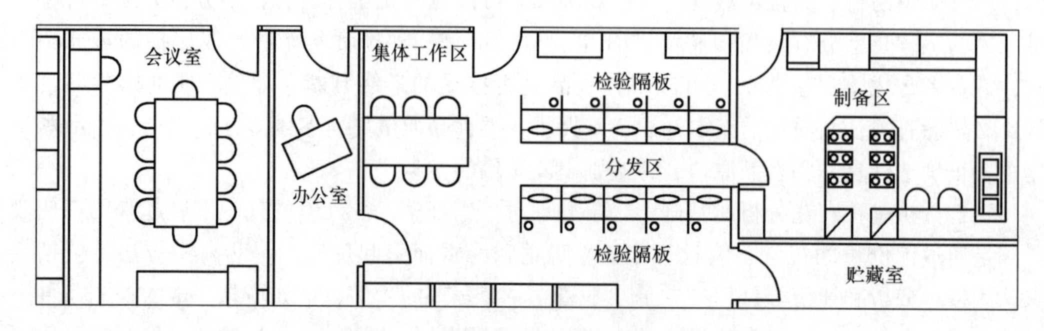

图2-2 感官分析实验室平面图示例

（二）分析检验人员的选择与培训

食品感官分析检验种类很多，各种检验对参加人员的要求不完全相同。按检验类型可分为实验室内感官分析的评价员与消费者偏爱检验的评价员两大类。前者需要专门的选择与培训，后者只要求具有代表性。分析型评价员的任务是评价食品的质量，这类人员必须具备一定的条件并经培训和测试方可胜任。

1. 初选

选择食品感官检验员一般经报名、初选、筛选、培训、考核等过程。对评价员的基本条件和要求如下。

（1）身体健康，不能有任何感觉方面的缺陷，如“色盲”“味盲”“嗅盲”；

（2）各评价员之间及评价员本人要有一致的和正常的敏感性；

（3）具有从事感官分析的兴趣；

（4）个人卫生条件较好，无明显个人气味；

（5）具有所检验产品的专业知识并对所检验的产品无偏见；

（6）保证80%以上的出勤率。

再对初选入围的评价员进行面试、询问，可进一步淘汰那些不适合感官分析工作的候选者，以便进入下一步的培训。

2. 测试

测试的目的是通过一系列筛选检验，进一步淘汰那些不适于感官分析工作的候选者，以便进入下一步的培训。筛选检验的内容有：感官功能检验、感官灵敏度的检验以及描述和表达感官能力的检验3个方面的内容。

3. 培训

培训的目的是向候选评价员提供感官分析基本技术与基本方法及有关产品的基本知识，提高他们觉察、识别和描述感官刺激的能力，使最终能达到胜任的目的，内容包括认识感官特性、接受感官刺激、使用感官检验设备、学习感官评价分析方法、学习使用评价标度、设计和使用描述词语以及了解产品有关特性知识等。

4. 考核

在培训的基础上进行考核以确定优选评价员的资格，优选评价员是指具有较高感官分析能力的评价员。考核主要是检验候选评价员操作的正确性、稳定性和一致性。正确性，即考察每个评价员是否能正常地评价样品，例如正确区别、正确分类、正确排序、正确评分等。稳定性，即考察每个评价员对同一组样品先后评价的再现程度。一致性，即考察各评价员之间是否掌握同一标准、做出一致评价。

不同类型、适合不同检验目的的候选评价员考核的方法和要求各不相同。

考核合格的评价员可正式录用。优选评价员的评价水平可能会下降，因此，对其操作水平应定期检查和考核，达不到规定要求的应重新培训。当一个优选评价员可以根据自己的知识或经验，在相关领域中有能力给出感官分析结论时，他就能成长为专家。在感官分析中，有两种类型的专家，即专家评价员和专业专家评价员。

（三）样品的制备和分发

1. 样品数量

每种样品应有适当的数量，一般应以 3~5 次品尝数量为宜。例如，液体约 30mL，固体 28g 左右。嗜好性试样应多一些。

2. 样品温度

在检验程序中，必须规定产品的呈送温度。适于热食的食品，一般应在 60~70℃；液体牛乳、啤酒则在 15℃；冰淇淋在品尝之前应在-15~-13℃下至少保持 12h。

3. 呈送器皿

盛载样品的器皿应清洁无异味，器皿的颜色、大小应一致。如使用一次性容器，则可避免清洗的麻烦。

4. 样品的编号和呈送

所有检测样品均应编码，通常由工作人员以随机的三位数编号。检验样品的顺序也应随机化。当由多个检验人员检验时，提供给每位检验人员的样品编号和检验顺序彼此都应有所不同。

5. 不宜直接分析的样品

对于不宜直接感官分析的样品，例如香料、调味品、糖浆、奶油等，可将样品以一定比例添加到中性的食品载体中（如牛乳、面条、米饭、馒头、菜泥、面包、乳化剂等），然后再品尝。

二、仿生仪器评价体系

（一）电子鼻及其在食品嗅觉识别中的应用

1. 电子鼻的构成及原理

电子鼻又称人工嗅觉系统，主要是通过气体传感器和模式识别技术的结合模拟生物嗅觉系统，实现气体检测和识别等功能。电子鼻主要由气体采样系统、气体传感器阵列和信号处理系统三种功能器件组成。其工作原理主要是以气体传感器模拟生物嗅觉系统中的嗅感神经细胞，用人工神经网络等模拟嗅球层和僧帽细胞层甚至更深层嗅觉皮层等连接而成的神经回路，用计算机或专用芯片对采集到的信息进行处理，达到识别气体或气味的目的。工作时，气味或气体在气体传感器上产生一定信号，经电路转换和放大，再经计算机对信号进行处理。这里对信号处理是应用模式识别原理，建立相应的数学模型和信息处理技术，最终形成对气味或气体的决策、判断和识别。电子鼻利用气体传感器阵列的响应图案来识别气味，它可以在几小时、几天甚至数月的时间内连续地、实时地监测特定位置的气味状况。电子鼻的类型很多，主要有气相型、金属氧化物型、光传感型等。

人的嗅觉形成过程（图 2-3）是电子鼻工作原理的模拟基础，可以简单地从结构上将传感器阵列、信号预处理、模式识别分别与嗅黏膜、嗅小球、神经中枢相类比，更重要的是在功能上电子鼻系统也具有生物嗅觉系统的特点：对多种气体或气味敏感；通过必要的处理，能够识别所感受到的气体。当待测气体与具有敏感材料的传感器接触，传感器将化学输入转换成电信号，由多个传感器对某种气体的响应便构成了传感器阵列对该气体的响应谱，如图 2-4 所示。显然，气体中的各种化学成分均会与敏感材料发生作用，所以这种响应谱为该气

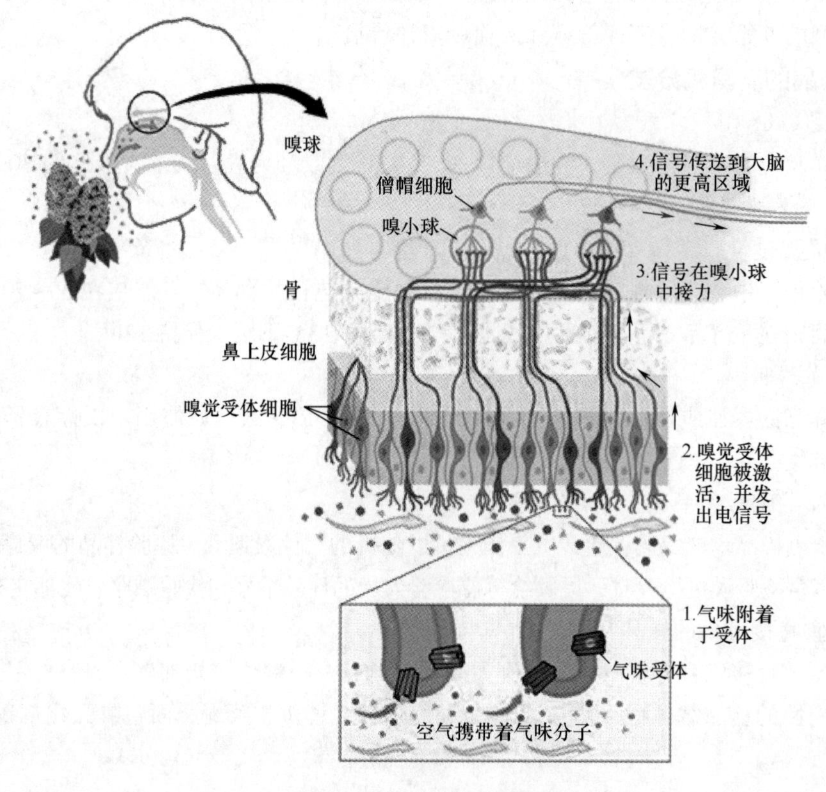

图 2-3　人类嗅觉原理图

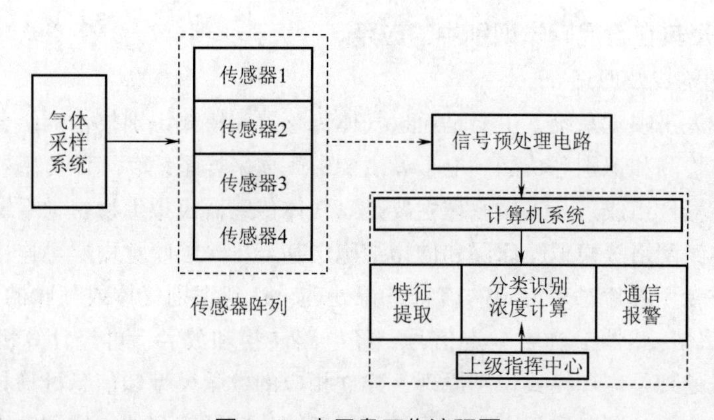

图 2-4　电子鼻工作流程图

体的广谱响应谱。为实现对气体的定性或定量分析，必须将传感器的信号进行适当的预处理（消除噪声、特征提取、信号放大等）后采用合适的模式识别分析方法对其进行处理。理论上，每种气体都会有它的特征响应谱，根据其特征响应谱可区分不同的气体。同时还可利用气敏传感器构成阵列对多种气体的交叉敏感性进行测量，通过适当的分析方法，实现混合气体分析。

人类大约有1亿个嗅觉细胞，而目前电子鼻所拥有的传感器阵列远远少于这个数目，而且大脑的活动要比计算机强很多。因此，电子鼻还远没有人及动物嗅觉系统所具有的功能和敏感程度。但作为一种先进的感觉测试仪器，电子鼻已经在食品工程、医疗等领域得到一定范围的应用。随着该项技术的不断完善和发展，其应用领域将会得到进一步的拓展。电子鼻技术响应时间短、检测速度快、测定评估范围广，可以检测各种不同种类的食品，并且能避免人为误差，重复性好；检测一些人鼻不能够检测的气体，如毒气或一些刺激性气体。目前在图形认知设备的帮助下，其特异性大大提高，传感器材料的发展也促进了其重复性的提高，并且随着生物芯片、生物技术的发展和集成化技术的提高及纳米材料的应用，电子鼻将会有更广阔的应用前景。

2. 电子鼻在食品感官检测中的应用

（1）在食品品质检测中的应用　对不同酒类进行区分和品质检测可以通过对其挥发物质的检测进行。传统的方法是采用专家组进行评审，也可以采取化学分析方法，如采用气相色谱法和色谱-质谱联用技术，虽然这种方法具有高的可靠性，但处理程序复杂，耗费时间和费用。而电子鼻就是一个更加快速、无损、客观和低成本的检测方法。Pearce等人用实验室制造的由12个有机导电聚合物传感器组成的电子鼻系统检测了3种近似的商品酒，结果表明，这3种酒很容易被电子鼻鉴别出来。Guadarrama等对2种西班牙红葡萄酒和1种白葡萄酒进行检测和区分。他们同时还检测了纯水和稀释的酒精样品。他们的电子鼻系统采用6个导电高分子传感器阵列，模式识别技术采用PCA方法。同时，他们对这些样品进行气相色谱分析。结果，电子鼻可以完全区分这5种测试样品，测试结果和气相色谱分析的结果一致。

茶叶的挥发物中包含了大量的各种化合物，而这些化合物也很大程度上反映了茶叶本身的品质。Ritaban Dutta等对5种不同加工工艺（不同的干燥、发酵和加热处理）的茶叶进行分析和评价。他们用电子鼻检测其顶部空间的空气样品。电子鼻由费加罗公司生产的4个涂锡的金属氧化物传感器组成，数据采集和存储用LabVIEW软件，数据处理用PCA、FCM和ANN等方法。结果，采用RBF的ANN方法分析时，可以100%的区分5种不同制作工艺的茶叶。

Sullivan等用电子鼻和气相色谱-质谱分析4种不同饲养方式的猪肉在加工过程中的气味变化，同时邀请了8位专家进行评审。结果，电子鼻不仅可以清晰地区分不同饲养方式的猪肉，也可以评价猪肉加工过程中香气的变化。为了确定电子鼻检测是否具有再现性，他们把样品在不同时期和不同的实验室进行重复试验，结论是电子鼻分析具有很好的重复性和再现性。

（2）在食品成熟度检测和新鲜度检测中的应用　水果所散发的气味能够很好地反映出水果内部品质的变化，所以可以通过闻其气味来评价水果的品质。水果在贮藏期间，通过呼吸作用进行新陈代谢而变熟，因此在不同的成熟阶段，其散发的气味会不一样。然而人只能感受出10000种独特的气味，特别是在区分相似的气味时，人的辨别力受到了限制。Oshita等将日本产的梨在不成熟时候进行采摘，然后将它们分成3组，第1组在4℃下贮藏115d（未成熟期）；第2组在4℃下贮藏115d后，在30℃下放置1d（成熟期）；第3组在4℃下贮藏115d后，在30℃下放置5d（完熟期）。用32个导电高分子传感器阵列的电子鼻系统进行分析，采用Non-linear Mapping软件进行数据处理。同时用化学分析方法、气相色谱和气质对3个不同阶段的梨进行分析。结果，电子鼻能够很明显地区分出3种不同成熟时期的梨，并且同其他分析方法的结果有很强的相关性。O'Connell等采用11个费加罗公司生产的涂锡金属氧化物传感器阵列构成的电子鼻系统来评价和分析阿根廷鳕鱼肉的新鲜度。结果，电子鼻可以区分不同贮藏天数的鱼肉，不同质量的鱼肉样品对电子鼻评价其新鲜度影响无关。

（3）在食品早期败坏检测中的应用　因为乳制品的保存期较短，而且容易受到由微生物引起的败坏和变质，所以早期快速定性地检测其败坏和变质非常重要。气相色谱-质谱可以定量分析乳制品挥发物的成分，但不能得到样品的总体信息。Naresh Magan等采用14个导电高分子传感器阵列组成的电子鼻系统，数据处理采用PCA、DFA和CA等方法，结果电子鼻可以区分未变质的乳制品和由5种单一微生物或酵母引起变质的乳制品，而且用电子鼻可区分和鉴别由单一微生物或酵母引起的变质程度。

电子鼻技术作为一个新兴的技术种类也正持续快速地发展着，然而，受敏感膜材料、制造工艺、数据处理方法等方面的限制，电子鼻的应用范围与人们的期望还存在距离。在降低成本、提高气敏传感器的灵敏度、提高检测速度、建立合适的数据分析方法、培训电子鼻以建立起完整的检测数据库等这些关键问题得到解决后，将使电子鼻技术逐步从实验室走向应用。

（二）电子舌及其在食品味觉识别中的应用

1. 电子舌的结构及基本原理

电子舌是一种由交互敏感传感器阵列（味觉传感器）、信号采集器以及模式识别算法构成的智能分析仪器。其中，味觉传感器是由数种可感应味觉成分的金属丝组成，这些金属丝能将味觉信号转换成电信号；信号采集器将样本收集并存储在计算机内存中；模式识别算法则模拟人脑将采集的电信号加以分析、识别，如图2-5所示。电子舌的输出信号表明，它可以对不同的味道质量，也就是不同的化学物质成分进行模式识别。生物体感受味觉的刺激主要依赖于分布在舌面上的味蕾，通过感受到不同呈味物质的刺激信号，经过神经传导到大脑，由大脑对味蕾采集到的整体信号特征进行分析处理，得出不同呈味物质的区分信号。电子舌系统中的传感器阵列相当于生物体的舌头，可感受不同的化学物质，并且将信号输入电脑；电脑相当于大脑的作用，利用软件分析，对不同物质进行识别，最后给出各个物质的感官信息。传感器阵列上的每个独立的传感器像每个味蕾一样，具有交互敏感作用，即每一个独立的传感器并非只感受一种化学物质，而是感受一群化学物质，并且在感受某类特定的化学物质的同时，还感受另一部分其他性质的化学物质。电子舌是具有识别单一和复杂味道能力的装置，自20世纪80年代中期发展至今，它以快速、简便、安全等特点迅速在食品质量与安全、生物、环境等领域得到广泛应用。

2. 电子舌在味觉识别中的应用

电子舌可以对5种基本味：酸、甜、苦、辣、咸进行有效的识别。日本的Toko应用多通道类脂膜味觉传感器对氨基酸进行研究。结果显示，可以把不同的氨基酸分成与人的味觉评

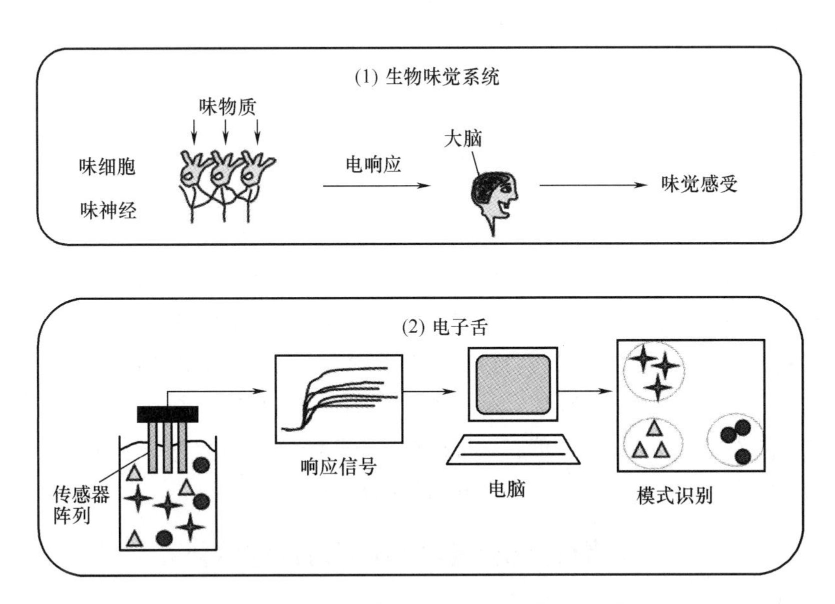

图 2-5 电子舌的工作原理图

价相吻合的5个组，并能对氨基酸的混合味道作出正确的评价。同时，通过对L-甲硫氨酸这种苦味氨基酸研究，得出生物膜上的脂质（疏水）部分可能是苦味感受体的结论。

目前，使用电子舌技术能容易地区分多种不同的饮料。Larisa Lvova 等研究用电子舌区分常见饮料的能力，他们对立顿红茶、4 种韩国产的绿茶和咖啡进行研究，采用 PCA 的分析方法，结果显示，电子舌可以很好地区分红茶、绿茶和咖啡，并且还能很好地区分不同品种的绿茶。他们还研究了采用 PCR 和 PLS 分析方法的电子舌技术在定量分析代表绿茶风味的主要成分含量的分析能力，他们首先用不同样品的茶汤训练电子舌，然后让它来预测未知绿茶样品的主要成分含量。结果表明，电子舌可以很好地预测咖啡碱（代表苦味）、单宁酸（代表苦味和涩味）、蔗糖和葡萄糖（代表甜味）、L-精氨酸和茶氨酸（代表由酸到甜的变化范围）的含量和儿茶素的总含量，结果表明电子舌可以定性和定量分析茶叶的品质。俄罗斯的 Legin 使用由 30 个传感器组成阵列的电子舌技术检测不同的矿泉水和葡萄酒，能可靠地区分所有的样品，重复性好，2 周后再次测量结果无明显的改变。另外，对 33 种品牌的啤酒进行测试，电子舌技术能清楚地显示各种啤酒的味觉特征，同时，样品并不需要经过预处理，因此这种技术适合生产过程在线检测。对于咖啡，通常认为咖啡碱是咖啡形成苦味的主要成分，但不含咖啡碱的咖啡喝起来反而让人觉得更苦。因为味觉传感器能同时对许多不同的化学物质作出反应，并经过特定的模式识别得到对样品的综合评价，所以它能鉴别不同的咖啡，显示出这种技术独特的优越性。

电子舌对酒类在品牌鉴定、异味检测、新产品开发、原料检验、蒸馏酒品质鉴定等方面有十分重要的应用。Satoru Iiyama 利用由 8 个类脂膜电极组成的味觉传感器和葡萄糖传感器对日本米酒的品质进行了检测，利用主成分分析法进行模式识别和降维功能。结果显示，电子舌的通道输出值与滴定酸度、糖度之间具有很大的相关性，可据此对米酒的甜度作出预测。

电子舌技术不仅可以用于液体食物的味觉检测，也可以用在胶状食物或固体食物上。例如对番茄进行味觉评价，可以先用搅拌器将其打碎，所得到的结果同样与人的味觉感受相符。

此外，国外的一些研究者尝试把电子舌与电子鼻这两种技术融合在一起，从不同角度分析同一个样品，模拟人的嗅觉与味觉的结合，在一些情况下能大大提高识别能力。Winquist等对橘子、苹果、菠萝这3种水果进行了检测，每种水果又分为4组，每种测量3次，先用电子鼻获得数据信号，再用电子舌进行检测。完成所有的测量后，用主成分分析法进行模式识别。结果表明，若仅用电子鼻分析，橘子可以明显地跟苹果、菠萝区分开，但苹果与菠萝不能很好地区分开；若仅用电子舌分析，橘子跟菠萝区分不开；但若电子鼻与电子舌结合一起来分析检测，检测率就能大大提高。目前，电子舌已经有了商业化的产品。例如，法国的Alpha MOS公司生产的ASTREE型电子舌，利用7个电化学传感器组成的检测器及化学计量软件对样品内溶解物作味觉评估，能在3min内稳妥地提供所需数据，大大提高产品全方位质控的效率，可应用于食品原料、软饮料和药品的检测。

三、感官分析与仪器分析结合评价体系

尽管仿生仪器的出现，为食品风味的鉴评提供了有效的工具。然而，风味的鉴评是一种分析，更是一种感官的体验，就目前的技术进展而言，还没有一种仪器能完全替代人来更好地完成这些工作，而评价员本身的一些局限性以及主观性等不足，使得将以人为主体的感官分析与以计算机为主体的仪器分析相结合成为对食品风味鉴评有效手段的一种新的选择。

（一）气相色谱-嗅觉测量法（GC-O）

将制备好的挥发性样品依次进行两次气相色谱分析，保持两次的分析条件一致，使第二次分析的样品不进入色谱检测器，而是用评价员进行感官嗅闻，并记录各种气相流出物的香气特征。通过对比第二次流出物的香气特征图谱和第一次分析的气相色谱图，确定第一次分析的气相色谱图中单个峰对应的香气特征，从而确定对该食品香气有重要影响的挥发性成分。由于进行感官分析的评价员在某些场合是不稳定的，具有敏感性，因此，要得到有价值的感官分析结论就必须由评价小组进行评定，因此该方法的劳动强度比较大。但是总的来说，该法快速、直接、有效，在评价重要挥发性样品中应用广泛。

（二）香气萃取稀释分析法（AEDA）

该法是将香气提取物原液分别在两种不同极性的气相色谱柱上进行GC-O分析。一般将香气提取物原液在极性柱上进行系列稀释吸闻，找出所嗅出的气味活性化合物对所测食品的香气贡献程度，再将香气提取物原液在非极性柱上进行GC-O分析，然后根据公式计算出每种嗅出物的RI值，参阅相关参考资料，判断出每种化合物为何物。最后，在气质联机（GC-MS）上进行验证以及定量分析。选择几种该食品最有代表性的香气化合物组成标准溶液或模型系统，看是否符合该食品的香气感觉，并在气相色谱上进行验证（所推断的化合物的RI值是否与标准化合物的RI值相符）。

第三章

CHAPTER 3

国内外风味物质法律法规介绍

第一节 概述

食品中的风味物质在食品工业中得到广泛的应用。风味物质中的香精、香料的进出口贸易量日益增长，尤以亚太地区增长最为迅速。我国现阶段对于香精、香料的人均消耗量越来越大，并且其需求的增长率很可能成为全球之最。目前，我国蕴含极其丰富的天然香料资源，市场潜力十分巨大。为了保障消费者的安全，对风味物质开展有效的安全性评价以及对风味物质进行完善的管理是极其重要的工作。

从化学上定义，风味物质可定义为具有调味属性的物质。根据国际食用香料工业组织惯例法规和欧盟风味法令的释义，按照风味物质来源和制造方法的不同，分为天然风味物质、天然等同风味物质、人造风味物质。各国法规对风味物质的定义和范围不尽相同。一般来说，天然风味物质是指完全用物理方法从动植物原料（不论这类原料处于天然状态还是经过供人类食用的加工和处理）中获得的具有香气或风味的化合物。人们将用生物工艺手段（如发酵）从天然原料（如粮食）制得的风味化合物以及由天然原料（如糖类和氨基酸类等）经过供人类食用的加工过程（如烹调）所得的反应产物也划入天然风味物质范畴。天然等同风味物质是指从芳香原料中用化学方法离析出来的或是用化学合成法制取的风味物质，它们在化学结构上与供人类食用的天然产品中存在的物质相同。人造风味物质是指那些尚未从供人类食用的天然产物中发现的，用合成方法制得的风味物质。

以下将介绍国外以及国内对风味物质的立法管理概况。各国关于风味物质管理的最关键区别在于食用香料的一般归类。在某些国家，食用香料被归为食品添加剂类，例如美国、日本和中国；而在某些地区，食用香料则被归为一种特殊的食品类型，例如欧洲。

第二节 国际机构对风味物质的管理概况

风味物质品种繁多，目前人们已从各类食品中发现存在的风味物质超过 1 万种，且随着食品工业的发展和分析技术的进步，还会不断涌现新的风味物质。尽管目前在用的食用香料有数千种，但基本上风味物质的暴露量都极低，除了个别用量较大的外，绝大多数（>80%）用量在 10^{-6}级，甚至于 10^{-9}级。另外，绝大多数风味物质广泛存在于传统食品中，它们并不是新物质；某些风味物质结构本身是食品通过化学过程可能期望产生的物质。由于风味物质具有以上这些特点，世界各国对于风味物质的安全性评价并不尽相同。

联合国粮农组织（FAO）和世界卫生组织（WHO）是具有对风味物质评价的国际组织，但是由于没有立法的权利，因此它们仅仅提供建议，许多不具有这些科研能力的小国家将他们的建议纳入各国的法律中。

早在 1957 年，FAO 及 WHO 在食品法典委员会（CAC）下设立 FAO/WHO 关于食品添加剂联合专家委员会（JECFA）。从那时起，JECFA 就开始对食品添加剂进行评价。根据 CAC 的定义，风味物质属于食品添加剂这一类。CAC 于 2008 年发布 CAC/GL 66—2008《食用香料香精应用指南》，该文件规定了食品用香料香精的有关定义，食用香料香精使用的一般原则等。JECFA 负责对包括食品用香料在内的食品添加剂的安全性进行客观评价。截至 2011 年，JECFA 已经完成 2076 种化学结构明确的食品用香料的安全性评估工作，同时在其官方网站上公布食品用香料的质量规格，主要包括含量、香味、溶解度、沸点、相对密度、折射率等指标。

作为 CAC 的观察员成员，国际食用香料工业组织（IOFI）参与了制定《食用香料香精应用指南》的有关工作。IOFI 成立于 1969 年，现有成员国 20 余个，绝大多数为发达国家（如英、美、日、法、意、加等），是一个专门从事食品用香料等氛围物质的安全和法规活动的协会。IOFI 通过制定《实践法规》（*Code of Practice*），来约束其成员，更好地执行 CAC 的有关规定，安全使用经过 JECFA 批准的食品用香料。IOFI 的《实践法规》涵盖了几乎关于香料香精行业的所有方面，包括定义、香料香精在食品中的必要性和技术功能基本的生产规范、标签、质量控制、天然的概念、热加工和烟熏香味料的工艺要求、香料名单等内容，是香料香精行业很重要的“白皮书”。目前欧洲大多数国家实际上采用 IOFI 的规范。IOFI 的食品用香料列表（Global Reference List）属于参考列表，收录了各国批准的风味物质收录的情况，IOFI 在官方网站公布其列表。

第三节　美国、欧盟和日本对食用香料的管理概况

一、美国对食用香料的立法管理历史沿革

1958 年开始，美国根据新的食品法将食用香料列入食品添加剂范围并进行立法管理。在美国食品与药物管理局（FDA）的监管下，对不在食品添加剂两项保留条款内的食用香料根据人们长期的使用经验和部分毒理学资料对其安全性进行评估。在法规的第二部分共列入约 1200 种允许使用的食用香料，对使用范围和使用量未作规定。确定了用“肯定列表”（Positive List）的形式为食用香料立法，即只允许使用列表中的食用香料，而不得使用列表以外的其他香料。被允许使用的食用香料在联邦法规第 21 条 170~180 页部分和 182~184 页

部分的有关章节中列出。但是美国法规仅仅区别天然和人造风味物质。天然等同风味物质没有获得合法的定义，天然等同风味物质是合成生产的，在美国被归类为人造风味物质。

但是随后FDA发现新的食用香料层出不穷，仅靠国家机构来从事食用香料的立法管理是极其困难的。因此，FDA决定成立风味物质专家小组对食用香料安全性进行评估。这一任务由美国香料与萃取物制造者协会FEMA（Flavor and Extract Manufacturers Association）来完成。FEMA是个行业自律性组织，成立于1956年，FEMA组织由行业内外的化学家、生物学家、毒理学家等权威人士组成了专家组。

自1960年以来FEMA开始对食用香料的安全性进行评价。评价的标准包括食用香料在食品中的自然存在状况、暴露量（使用量）、化学特性、代谢和药代动力学、毒理学数据，以及FDA红皮书中对食品添加剂安全评价原则的应用等。FEMA以“一般认为安全”列表（GRAS List）的形式，定期公布经过安全性评估，且认为安全的食用香料，但不对其质量规格提出要求。自1965年公布第一批FEMA GRAS名单以来，FEMA对每个经专家评价为安全的食用香料都给予一个FEMA编号，至此，共允许使用将近3000种食用香料。FEMA GRAS得到美国FDA的充分认可，已作为国家法规在执行。但已通过的食用香料并不是一成不变的，每隔若干年专家组会根据新出现的资料对已通过的香料进行再评价，重新确立其安全地位。到目前为止已进行过两次再评价，第一次系统再评价于1985年完成，评价了约1200种物质，撤去GRAS称号的有9个（紫草根提取物、溴代植物油、菖蒲、菖蒲油、葵子麝香、3-壬酮-1-醇、2-甲基-5-乙烯基吡嗪、邻乙烯基茴香醚、邻氨基苯甲酸肉桂酯），第二次系统再评价于1994—2005年进行，再评价了2000多种单体香料，只有极个别化合物被撤去GRAS称号。

FEMA负责评价香料，FDA认可其评价结果，但FEMA不公布质量规格或者安全标准，一般接受美国《食品化学法典》（FCC）的质量规格。食品用香料的质量规格应符合FCC。FDA对食品添加剂和食用香料采用“肯定列表”的管理形式，但由于缺少具体的质量规格，FDA要求美国国家科学院药品研究院下属的食品与营养品委员会（FNB）进行有关食品添加剂、食品用香料、食品成分等的标准制定工作。FCC是由FNB制定的关于食品化学标准的汇编［2006年以后，美国药典（USP）收购了FCC，并由USP食品成分专家委员会负责修订工作］，是FDA以及许多国际食品检验权威机构用于管理和检测食品化学品的重要依据。目前FCC已收录400多个合成香料标准（可以认为，重要的、用量较大的香料品种已收录）。对于已经批准但未制定质量规格要求的食品用香料，由生产商负责它们的安全使用。

美国的FDA名单及FEMA名单不仅适用于美国，它在世界上有广泛的通用性。目前，全盘采用的国家有阿根廷、巴西、捷克、埃及、巴拉圭、波多黎各、乌拉圭等；原则采用的国家和地区有：阿富汗、奥地利、澳大利亚、孟加拉、巴巴多斯、玻利维亚、保加利亚、哥斯达黎加、智利、中国、哥伦比亚、塞浦路斯、厄瓜多尔、萨尔瓦多、斐济、希腊、危地马拉、洪都拉斯、中国香港、匈牙利、印尼、牙买加、约旦、韩国、黎巴嫩、马尔代夫、墨西哥、尼泊尔、新喀里多尼亚、新几内亚、新西兰、尼加拉瓜、巴拿马、巴基斯坦、秘鲁、菲律宾、波兰、罗马尼亚、斯里兰卡、苏丹、中国台湾、泰国、特立尼达和多巴哥、土耳其、英国、西萨摩亚。

二、 欧盟对食用香料的立法管理历史沿革

比利时、法国、德国、意大利、卢森堡和荷兰在1957年3月28日共同签署罗马条约时，

欧洲经济共同体也应运而生了。在 1972 年，英国、爱尔兰和丹麦加入了这个团体，15 年后希腊、西班牙和葡萄牙也加入了该团体。1992 年的马斯垂克条约将该联邦团体的名字改成了“欧盟”，在 1994 年 1 月 1 日，12 个欧盟成员国和 6 个欧洲自由贸易联盟即奥地利、芬兰、冰岛、挪威、瑞典和瑞士达成了另一项协议，成为了欧洲经济区的基础。在此背景下欧洲自由贸易联盟国家同意采纳欧盟食品法规以作为本国法律。同时，奥地利、芬兰和瑞典也在 1995 年 1 月 1 日加入欧盟，随后在 2004 年 5 月 1 日，捷克、塞浦路斯、爱沙尼亚、匈牙利、拉脱维亚、马耳他、斯洛伐克和斯洛文尼亚也加入了欧盟。

欧盟有下列立法机构：欧盟委员会和成员国理事会，在布鲁塞尔设立欧洲议会。该委员会从其他顾问委员会得到援助，在这方面最重要的是食品科学委员会（SCF），SCF 成立于 1969 年（69/414/EEC），在 1995 年得到认证（95/273/EC）。食品科学委员会是由 20 名权威科学家组成的，能够在食品消费中有关任何公共健康问题给出意见。由于欧盟的立法程序相当复杂，因此除开一些特殊标记，一般规定都避开相关细节。SCF 提交任何有关新规定的建议时，都需要经过部长会议和欧洲议会，最终通过协商程序作出规定。这样的规定可以约束成员国的指令，而成员国将相关规定落实到本国法律。因此，1980 年以前欧盟并没有真正意义上的国家法规来公布食用香料名单，但它有欧洲理事会蓝皮书，每种食用香料都有一个 COE 编号，共有 1700 余种。欧盟对天然和天然等同香料是采用否定表（Negative List）形式加以管理，即只规定哪些天然和天然等同香料不准用或可限量使用，对人造香料则用肯定表形式加以管理，即只有列入此表的人造香料才允许使用。如前所述，食用香料的 COE 编号并不是真正意义上统一的法规，欧洲各国执行的依然是本国的法规，但并不是说欧盟不重视食用香料的立法。欧盟历来十分关注食品安全，经过多年的发展，欧盟形成了比较严谨的食品安全法律体系。

1988 年，SCF 决定集中处理食品添加剂，风味物质，加工助剂，农药残留以及食品直接接触的材料等相关问题。欧共体公布了协调各成员国有关食品用香料及其原料法律趋于一致的风味指令“关于风味物质在食品中的使用及其制备的原料的法规”（88/388/EEC）。该指令明确将风味物质分为：天然、天然等同或人造风味物质、植物或动物源性风味物质、加热后转变为香料的转化香料以及烟熏香料，并对标注“天然食用香料”作了具体规定，对香料物质的使用通则、纯度标准以及对某些有健康安全问题物质的最大限量规定进行了规范。在风味指令 88/388/EEC 的指导下，后续明确的立法体系就建立起来了。

1991 年风味指令 88/388/EEC 经过修改，为消费者规范了风味物质的标签的指令 91/71/EEC 被制定。如果食品中含有香料，则必须在食品产品包装的成分单上标出“香料”。只有当调味料成分已经单独或几乎单独地从原料中分离出来时才能标注成“天然香料”。

1996 年，欧盟制定欧洲议会和理事会法规 2232/96/EC，规定了在欧盟食用香料使用的基本准则以及食用香料的安全评估程序。法规 2232/96/EC 规定了如何制定食用香料肯定表的步骤。第一阶段为登记阶段，即各成员国将本国批准使用的食用香料进行统一登记，该登记产生一个待评价的食用香料目录。第二阶段是按法规 1565/2000 进行，建立政府层面上的专家组，称为 FLAVIS，其职能是收集各种食用香料的毒理学、代谢情况和质量规格方面的资料。根据欧盟委员会的规定，凡 JECFA 批准的香料不必进行再评价，因而 FLAVIS 不再收集这些香料的有关资料。第三阶段是对于 FLAVIS 无法得到上述要求的资料时，则要求工业界［主要是 IOFI 和 EFFA（欧洲食用香料香精协会）］收集汇总这些资料。目前，IOFI 和

EFFA 已将食用香料按 34 个不同化学结构类型整理成专论提交给 FLAVIS，由 FLAVIS 来审查所提供资料的完整性。第四阶段是 FLAVIS 将审查过的资料提交给 EFSA 进行评价。根据本法规，成员国应向委员会报告目前本国内批准使用的香料。委员会将这类信息汇编，大约有 2800 种物质。并于 1999 年根据该法规公布委员会决议 1999/217/EC，该决议规定了食品中香料物质的注册制度，公布了所有允许使用的食品用香料清单，建立了一个食用香料的肯定物质列表清单，其中包括各香料的登记号、FEMA 号、化学基团数、化学文摘号（CAS）、同系物及安全评价条款等。

决议 2000/489/EC 对其进行了修正。为了该注册制度的建立，欧盟委员会开展了为期五年的评估项目，委员会 1565/2000/EC 法规制定了评估项目所必需采取的措施。此项评估项目完成以后，将制定一个允许在欧盟范围内使用于食品中的香料物质名单。

2002 年欧盟公布了食品法规 178/2002，并于 2002 年 1 月 28 日正式生效。178/2002 是欧盟总的食品法规，是十分重要的法规，填补了在欧盟层面上没有总的食品法规的空白，是对以往欧盟食品质量与安全法规的提升和创新，具有很强的时代特征。其目的是通过统一的手段，为欧盟创造一个有效的食品安全管理框架。在这个框架下，与食用香料香精有关的有两个指令：Additives Directive 89/107 和 Flavouring Directive 88/388。指令 89/107 是有关食品添加剂的框架性指令。指令 88/388 是有关食用香料香精的框架性指令，该指令给出了食用香精定义、安全性条款、食用香料肯定表（未给出名，仅指明将以肯定表的形式规范食用香料）、食用香精用添加剂肯定表和食用香精标签标示条款。根据 178/2002，欧盟同时建立了欧盟食品安全权威机构（European Food Safety Authority，EFSA），及 EFSA 下的科学委员会和 8 个科学专家组。8 个专家组中有一个称为食品添加剂、食用香精、加工助剂和与食品接触物质的专家组（Panel on Food Additives，Flavorings，Processing Aids and Materials in contact with Food）。该法规除包含批准使用的食用香料名单外，还有食用香料香精使用条件、食用香料香精标签法则等内容。

2008 年 12 月 6 日，欧盟公布了《关于食品用香料香精和某些具有香味特性的食品配料在食品中和食品上应用的法规》[（EC）No. 1334/2008]。食品用合成香料和天然单体香料需要通过安全性评估和批准才能使用。而来源于食品的天然复合香料无须经过评估和批准（对于有大量证据表明至今一直用于食品用香料香精生产的资源材料，视为食品）。同时该法规明确对需要批准的食品用香料采取肯定列表的形式进行管理。在安全性指标的控制方面，该法规规定了不得直接添加到食品中的物质，并规定部分这类物质在加香食品中的限量。同时，欧盟对理事会法规 EEC No. 160/91、EC No. 2232/96 和 EC No. 110/2008 及指令 2000/13/EEC 进行修正以及替代 88/388/EEC。目前，ESFA 负责食品添加剂和食品用香料的安全评价，其评价方法类似于 JECFA，一般的食品添加剂逐一评价，而食品用香料是化学结构组的评价方法。

2012 年 10 月 2 日，欧盟正式公布了欧盟食品用香料和资源材料清单［（EC）No. 872/2012］，将其作为《关于食品用香料香精和某些具有香味特性的食品配料在食品中和食品上应用的法规》［（EC）No. 1334/2008］的附录 I 的内容。废止欧盟委员会（EC）No. 1565/2000 条例与 1999/217/EC 号决议。该清单于 10 月 22 日起生效，于 2013 年 4 月 22 日起实施，适用于所有成员国。清单共收录 2500 多个已完成评估和正在评估（需要限期补充科学数据）的食品用香料（包括合成香料和天然单体香料）。清单中未标明含量要求的食品用香料，含量不得低于95%，而对含量要求低于95%的香料，则在清单中明确规定了次要成分或成分组成。欧盟未对食品用香料的质量规格作出全面规定（含量要求仅是质量规格的最重要项）。我国目前正在制定的《食品用香料通则》十分接近欧盟的做法。

随着新品种的不断发现和安全评价技术的不断深入，欧盟委员会每年会对清单进行修正，对新增香料品种或原有品种做出删除或者修改。与此同时，欧盟成员国现存的关于香味物质的国家法规仍在实施中。这些现存的国家法规无限制准许使用天然香味物质和天然香味物质等同物，除意大利外所有欧盟成员国共同制定的欧盟风味指令都允许使用的这些香味物质，意大利针对7种天然香味物质等同物保持了特定的限制。关于人造香味物质，4个欧盟成员国（德国、意大利、西班牙、荷兰）制定了明确的使用水平，其他所有欧盟成员国认可所有的人造香味物质适合人类食用。

三、日本对食用香料的立法管理历史沿革

日本于1947年首次颁布了食品卫生法，食品卫生法制定的目的在于通过制定明确的法律法规和采取必要的措施，让人们消费食品时避免发生危害健康的事件。因而日本卫生与福利部所在的日本厚生劳动省建立了明确的法律法规来迅速处理国际食品进出口问题以及国际食品法规一致性遇到的相关问题。日本的食品法律法规是基于食品卫生法建立起来的，并对食品中所用化学物质有了认定制度。

根据日本的食品卫生法的定义，风味物质被归类为食品添加剂。除了厚生劳动省指定的对人类健康无害的食品添加剂之外，食品卫生法禁止任何有关食品添加剂以及含有此类食品添加剂的食品的销售、生产、进口和使用等行为，但不包括天然香味物质和既可作为食品也可作为食品添加剂的物质。日本的添加剂法规到1957年才真正公布和实施。1957年同时出版日本食品添加剂公定书。这是日本食品添加剂的标准文件，文中规定了各种试验方法并对约400种食品添加剂规定了质量标准。随着科技进步和食品工业的发展，此公定书已进行过数次修正。事实上，此公定书涉及的食用香料并不多。1996年4月日本厚生劳动省还公布了一批食品添加剂名单，名单内的品种不受食品卫生法的约束，因此继续允许这些食品添加剂的经销、制造、进口等营销活动，这类食品添加剂不包括应用化学反应原理获得的物质或用化学手段合成的化合物，大多为天然植物提取物。日本对天然香料也是采用否定物质列表清单的形式加以管理，而对人造香料则采取肯定表的形式一一列出名单，并规定质量规格，但有标准可查的食品香料不足100种（氨基酸、酸味剂除外）。

申请制定食品添加剂或修订使用标准时，需要向厚生劳动省食品化学处提交申请资料，如该部认为应适宜听取食品卫生委员会（Food Sanitation Council）的意见，将启动咨询程序。如果委员会讨论后认为可以批准或修订标准，将向厚生劳动省提交正式报告，由该部根据一定的程序，修订食品卫生法规，整个过程通常需要1年时间。食品卫生委员会进行安全性评估时会参考CAC标准和日本膳食摄入资料。由于日本国内的食品香精市场有限，许多香精以外销为主。对于这部分香精他们执行的是进口国的法规。目前日本已倾向接受IOFI和JECFA的规定，食品香料法规已逐步国际化。日本香料协会对日本香料行业的自律及对法规执行情况的监督检查起至关重要的作用。

第四节　我国对食用香料的立法管理历史沿革与未来展望

我国将食用香料的管理纳入食品添加剂范畴，允许使用的食品用香料名单以“肯定列表”形式列入 GB 2760—2014《食品安全国家标准 食品添加剂使用标准》中。食用香料和香精产品质量规格以国家标准或行业标准发布。我国许可使用的食用香料中，除小部分外，大部分均有 FEMA 编号。目前我国规定食品添加剂应当在技术上确有必要且经过风险评估证明安全可靠，方可列入允许使用的范围，并且国家对食品添加剂的生产实行许可制度。所有的食品添加剂（包括一般的食品添加剂与食品用香料）都需要经过安全评估，方可根据要求使用。

我国对食用香料的管理起步较晚，1977 年卫生部根据我国食用香料工业的实际情况，参照国际上的有关规定，将我国传统使用的食用香料进行分类管理，由卫生部起草、国家标准计量局发布了 GBn 50—1977《食品添加剂使用卫生标准》，公布了第一批允许使用的食用香料名单共 140 种（包括允许使用名单和暂时允许使用名单）。随着食品工业的发展，对食用香料的品种和数量提出了更高的要求，这一方面促进了我国食用香料工业的发展，另一方面也带来了进口的大幅度增长。同时，在生产和管理方面也出现了不少问题。为了保障广大消费者的健康，了解人类长期接触这些化学物质可能引起的毒性以及其致畸、致癌作用。卫生部先后颁发了 1994 版、2003 版的食品安全性毒理评价程序。现行版本为 GB 15193. 1—2014《食品安全国家标准 食品安全性毒理学评价程序》，该标准对食品安全性毒理学评价试验的内容、目的和结果判定、考虑因素、对不同受试物选择毒性试验的原则等作了明确规定。毒理学评价试验的内容包括：急性经口毒性试验、遗传毒性试验、28 天经口毒性试验、90 天经口毒性试验、致畸试验、生殖毒性试验和生殖发育毒性试验、毒物动力学试验、慢性毒性试验、致癌试验、慢性毒性和致癌合并试验。其中，对香料产品选择毒性试验的原则做了具体的规定：凡属 WHO 已建议批准使用或已制定日容许摄入量者，以及 FEMA、欧洲理事会（COE）和 IOFI 四个国际组织中的两个或两个以上允许使用的，一般不需要进行试验；凡属资料不全或只有一个国际组织批准的先进行急性毒性试验和遗传毒性试验组合中的一项，经初步评价后，再决定是否需进行进一步试验；凡属尚无资料可查、国际组织未允许使用的，先进行急性毒性试验、遗传毒性试验和 28 天经口毒性试验，经初步评价后，决定是否需进一步试验；凡属用动、植物可食部分提取的单一高纯度天然香料，如其化学结构及有关资料并未提示具有不安全性的，一般不要求进行毒性试验。

为加快立法工作，1980 年成立了全国食品添加剂标准化技术委员会，它是由来自政府管理部门和从事食品添加剂研究、开发、生产、应用部门的技术专家组成的专门从事食品添加剂立法的机构。食品香料的安全性评价由全国食品添加剂标准化技术委员会进行，报卫生部批准，制定成国家标准后由国家质量监督检验检疫总局发布。1981 年，卫生部将 GBn 50—1977《食品添加剂使用卫生标准》修改为 GB 2760—1981《食品添加剂使用卫生标准》。1985 年在该标准化技术委员会下成立了食品香料分技术委员会，委员是来自食品香料香精的科研、生产、使用和卫生管理等方面的专家。该委员会的任务是收集有关食品添加剂方面的国内外资料，讨论食品添加剂方面的立法管理问题，负责食品添加剂毒理学评价程序中有关食用香料评价内容的起草工作。根据毒性试验结果审查新的食品添加剂使用卫生标准和质量标准等。

由于食用香料为品种最多的一类食品添加剂，用量少、香精配方复杂、使用范围广、与人民生活息息相关，其安全性受到政府和消费者的关注。2009 年《中华人民共和国食品安全法》颁布实施以后，按照新的食品安全法的要求食品香料新品种的申请已由原来的标准制修订程序改为行政许可制度；对于研制、生产、应用新食品香料的审批程序，我国规定：未列入 GB 2760 中的食品香料品种，应由生产、应用单位及其主管部门提出生产工艺、理化性质、质量标准、毒理试验结果、应用效果等有关资料，由当地省级主管和卫生部门提出初审意见，经全国食品添加剂标准化技术委员会香料分会预审，通过后再提交全国食品添加剂标准化技术委员会审查，通过后的品种报卫生部审核批准发布。

2010 年，按照国务院食品安全整顿计划开展的食品安全基础标准清理修订工作的要求，我国对 GB 2760 进行了第五次修订。此次修订对于食用香料管理的一个重要变化是参照 CAC 标准增加了食品用香料、香精的使用原则，对如何在法规框架内安全使用食用香料做出了原则性的规定，基本囊括了 CAC 准则中的所有重点内容，还结合我国实际情况列出了不允许添加食用香料香精的食品名单目录。“肯定列表”中允许使用的食品用天然香料 400 种，合成香料 1453 种。同时，按照我国的法律规定，食品香料新品种需要由企业自行申报，由卫生行政部门组织专家进行评审。修订后的标准更名为 GB 2760—2011《食品安全国家标准　食品添加剂使用标准》。现行版本是 GB 2760—2014，该版本在 2011 版的基础上，对食用香料、香精的使用原则作了进一步的修订，列示了允许使用的食品用天然香料 393 种，合成香料 1477 种。

目前全世界允许使用的食用香料品种达 3000 多种，而且每年以较快的速度增加，随着食品工业的发展和技术进步，食用香料香精新品种将层出不穷。因此我们必须积极参与 ISO、CAC、CCFAC、IOFI 等国际组织的活动，不断收集安全信息，为改进管理和制定标准提供依据。同时，产品的多样性和复杂性给食用香料的安全性评价带来了巨大的挑战，世界各国对于食用香料的安全性日益重视。JECFA 已建立了食用香料的系统评估方法，并完成了 2000 余种香料物质的评价工作并制定了相应的质量规格标准。为了对食用香精进行管理，我国曾制定了行业标准食用香精（QB/T 1505）、咸味食品香精（QB/T 2640）和乳化香精（GB 10355）标准，对食用香精的质量要求、试验方法、检验规则、标志、包装、运输、贮藏、保质期等进行了规定。另外，工信部还发布了食用香精标签通用要求（QB/T 4003），对食用香精如何标识作出了规定。GB 30616—2020《食品安全国家标准　食品用香精》取代了前述三个行业标准，对食品用香精的范围、术语和定义、技术要求（包括感官要求、理化指标、微生物指标）、标签、检验方法等作了相应的规定。该标准按照与国际有关法规标准接轨并符合中国实际情况的原则进行制定。美国虽未制定食品用香精标准，但遵循 CAC/GL 66—2008 的原则，欧盟有专门的食品用香料香精法规（EC）No. 1334/2008。GB 30616—2020 在统一整合原有标准的基础上，尽可能采用 CAC/GL 66—2008 和（EC）No. 1334/2008 中的相关条款，它的相关术语依据 CAC/GL 66—2008 的规定作了修正；除未公布允许使用的食品用香料名单及其质量规格外，该标准几乎采纳了 CAC/GL 66—2008 的全部内容，且比后者更为详细，特别是对天然香料中可能含有的生物活性物质提出了在最终食品中的限量要求。

尽管我国已出台了有关食用香精的国家标准，对消费者健康和环境保护是一大保障。对样品进行安全性评价时需要考虑众多的因素，例如，不同国家和地区香料的使用情况及饮食结构存在差异，对香料的暴露量各不相同，而由于我国缺乏香料的暴露评估方法和实际的暴露量数据，倘若借鉴国际和发达国家的评价程序，尚需结合我国的国情建立安全性评价体系。GB 15193.1—2014《食品安全国家标准　食品安全性毒理学评价程序》中指出：在进行综合评价时，应全面考虑受试物的理化性质、结构、毒性大小、代谢特点、蓄积性、接触的人群范围、食品中的使用量与使用范围、人的推荐（可能）摄入量等因素，对于已在食品中应用了相当长时间的物质，对接触人群进行流行病学调查具有重大意义，但往往难以获得剂量-反应关系方面的可靠资料；对于新的受试物质，则能依靠动物试验和其他试验研究资料。然而，即使有了完整和详尽的动物试验资料和一部分人类接触的流行病学研究资料，由于人类的种族和个体差异，也很难作出能保证每个人都安全的评价。所谓绝对的食品安全实际上是不存在的。在受试物可能对人体健康造成的危害以及其可能的有益作用之间进行权衡，以食用安全为前提，安全性评价的依据不仅仅是安全性毒理学实验的结果，而且与当时的科学水平、技术条件以及社会经济、文化因素有关。因此，随着时间的推移，社会经济的发展以及科学技术的进步，有必要对已通过评价的受试物进行重新评价。因而，未来我国对食用香料的立法管理应在以下几方面进行推进：①积极开展食用香料的暴露量数据调查，并借鉴国际上较为成熟的暴露评估方法开展食用香料的暴露评估；②建立食用香料再评价体系；对已评价过香料的使用效果进行再评价；③加快食用新香料的申报审批速度，并对已列入国家标准的香料名单进行复审；④引入退出机制，完善和修订申报审批原则和程序；⑤尽快制定食用香精等风味物质使用原则标准及其他相关法规或规定；⑥进一步完善食用香料的法规标准体系，保护消费者权益和健康。

第二篇

风味物质的制备与创制

第四章

CHAPTER 4

风味转化化学

第一节　概述

食品为人类生长及健康提供必不可少的营养成分。食品的种类繁多，但其营养成分不外乎碳水化合物、蛋白质（包括酶类）、油脂、维生素、酶类、矿物质、微量元素和膳食纤维等。虽然食品由这些营养成分以不同的配比组合而成，但是通常人们对食品的选择和喜好主要取决于其风味。食品风味的形成，需要特定的物质条件和环境因素。例如，酒和乳酪，它们须经长期发酵、陈化才能形成良好的风味。若掌握了食品中风味物质的产生机制，则可加速这类产品的生产。食品风味转化化学主要研究风味前体物质及其形成风味的途径、机制（及风味的释放），研究食品风味的转化化学具有重要意义。

一、　风味前体物质

风味的产生离不开风味前体物质。风味前体是这样的一类物质：它本身没有风味，但是在酶或加热等条件下会生成具有独特风味的化合物，这样的物质称为风味前体。风味前体对于食品独特风味的形成具有决定性的作用。过去，食品风味的研究重点一直放在确定风味物质的构成，较少关注风味物质的产生机制，因而对食品风味前体物质的研究较少。近年来，高效的分析检测手段的应用促成了对于风味前体的追溯和定性分析研究的迅速发展。

风味前体物质按其溶解性质可分为水溶性前体物质和油溶性前体物质。水溶性前体物质主要有氨基酸、蛋白质、肽、还原糖、核苷酸、碳水化合物；脂溶性前体物质主要有甘油三酯、游离脂肪酸、磷脂、糖脂。风味前体物质的分类及其代表物质如表 4-1 所示。

表 4-1　　风味前体物质的分类

溶解性质	代表物质
水溶性	氨基酸、蛋白质、肽、还原糖、核苷酸、碳水化合物
油溶性	甘油三酯、游离脂肪酸、磷脂、糖脂

（一）水溶性前体物质

许多氨基酸是风味的水溶性前体物质。当果蔬组织受到破坏时，一些氨基酸，如半胱氨酸及其二聚体和甲硫氨酸等含硫氨基酸在酶的作用下会产生一些挥发性化合物。例如，葱在细胞破碎（如切割）时，细胞质中的半胱氨酸亚砜与蒜氨酸酶相互接触发生酶促反应生成特征风味。氨基酸通过氨基酸分解代谢可生成一些支链脂肪族化合物如2-甲基-1-丁醇和3-甲基-1-丁醇。此外，氨基酸可发生热降解，与糖类发生美拉德反应生成醛类、烷基吡嗪、烷基噻唑啉、烷基噻唑和其他的杂环挥发性风味物质。肽也是风味前体物质，通过水解、美拉德反应等可形成风味物质，如谷胱甘肽是肉类香精的前体。肉类提取物、水解植物蛋白和自溶酵母水解物是很好的游离氨基酸和多肽来源，因而可作为风味前体。在碳水化合物中，糖类是风味物质形成的重要前体，如核糖、木糖、阿拉伯糖、葡萄糖、果糖、乳糖和蔗糖，它们参与美拉德反应的 Strecker 降解。

（二）脂溶性前体物质

甘油三酯、磷脂、糖脂是动植物细胞膜的重要组成部分，其作为风味前体物质是因为这些物质中的脂肪酸可发生降解、氧化，生成挥发性的酯、醇、酮和酸等风味化合物。

二、风味的形成途径

风味形成的途径可分成四大类：生物合成、酶促反应、氧化反应和加热反应，如表 4-2 所示。

表 4-2 风味形成的途径

形成途径	说明	例子
生物合成	利用生物催化剂或微生物代谢活动等方式获得风味化合物。生物合成的风味醇厚自然，不受原料、地域等限制，具有优越的市场前景	植物生长成熟形成的香气，是植物中的一些重要成分在基因的调控下进行一系列的代谢活动而形成的；乳酪的香气是发酵过程中乳酸菌的作用形成的
酶促反应	指直接酶促反应，酶对风味前体物质的直接催化产生风味	蒜氨酸酶对亚砜作用生成葱的刺激性风味
氧化反应	指间接酶作用，由酶促反应生成的氧化剂对风味前体物质氧化生成风味物质	红茶中的儿茶酚在酶的作用下生成醌化合物，醌促使茶叶中的氨基酸氧化脱氨生成红茶的特殊风味
加热反应	食品加工中形成风味的主要途径，风味前体物质在加热条件下可发生热降解反应、美拉德反应、油脂氧化反应等从而形成不同的风味物质	咖啡豆在烘焙过程中形成浓郁香味

第二节 果蔬类植物的风味形成

果蔬的风味是由味感物质和嗅感物质决定的。果蔬的味感物质主要有糖、酸、盐及可以增加苦味的物质，如胡萝卜等果蔬中的异香豆素和多炔以及菊苣和莴苣中的倍半萜内酯，另外还有一些促进收敛的物质，如酚酸类、黄酮类、生物碱类、鞣酸类等。这些非挥发性的味感物质可由正常的生物合成途径形成。与非挥发性的味感物质不同，大多挥发性的风味物质是降解反应的产物。植物中的嗅感物质对新鲜的和加工的果蔬的风味具有重要作用，受到越来越多的关注。这些嗅感物质形成机制复杂、种类繁多，包括酯类、醛类、内酯类、萜类、醇类、羰基化合物和一些含硫化合物。水果在成熟前，相关的酶与其底物由于细胞壁的阻隔不能互相接触发生反应。成熟的过程中，细胞壁被软化，细胞内的组织消失，这些酶与底物接触反应从而形成挥发性嗅感风味物质。蔬菜没有成熟过程，挥发性嗅感风味物质是在细胞破损后的酶促反应中迅速形成的。另外，风味物质在植物中分布不均匀，如菜花叶子中的异硫氰酸烯丙酯比内部组织的要丰富得多；洋葱外层干燥的表皮几乎不含催泪物质，而越靠近洋葱鳞茎中心的鳞片催泪物质的含量就越高；胡萝卜冠部的总萜烯类比中间部分和尖端要多。由于植物各部分的风味物质含量不同，因而在口感上也存在差异。

一、水果香气的形成

水果在形成果实的早期并不产生特征香气，香气是在水果成熟、呼吸跃变的时期形成的。在此时期，在基因的调控下，水果发生分解代谢，微量的脂类、糖类、蛋白质和氨基酸在酶的作用下转变为单糖、酸以及挥发性物质，风味物质开始形成；风味物质的形成速率在后熟阶段达到最大。各代谢途径之间联系密切（图 4-1），许多水果的香气物质是代谢途径的直接产物，或者是代谢途径之间相互作用的结果。

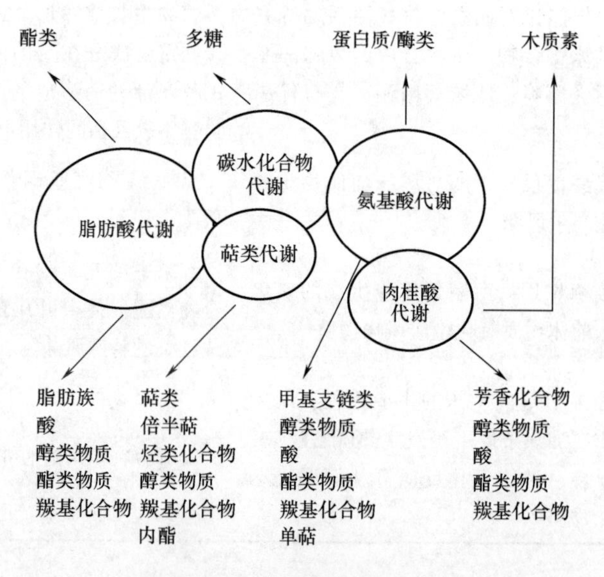

图 4-1 水果香气的形成

（一）脂肪酸代谢

支链脂肪族醇、醛、酮和酯类等水果香气物质可由脂类物质通过脂肪酸氧化降解反应形成，主要途径包括 α-氧化、β-氧化、脂肪氧合酶（LOX）催化氧化及自氧化。由于健康的植物组织中并不累积脂肪酸，因此，在氧化降解的初级阶段酰基水解酶需将脂类中的脂肪酸释放出来。

1. β-氧化

β-氧化途径是完整的植物组织中脂肪酸降解的主要生物化学方式，氧化主要发生在长链脂肪酸的β-碳原子上，故称β-氧化。风味化合物形成的β-氧化包含4个反应步骤，反应途径如图4-2所示。脂肪酸在进入β-氧化途径之前，需由乙酰辅酶A催化活化成脂肪酰基辅酶A（CoA）。活化的脂肪酰基辅酶A首先在一系列酶的作用下，α-碳原子和β-碳原子之间产生断裂，生成比原来脂肪酸少两个碳原子的短链脂肪酰基辅酶A，生成的脂肪酰基辅酶A又继续进行β-氧化。β-氧化循环反复进行直到化合物全部降解，降解产物为多种挥发性化合物，如饱和或不饱和的内酯、酯、醇、酮和酸等。降解反应会由于多种因素影响而停滞，产生中短链的挥发性化合物。

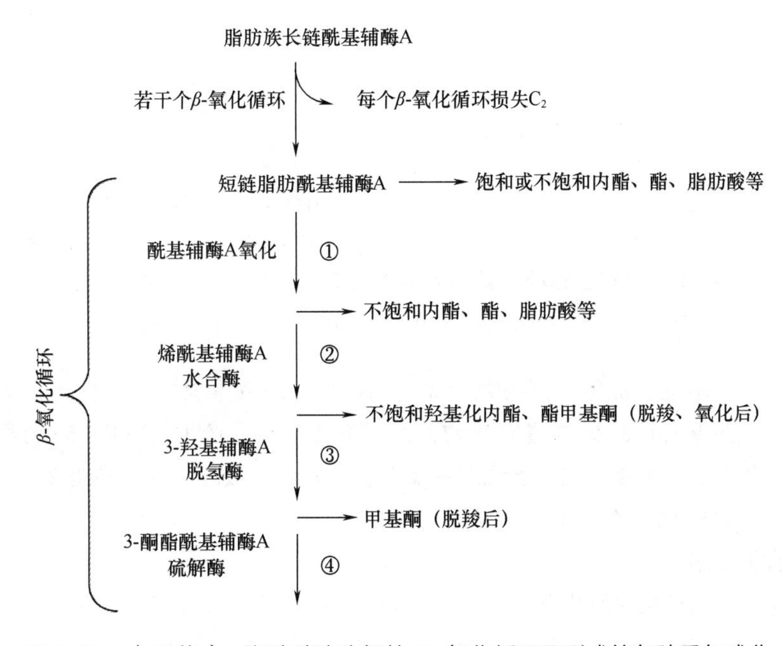

图4-2 （果蔬）脂肪酸酶降解的β-氧化循环及形成的各种香气成分

2. 脂肪氧合酶催化氧化（LOX）

脂肪氧合酶LOX催化氧化反应产生的嗅感物质主要是一些挥发性醛和酮。这些挥发性组分是在应激条件下产生的，如在成熟期或者植物组织受到破坏之后。具体反应途径如图4-3所示。脂肪氧合酶是LOX催化氧化途径中的关键酶，它能识别不饱和脂肪酸的1，4-异戊二烯结构，因此脂肪氧合酶催化反应的前体是含（*Z*，*Z*）-1，4-戊二烯基团的C_{18}的多不饱和脂肪酸，如亚油酸和α-亚麻酸（图4-3）。许多水果中的挥发性脂肪族酯、醇、酸和羰基香气化合物都是由亚油酸和亚麻酸的氧化降解产生的。根据LOX的催化专一性，它们主要氧化成9-、10-或13-氢过氧化物（脂肪酸氢过氧化物）。随后，这些氢过氧化物在氢过氧化物裂解酶（HPL）的作用下发生裂解，主要生成C_6、C_9和C_{10}的醛。最后，乙醇脱氢酶（ADH）将这些醛还原成相应的醇。LOX途径产生的挥发性组分与植物种类有关，这是由于不同种类的植物在酶的组成，细胞液pH以及细胞壁脂肪酸构成等方面存在差异。

3. 自氧化

许多由酶催化氧化降解不饱和脂肪酸产生的化合物也可以由自氧化途径产生。多数情况下，脂肪酸的酶催化氧化产物以单一的氢过氧化物为主，而不饱和脂肪酸的非酶自氧化产物是由具有不同的过氧基位置和不同的双键几何异构的氢过氧化物组成的混合物。随着脂肪酸

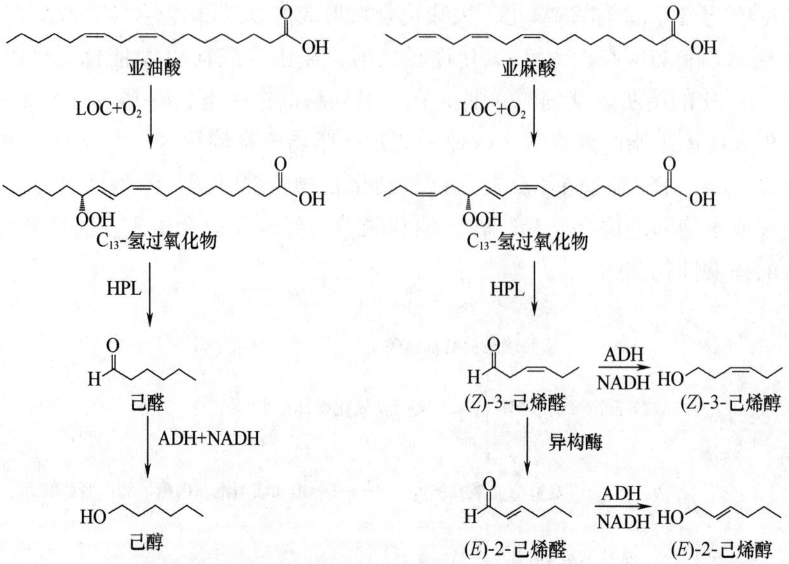

亚油酸 → LOC+O_2 → C_{13}-氢过氧化物 → HPL → 己醛 → ADH+NADH → 己醇

亚麻酸 → LOC+O_2 → C_{13}-氢过氧化物 → HPL → (*Z*)-3-己烯醛 → ADH/NADH → (*Z*)-3-己烯醇；(*Z*)-3-己烯醛 → 异构酶 → (*E*)-2-己烯醛 → ADH/NADH → (*E*)-2-己烯醇

图 4-3　果蔬亚油酸和亚麻酸为前体生成 C_6 的青草特征的香气的途径

HPL—氢过氧化物裂解酶　ADH—乙醇脱氢酶　NADH—还原型辅酶

双键数量的增加，氧化和加氧位点的数量成比例增加，降解生成的挥发性组分也相互增加。亚油酸自氧化产生 9-和 13-的氢过氧化物，而亚麻酸自氧化产生 12-和 16-的氢过氧化物。己醛和 2，4-癸二烯醛是亚油酸自氧化的主要产物，而亚麻酸的主要产物是 2，4-庚二烯醛。这些醛的进一步自氧化会产生其他的挥发性产物。

（二）氨基酸代谢

在生草莓和成熟草莓的匀浆中加入 α-酮酸进行酶催化后，生成的物质是比加入的 α-酮酸少一个碳原子的醛与醇，但只有在成熟阶段催色期以后的草莓匀浆中才能检到这种醇及其所形成的酯类。这说明在生草莓中，酯合成酶尚不具有活性，而且这时也没有检出低级游离脂肪酸，这表明这些酯类香气成分是由氨基酸代谢形成的。氨基酸代谢生成的芳香族、脂肪族、支链的醇、酸、羰基化合物和酯类对水果香气至关重要，其合成的一般途径如图 4-4 所示。按参加代谢的氨基酸的种类分，氨基酸代谢主要可分成支链氨基酸代谢和芳香族氨基酸代谢。

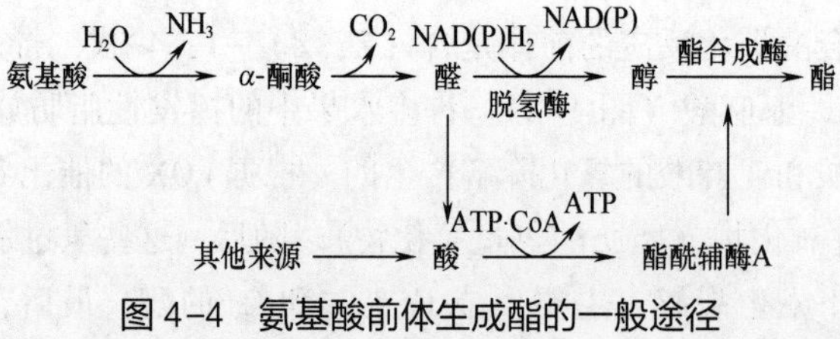

氨基酸 →(H_2O, NH_3)→ α-酮酸 →(CO_2)→ 醛 →(NAD(P)H_2, NAD(P), 脱氢酶)→ 醇 →(酯合成酶)→ 酯

醛 → 酸；其他来源 → 酸 →(ATP·CoA, ATP)→ 酯酰辅酶A → 酯

图 4-4　氨基酸前体生成酯的一般途径

1. 支链氨基酸代谢

支链氨基酸包括亮氨酸、异亮氨酸和缬氨酸，这些氨基酸代谢产生的挥发性物质是香蕉、苹果、梨等水果的特征风味的重要组成部分。香蕉、苹果、洋梨、猕猴桃等水果都是靠催熟增加香气的，香气在后熟阶段随着呼吸高峰期的到来而急剧生成。香蕉在呼吸跃变后，其组织中的缬氨酸和亮氨酸含量上升了约 3 倍。放射标记的研究结果表明，缬氨酸和亮氨酸

转化成带支链的风味化合物，这对香蕉风味（分别为2-甲基丙酯和3-甲基丁酯）的形成是必不可少的。从图4-5中可以看到，第一步是氨基酸的脱氨基，随后是脱羧反应，以及多种还原反应和酯化反应，生成许多对水果风味（酸、醇和酯）有重要意义的挥发性物质。如香蕉的表皮由绿色变成黄色，其特征香气乙酸异戊酯等酯类的含量迅速增加。洋梨特征香气2，4-癸二烯酸酯的含量，也是在呼吸期后的2~3d增加到最高值，这时洋梨的口感最好。异亮氨酸的代谢对苹果风味也有一定的贡献，其为苹果特征香气物质2-甲基丁酸酯和2-甲基丁烯酸酯的前体物。

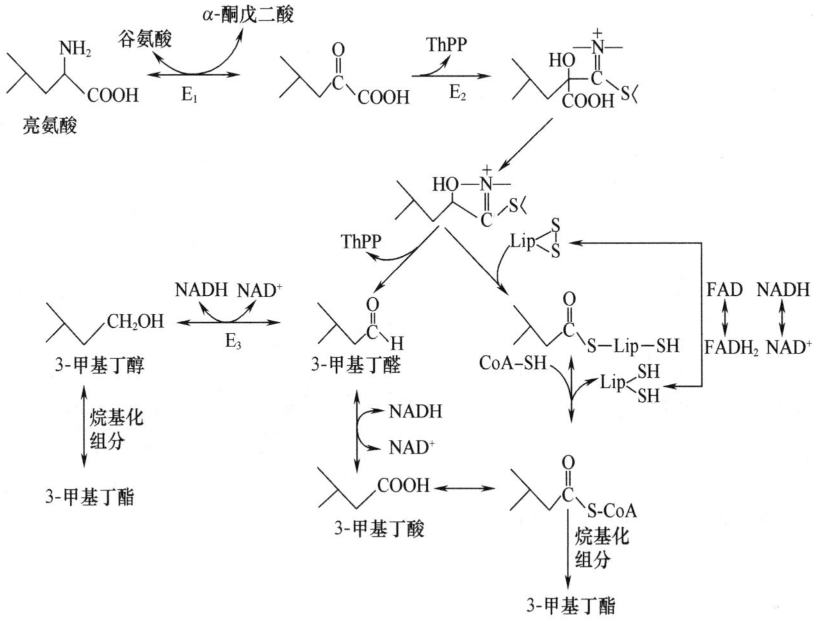

图4-5 香蕉中亮氨酸形成香气成分的途径

E_1—L-亮氨酸氨基转移酶 E_2—丙酮酸脱羧酶 E_3—醛脱氢酶 ThPP—硫胺素焦磷酸盐 $LipS_2$—氧化硫辛酸 Lip（SH）$_2$—还原硫辛酸 FAD—黄素腺嘌呤二核苷酸 NAD^+—氧化烟碱腺嘌呤二核苷酸 CoA-SH—辅酶A

2. 芳香族氨基酸代谢

很多水果中含有酚、醚类香气成分，如香蕉的榄香素和5-甲基丁香酚，葡萄和草莓的桂皮酸（肉桂酸）酯，以及一些果蔬中的香草醛等。目前普遍认为，这些香气物质是由芳香族氨基酸代谢形成的，如苯丙氨酸、酪氨酸，代谢途径如图4-6所示。首先，植物体通过莽草酸途径合成苯丙氨酸、酪氨酸、肉桂酸，但只有肉桂酸和酪氨酸可分别直接发生羟化和脱氨反应，生成对香豆酸，继续进入下一步反应环节，因此苯丙氨酸需由脱氨酶催化生成肉桂酸。肉桂酸是许多芳香族风味物质的中间体。草莓和番石榴中的肉桂酸可发生酯化形成肉桂酸甲酯和肉桂酸乙酯。蔓越橘和热情果中都发现了肉桂酸乙酯。肉桂酸中去除一个乙酸基生成苯甲酸，苯甲酸通过酯化反应进一步转化为苯甲酸酯，通过还原反应则生成多种苯甲醛类和苄基醇类。脱羧反应会产生酚类物质。

（三）碳水化合物代谢

许多挥发性风味物质都可以追溯到碳水化合物代谢，代谢所需的所有能量都是从光合作用直接获得的。植物通过光合作用先将二氧化碳转化为糖类，糖类再代谢生成植物所需的其

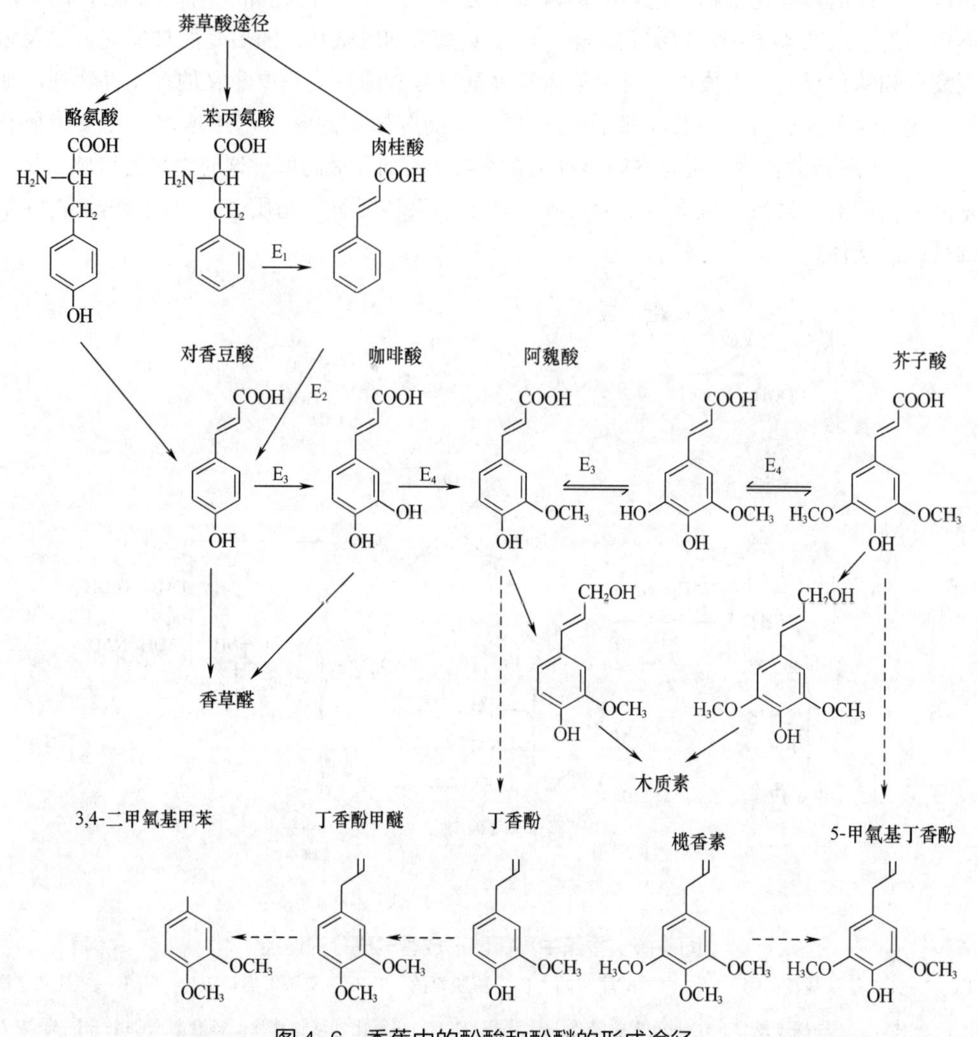

图 4-6　香蕉中的酚酸和酚醚的形成途径

E_1—L-苯丙氨酸（脱）解氨酶　E_2—肉桂酸羟化酶　E_3—酚酶　E_4—甲基转移酶

他物质，如脂质和氨基酸等。几乎所有风味物质的前体物质都来自于碳水化合物代谢，因此，可以认为植物风味物质都间接来源于碳水化合物代谢。

萜烯，简称萜，是一系列萜类化合物的总称，是分子式为异戊二烯的整数倍的烯烃类化合物。萜类，包括开链萜和环萜，是柑橘类水果的重要香气成分。萜烯类化合物根据其所含有的异戊二烯单位的个数来分类可分为：单萜，包含 2 个异戊二烯单位（10 个 C），单萜尤其是含氧单萜是某些水果的重要香气成分；倍半萜，包含 3 个异戊二烯单位（15 个 C）；二萜，包含 4 个异戊二烯单位（20 个 C）。这些烯萜是生物体内通过碳水化合物代谢的异戊二烯途径合成的，合成途径如图 4-7 所示。其前体被认为是甲瓦龙酸（C_5的羟基酸），该物质在酶催化下首先生成焦磷酸异戊烯酯（IPP），后者在异构酶的催化下转化为焦磷酸 2-异戊烯酯（DMAPP），然后再分成两条不同的途径进行合成反应。反应产物大多具有天然芳香，如柠檬的特征香气成分柠檬醛、橙花醛，酸橙的特征香味成分苧烯，甜橙的特征香气成分 β-甜橙醛，柚子的特征香气成分诺卡酮。

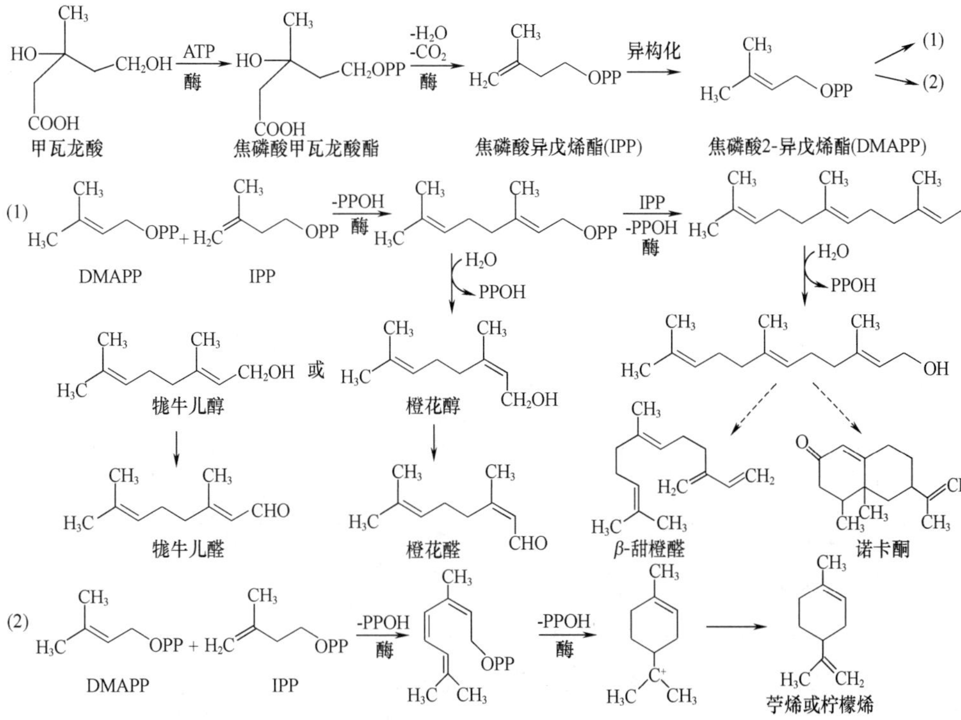

图 4-7 萜类合成途径

除了萜类，植物中的碳水化合物还是呋喃酮的前体物质。呋喃酮及其衍生物是草莓香气的关键化合物。

二、 蔬菜香味的形成

蔬菜没有成熟期，香气的形成过程与水果有所不同。蔬菜在生长过程中形成主要的呈味物质和少量的香气成分，其余的风味物质（尤其是香气物质）是在细胞破裂过程中形成的。细胞破裂使得细胞中原本分开的酶与底物混合，从而形成挥发性风味物。在细胞破裂之前就含有典型香气的蔬菜有芹菜（含有苯酞类物质）、芦笋（含有 1，2-二硫戊环-4-羧酸）和灯笼椒（含有 2-甲基-3-异丁基吡嗪）。

蔬菜香味物质形成的代谢途径如图 4-8 所示。与水果中香气物质相似，脂肪酸、碳水化合物和氨基酸代谢为蔬菜香气提供了前体物质。由于在前体类型上不同于水果，含硫挥发性物质对蔬菜风味而言很重要。在新鲜的生蔬菜中，硫代葡萄糖苷类和半胱氨酸亚砜是挥发性含硫化合物的主要前体物质；而在一些煮熟的蔬菜如玉米中，*S*-甲基甲硫氨酸是风味物质的重要前体。

（一）蔬菜香气形成过程中脂质的作用

脂类降解可促进几乎所有蔬菜的香气物质的形成，这种促进作用对某些蔬菜香气的形成是次要的，而对某些蔬菜香气的形成则是主要的。脂类对蔬菜香气形成的贡献主要通过脂肪氧合酶途径。与水果中的脂肪氧合酶相似，脂肪氧合酶主要催化亚油酸和亚麻酸，形成氢过氧化物。蔬菜的脂肪氧合酶都是专一的，氢过氧化物裂解酶专一地裂解氢过氧化物形成醛和醇。图 4-9 为通过这一途径形成黄瓜中关键的香气化合物。脂肪酸的不饱和性促使形成不饱

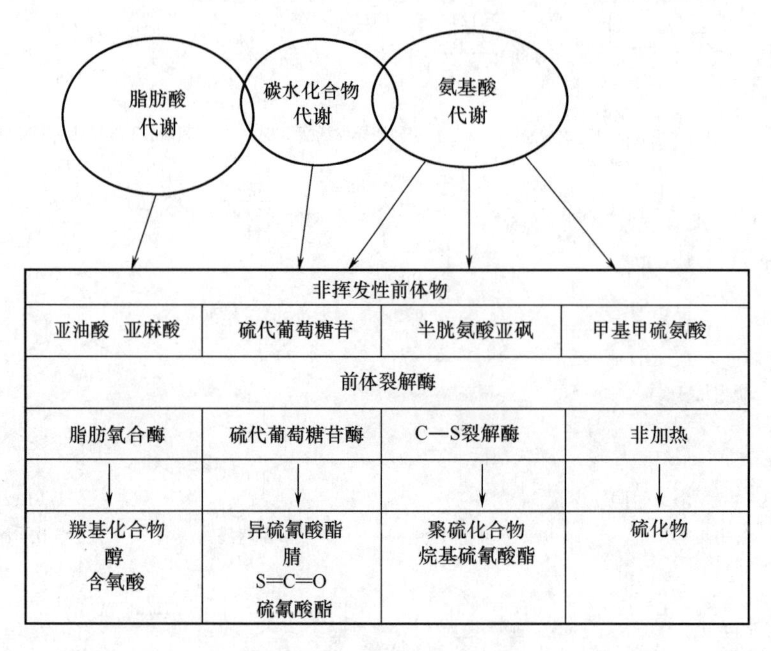

图 4-8 蔬菜香味的形成过程

和醛和酮，这些不饱和醛和酮使黄瓜具有独特的香气。值得注意的是，由于缺乏形成酯类所必需的酶系统，蔬菜通常不含有酯类的香气物质。

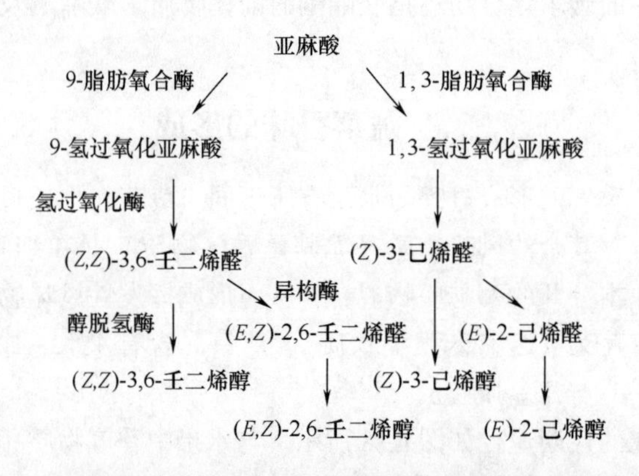

图 4-9 黄瓜中亚麻酸经脂氧合酶途径形成挥发性物质的过程

（二）以半胱氨酸亚砜衍生物为前体的风味物质的形成

完整的洋葱细胞几乎没有特征风味物质，当细胞破裂、损伤（切、咀嚼等）数秒后，洋葱就迅速形成了完整的特征风味。风味物质的快速形成是整个葱属的特征（如洋葱、大蒜、韭菜和细香葱）。*S*-烷基-L-半胱氨酸亚砜是葱属的风味物质的前体物。通过对 27 种葱属植物的研究发现，根据占优势的氨基酸前体物质的差异性可将葱属植物大致分为 3 大类，分别是以 *S*-1-丙烯基半胱氨酸亚砜、*S*-2-丙烯基半胱氨酸亚砜、*S*-甲基半胱氨酸亚砜为主要前体物质。*S*-1-丙烯基半胱氨酸亚砜的形成途径如图 4-10 所示。这条途径起始于缬氨酸的脱氨基作用，随后脱羧生成甲基丙烯酸酯。甲基丙烯酸酯与 L-半胱氨酸反应后再脱羧生成 *S*-

1-丙烯基-L-半胱氨酸亚砜。

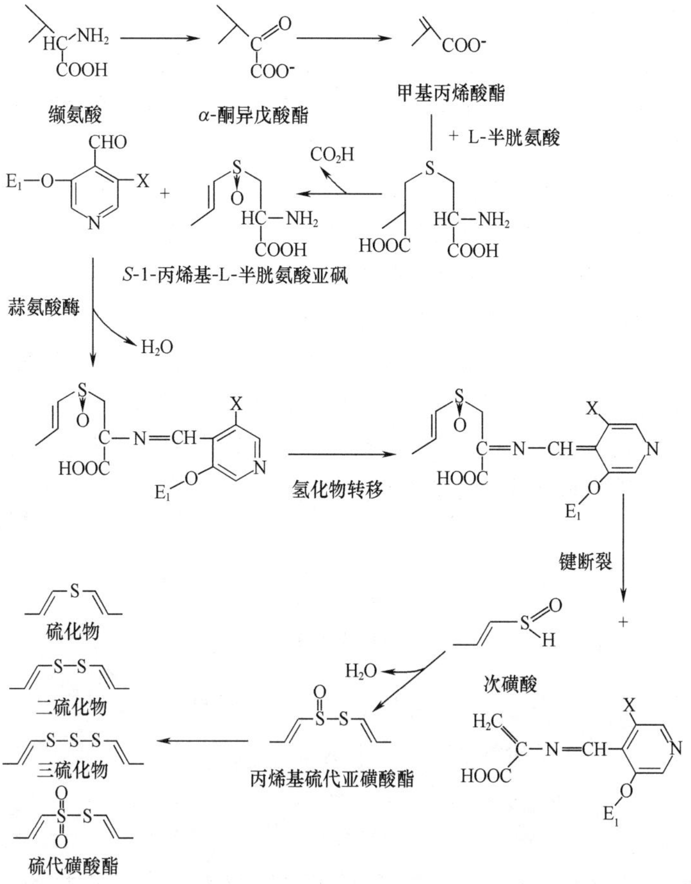

图 4-10 洋葱中 *S*-1-丙烯基-L-半胱氨酸亚砜及随后香味物质的生物合成过程

烷基半胱氨酸亚砜（蒜氨酸）形成风味物质的机制如图 4-10 所示，这条途径的初始步骤由酶催化，生成的次磺酸活性很强，很容易与另一个次磺酸分子反应生成不稳定的硫代亚磺酸中间体。硫代亚磺酸分解产生相对较稳定的硫代磺酸盐和单硫、双硫、三硫化合物。葱属植物中除了现成的几种有效的烷基前体物外，通过不同的次磺酸化合反应形成的许多不同的单硫、二硫和三硫化合物也可以作为前体物质。这些单硫、双硫和三硫化合物对于葱属的特征风味的释放至关重要。

洋葱的催泪物质丙硫醛-*S*-氧化物来自前体物质 *S*-1-丙烯基-L-半胱氨酸亚砜。丙硫醛-*S*-氧化物（$CH_3—CH_2—CH═S═O$）不稳定，与丙酮酸反应生成丙醇、2-甲基戊醛和 2-甲基-2-戊烯醛，这时刺激性消失。

洋葱中约一半的前体物质半胱氨酸亚砜是以 γ-谷氨酰肽的形式存在的。只有通过γ-L-谷氨酰转肽酶的作用，将谷氨酰基转移到另一个氨基酸上，使半胱氨酸亚砜从谷氨酰肽游离出来后，蒜氨酸酶才能作用于这些半胱氨酸亚砜风味前体物质从而产生风味物质。谷氨酰转肽酶只存在于发芽的洋葱中，而成熟的洋葱则没有。因此，成熟洋葱中几乎一半的潜在风味前体物质是不起作用的。

烷基半胱氨酸亚砜前体物质对芸薹属植物的风味也有贡献。芸薹属包括西蓝花、甘蓝、白菜、菜花、芜菁。*S*-甲基-L-半胱氨酸亚砜是该属植物中主要的半胱氨酸亚砜衍生物。

（三）以硫代葡萄糖苷为前体的香气合成

硫代葡萄糖苷是植物体内合成的一类含氮次级化合物，广泛分布于高等植物中，其中以十字花科植物中的硫代葡萄糖苷含量最高。大部分十字花科蔬菜的香气取决于硫代葡萄糖苷的变化。硫代葡萄糖苷属于非挥发性的风味前体物质，其分子由一个含糖基团、硫酸盐基团和可变的非糖侧链（R）组成。当细胞结构受到破坏时其可被黑芥子酶水解为挥发性风味物质，初始产物为异硫氰酸酯和腈类化合物，经进一步反应形成另外几种其他种类的风味化合物。图 4-11 可解释萝卜风味化合物的合成途径。在酶的作用下葡萄糖基先从硫代葡萄糖苷中水解出来，这导致硫代葡萄糖苷分子的剩余部分不稳定从而裂解出 HSO_4^-，然后经分子重排生成硫氰酸酯、异硫氰酸酯或腈类化合物，再进一步反应生成硫醇、硫醚、二硫醚和三硫醚。异硫氰酸酯对甘蓝风味的贡献已有多年的研究。最先鉴定出甘蓝中的异硫氰酸酯为异硫氰酸烯丙酯，随后鉴定出甲基、正丁基、丁烯基和甲基硫代丙基等异硫氰酸酯类。异硫氰酸烯丙酯是决定甘蓝风味最重要的异硫氰酸酯。

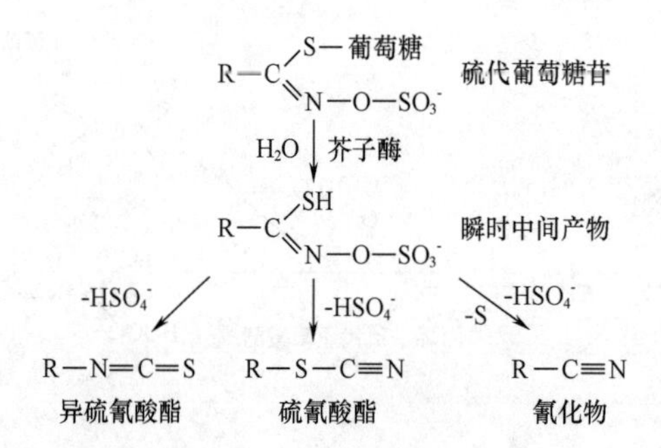

图 4-11　硫代葡萄糖苷前体由硫代葡萄糖苷酶转化成香气物质的途径

（四）萜类香气合成

蔬菜中的萜类物质相当普遍，其合成机制与水果相似。

（五）糖苷类风味的形成

果蔬中一些香气化合物以糖苷的形式结合，在游离出来之前对风味是没有贡献的，这些香气物在成熟、贮藏、加工过程中或在酸、热、酶催化陈化过程中会从糖基上释放出来。超过 50 种科属植物含有糖苷化的香气物质前体。

关于风味物从糖苷中释放的机制的研究是目前研究的热点。研究的目的主要有两方面：第一是在生产中增加风味物质的强度或含量。一些植物中以糖苷形式存在的香气化合物的含量超过游离的香气物质的含量，甚至是游离香气物的 10 倍，因此将这部分香气物质从糖苷物中游离出来对于增强风味至关重要。第二，一些食品的陈化尤其是酒的陈化，以糖苷形式存在的香气成分随陈化时间的延长慢慢游离出来，从而具有成熟或平衡的香气。如果可以确定结合香气成分的游离机制，那么就能加速酒的陈化。因此，研究糖苷的释放机制不仅具有学术意义，还具有经济价值。

1.（糖）苷的结构

糖苷，简称苷，也称配糖体或甙。糖苷分子可分为两部分，一部分是糖的残基（糖去掉半缩醛羟基），另一部分是配基（非糖部分），称为苷元。糖苷类风味化合物通常以葡萄糖苷、双葡萄糖苷或三葡萄糖苷的形式存在。苷元（风味化合物）一般与葡萄糖结合，糖苷的剩余部分可能由其他的一些单糖组成，如鼠李糖、果糖、半乳糖或木糖。已发现的苷元类型多种多样，包括脂肪族、萜烯类，还有倍半萜醇、类萜、酸、羟基酸和苯丙烷衍生物及其相关化合物。

2. 苷类风味物的释放

苷元在酸、热或酶催化的作用下可以从糖苷上游离出来。许多水果的汁液有足够低的pH，使得糖苷化风味化合物在果实成熟或贮藏过程中被水解出来，所以果蔬成熟或贮藏过程中会发生一些风味的变化。受热时糖苷水解很迅速。在加工过程中，由于热和酸催化了糖苷的水解，芒果果肉中的α-松油醇的含量会从1800μg/kg增加至55000μg/kg。过去很长一段时间普遍认为罐藏菠萝的特征风味是通过热反应形成的（如美拉德反应），后来发现热加工只是导致菠萝中以糖苷形式存在的呋喃酮游离出来，形成罐藏菠萝的特征风味。

苷元也可以通过酶催化发生糖苷水解反应游离出来。香草兰就是以酶催化为苷元游离为主要途径的。绿色的香草豆中大部分香草醛都以葡萄糖苷的形式存在，游离的香草醛只有很少量，香草的制作需要经过复杂的处理，在此过程中葡萄糖苷香草醛在内源β-葡萄糖苷酶的作用下转化为游离香草醛，即可将其提取出来。大多数情况下，水果汁液的低pH及低葡萄糖含量会抑制糖苷水解酶，苷元的酶促游离是一个缓慢的过程。

三、 果蔬风味形成的影响因素

遗传、环境、采收时间和采后处理方式会影响果蔬的风味。动物产品常常受相似的因素影响，其风味的改变通常是产生异味，而植物风味的多样性却是很自然的。比如说，我们不能接受风味有很大差异的牛肉，但能接受各种不同风味的苹果。

（一）遗传因素

遗传因素决定风味前体物质、酶种类及其在风味形成过程中的活性。引起风味差异的原因主要是风味物质在组分含量上的差异。例如，研究表明番茄中2-异丁基噻唑的量增至2~3倍即可使其风味改变。

大多不同品种的苹果都含有相同的挥发性成分，但各成分比例不同。黄色品种的苹果中乙酸酯类较多，而红色品种的苹果中丁酸酯类较多。金冠苹果的薄壁组织可快速将丁酸几乎完全转化为乙酸，产生乙酸酯而非丁酸酯。蜡质角质层的苹果皮可将脂肪酸主要转变为短链醇和酯，而木栓质角质层的苹果皮则将脂肪酸主要转化为酮类和少量醇。这些代谢上的小差别却常常引起显著的风味变化。

（二）环境因素与耕作方式因素

1. 土壤养分

施氮肥可使苹果中的挥发性物质含量增高，引起增高的原因尚未明确。有人认为氮的增加可以使成熟期的水果游离氨基酸（支链酯的前体物）的含量升高。但水果在成熟过程中，氮的利用与游离氨基酸之间并没有显著相关性。有人认为，氮源可能只是增加了氨基酸前体物质的含量，从而促进了酯类风味物质的合成。

洋葱、大蒜、甘蓝、芥末的风味与生长基质中的硫酸盐有很大关系，含硫前体物质对这些植物特征风味的形成很重要。生长过程中严重缺硫的洋葱没有特征风味且不具催泪性。洋葱在基因可调控的范围内随着硫酸盐利用率的增加其风味和催泪性都增强。虽然合成必需氨基酸和蛋白质需要一定量的硫酸盐养分，但有研究发现含硫的风味前体物质，例如，葱属植物中的*S*-烷（烯）基-L-半胱氨酸亚砜和十字花科中的硫代葡萄糖苷，对于植物生长来说并不是必需的。通过调节植物养分来控制风味可以使蔬菜选择性地增强风味。但是，有研究发现大量地施氮肥和钾肥会使西红柿的感官评分下降。一些挥发性物质的过量产生会导致一种不协调的风味。这说明果蔬的风味取决于养分之间的平衡，而不是过度的养分。

2. 水分有效性

影响风味的另一个因素是植物生长过程中土壤的水分含量。在充足的降雨量下生长的蔬菜茁壮，但缺乏风味。而降雨不足的年份水果和蔬菜植株较小，收获的果蔬外观较差，但风味浓郁。这种浓郁风味的形成是由于水分的缺乏导致植物处于应激状态，从而引起风味前体物质的增加。有文献报道，多种植物在应激状态下会积累低相对分子质量代谢产物（如糖、氨基酸和有机酸），而这些代谢产物就是风味前体物质。

3. 温度

温度也可能引起应激状态。低温时植物也会积累类似的低相对分子质量代谢产物，这大概是植物通过降低组织的冰点从而增加在冻害下的存活率的一种进化反应。温度对风味形成的另一个影响是由酶促反应速率对温度具有依赖性造成的。总的来说，在酶开始变性之前，酶促反应速率会随温度升高而增加，然而，在一定温度范围内，反应速率的增强程度对于不同的酶促反应会有所不同：在温度上升了10℃的情况下，有的反应速率可能只是轻微地加快，而有的反应速率则加倍。这样就会引起风味成分的差异。

（三）成熟度与采后贮藏方式

1. 成熟度

由于运输、销售的需要，水果往往在成熟前就进行采摘。大多数未成熟的水果采摘后风味将继续变化，但也有例外，有些水果的成熟度停留在离开母体植物时的程度，如哈密瓜和一些品种的酪梨，一旦离开植物母体，它们将不能正常地成熟。

自然成熟和人工催熟的桃在风味形成上有所不同。桃的大部分特征风味来自内酯，这些内酯类物质是其成熟程度的标志。人工催熟的桃的内酯含量仅是自然成熟的桃的20%。人工催熟的桃中苯甲醛浓度和总酯浓度分别只有自然成熟桃子的20%和50%。

人工催熟的番茄与自然成熟的番茄相比，感官评价表明，人工催熟的番茄风味平淡；仪器分析结果表明，人工催熟的番茄不仅风味物质减少了，而且还可能有异味。这是由于未成熟的番茄缺乏与自然成熟的番茄等效的酶系统，对番茄风味有重大影响的酶系统是在藤蔓上成熟的过程中形成的。

植龄对植物形成挥发性风味成分也有影响。曾有文献研究洋葱种子在发芽、生长过程中风味（前体）物质的形成，发现在发芽大约20d后，洋葱的风味就完全形成。洋葱种子本身几乎不含风味前体物质（半胱氨酸亚砜衍生物），且种子中的蒜氨酸酶活力大约只是成熟洋葱球茎中的3%。但是发芽后的洋葱蒜氨酸酶活力会迅速增大，且在15~20d达到最大值。因此，在洋葱成熟至可食用的大小之前，已经形成良好的风味前体。

2. 采后贮藏

由于果实的风味是在后熟阶段迅速形成的，而对于提前采摘或人工催熟的水果，其后熟阶段通常出现在果实离开植物母体后，因而这段时间的贮藏条件会影响风味的形成。在不适宜的气体组成（如CO_2增加和O_2减少）、温度、湿度或光照等环境中贮藏的后熟果实的风味与上述的成熟后才离开植物体果实相比相差甚远。前者虽然果实成熟也有颜色改变和组织变软，但是香味物质形成的代谢平衡被打破，形成不正常的风味。

香蕉成熟期间的贮藏条件对风味形成极为重要。在5~25℃范围内，香蕉风味物质的产生与贮藏温度呈指数函数关系。长期贮藏在10~12℃下的香蕉产生的香气物质总量大约会减少60%。温度低于5℃，香蕉不会形成特征风味，且在这个温度条件下香蕉会发生冷害，细胞膜中的脂类发生改变，水果的正常呼吸也会发生不可逆转的改变。贮藏温度高于27℃也会导致香蕉风味异常。当发酵产物如乙醇和乙酸乙酯占优势时，香蕉的特征风味就会减少。除了香蕉，其他水果的风味品质似乎也受贮藏温度的影响，因此，必须控制好贮藏温度以形成诱人的风味。

其他因素在贮藏期间也可能影响风味的形成。例如，气调贮藏一般会减少苹果在成熟时的挥发性物质的产生。与冷藏的苹果比较，贮藏在含氧量为1%的环境中的苹果几乎没有香气物质产生。

低湿度贮藏可以增加苹果的己基、异戊基和乙酸丁酯的散发，并减少相应的醇类物质的散发，这说明低湿度有利于酯的生成。贮藏期间对苹果的光照会增加挥发性物质的产生，这是由于苹果皮中脂肪的光敏氧化导致的，这些脂肪氧化产物随后会代谢为短链酯。贮藏环境会导致风味品质不可逆的损失或改变，因此，要延长水果保质期需要确定适宜的贮藏环境条件。

综上，虽然水果和蔬菜的风味形成有许多共同的途径，但也有一些差异。水果风味是在一个短的成熟时期里形成，蔬菜风味则主要是在细胞破损过程中形成的。水果的特征风味很大程度上依赖于酯类化合物，而对于蔬菜风味来说硫化物更为重要。水果和蔬菜在酶促反应生成醇、醛、酮和酸的途径上有相似之处。脂肪的酶促氧化对于水果和蔬菜的风味形成来说都是一个相当重要的途径。

许多因素影响新鲜蔬菜水果的风味。这些因素包括植物遗传特性、土壤养分、生长环境、成熟程度和采摘后的贮藏条件。遗传因素决定着形成风味的酶系统和前体物。土壤养分为风味形成提供必要元素，例如，风味依赖于硫化物的萝卜若生长在缺硫的土壤中将不会形成特征风味。生长条件也影响着酶系统的活力，并且显著改变风味的形成。此外，成熟程度和贮藏条件会进一步影响风味。

第三节 加工食品的风味形成

一些食品的特征风味是在加工时形成的，例如泡菜、酸乳酪、肉类、巧克力、咖啡、烘焙和油炸食品。这些食物风味形成的主要途径是非酶褐变、发酵和脂肪的热氧化等，还有许多其他的反应能显著影响食品风味，如肉类中的硫胺（维生素 B_1）的降解。本节将阐述几类加工过程食品风味形成的关键途径。

一、 美拉德反应

1862年，Strecker首先发现了氨基酸和羰基化合物之间的热反应，并描述了氨基酸氧化降解过程中醛类的形成。此后，Schiff 开始研究氨基和羰基之间的加成反应。1912 年，法国科学家 Louis-Camille Maillard 首先报道了氨基酸和葡萄糖之间相互作用产生色泽。1953 年 Hodge 研究并总结了这一复杂反应的主要途径。至今，Hodge 途径仍然是我们理解美拉德反应的理论基础。

美拉德反应是非酶褐变（焦糖化反应、美拉德反应和抗坏血酸褐变）的途径之一，对风味形成起关键作用。食品通过加热发生美拉德反应能产生一些宜人可口的特征风味。总的来说，美拉德反应即羰氨反应。食品中的羰基大部分来自于还原糖，而氨基来自氨基酸或者蛋白质。美拉德反应的终产物主要是类黑精和其他非挥发性化合物。此外，反应过程中还生成成百上千个挥发性的中间体分子，包括还原酮、醛和杂环化合物。尽管这些挥发性物质仅是所有反应产物中的很小部分，它们对食品风味的贡献却很大，其中很多化合物的感官阈值低，对食品香气有重要作用。例如，每 100g 可可豆在烘焙时会损失 1.3g 还原糖和全部的氨基酸，却只产生 0.9mg 吡嗪类化合物（巧克力的特征挥发性风味物质）。因此，只有约 0.07%的反应物转化为吡嗪类化合物，其余的反应物转化成其他产物。

（一）美拉德反应历程

1. 美拉德反应的初级阶段

美拉德反应的初级阶段是一分子还原糖的羰基和一分子氨基化合物（图 4-12）缩合产生一分子席夫（Schiff）碱，即亚胺。如果糖是醛糖，自身就会环化生成 *N*-取代糖基胺。*N*-取代糖基胺可通过酸催化重排产生 1，2-烯醇，后者与其酮式异构体 *N*-取代-1-氨基-2-脱氧酮糖处于平衡状态，称为 Amadori 重排产物。如果是酮糖，可以通过相关途径生成 Heyns 重排产物。重排产物不会引起食品色泽和香味的变化，是非挥发性香味物质的前体物质。也有人认为，*N*-取代糖基胺不会形成 Amadori 或 Heyns 重排产物，而是通过自由基降解成裂解产物。

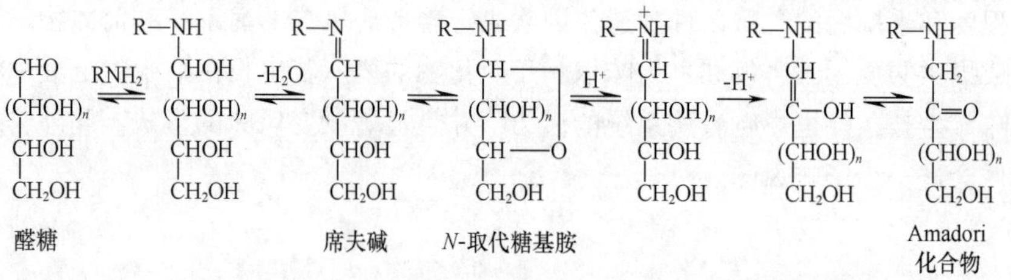

醛糖 $\xrightleftharpoons{RNH_2}$ … $\xrightleftharpoons{-H_2O}$ 席夫碱 ⇌ *N*-取代糖基胺 $\xrightleftharpoons{H^+}$ … $\xrightarrow{-H^+}$ … ⇌ Amadori 化合物

图 4-12 美拉德反应初始阶段 Amadori 化合物的生成

2. 美拉德反应的中级阶段

Amadori 和 Heyns 重排产物在高温下不稳定。当反应体系 pH≤7 时，有利于发生 Amadori 重排产物的 1，2-烯醇化反应，经过 1，2-烯胺醇、3-脱氧-1，2-二羰基化合物等中间体，最终生成类黑素和 5-羟甲基糠醛/糠醛。当反应体系 pH>7 且温度较低时，利于 2，3-烯醇化反应，生成 2，3-烯二醇、1-甲基-2，3-二羰基化合物（脱氢还原酮）、乙酰基烯二醇（还原酮）。脱氢还原酮易使氨基酸发生脱羧、脱氨反应形成醛和 α-氨基酮类，这就是所谓的 Strecker 降解反应。pH>7 且温度较高时，利于裂解，产生丙酮醇、丙酮醛和丁二酮等活性中间体（图 4-13）。这个阶段产生的醛类、糠醛、呋喃酮以及其他羰基化合物对美拉德反应的风味特性有重要作用。

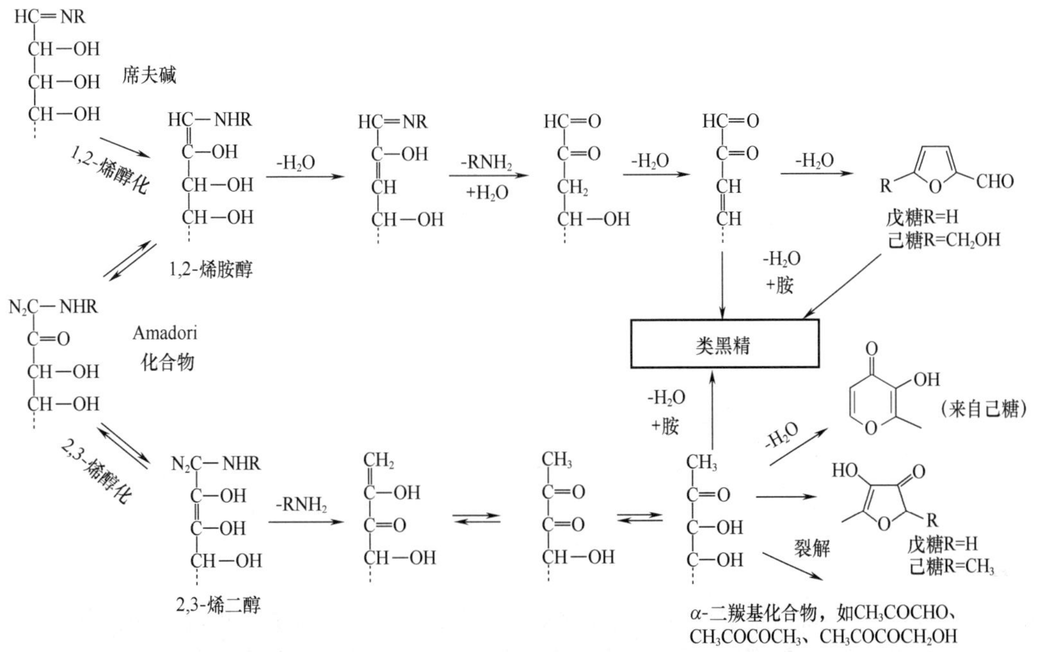

图 4-13 美拉德反应中级阶段羰基化合物的生成

3. 美拉德反应的第三阶段

美拉德反应初级阶段和中级阶段的产物是无色或淡黄色的，色泽主要是在反应的最后阶段形成的，这一阶段的具体反应历程目前仍不明确，大致是醛、酮在胺催化下发生羟醛缩合反应生成不含氮的聚合物，以及醛类（尤其是α，β-不饱和醛）-胺类聚合或共聚为高分子的含氮类黑精。脱氮聚合物也可以与胺发生缩合、脱氢、重排、异构化等一系列反应生成类黑精。已证明这一阶段生成的化合物含有杂环，如吡咯类、吡啶类、咪唑类，这些化合物对于风味的形成有重要作用。

4. Strecker 降解

氨基酸的 Strecker 降解是美拉德反应中的一个重要反应。在美拉德反应的初级阶段和中级阶段，主要发生的是由氨基化合物引发或催化的糖类降解反应。而 Strecker 降解可以看作是由羰基化合物引发的α-氨基化合物的降解。通常认为，Strecker 降解是一分子氨基酸和一分子α-二羰基化合物发生反应，氨基酸的脱羧基、脱氨基作用产生了一分子比原来少一个碳原子的醛（称为 Strecker 醛）和一分子α-氨基酮（图 4-14）。然而，反应物并不限定是二羰基化合物。任何可以和一分子氨基酸的氨基形成 Schiff 碱的活性羰基，在适合的条件下，都可以促使氨基酸发生脱羧基和脱氨基反应。因此，α-羟基羰基化合物和脱氧邻酮醛等美拉德中间产物，以及二羰基化合物都可以作为 Strecker 反应的羰基化合物。在食品中发现的其他羰基化合物也可以作为 Strecker 反应物，包括 2-烯醛，2，4-癸二烯醛和脱氢抗坏血酸。

Strecker 降解反应在风味形成中十分重要，因为它为氮和硫引入杂环化合物中提供途径。α-氨基酮是杂环化合物如吡嗪、噁唑、噻唑类的前体物质。烷基吡嗪最直接、最重要的合成路线是通过α-氨基酮的自身缩合或与其他氨基酮之间的缩合反应的途径产生的。如果氨基

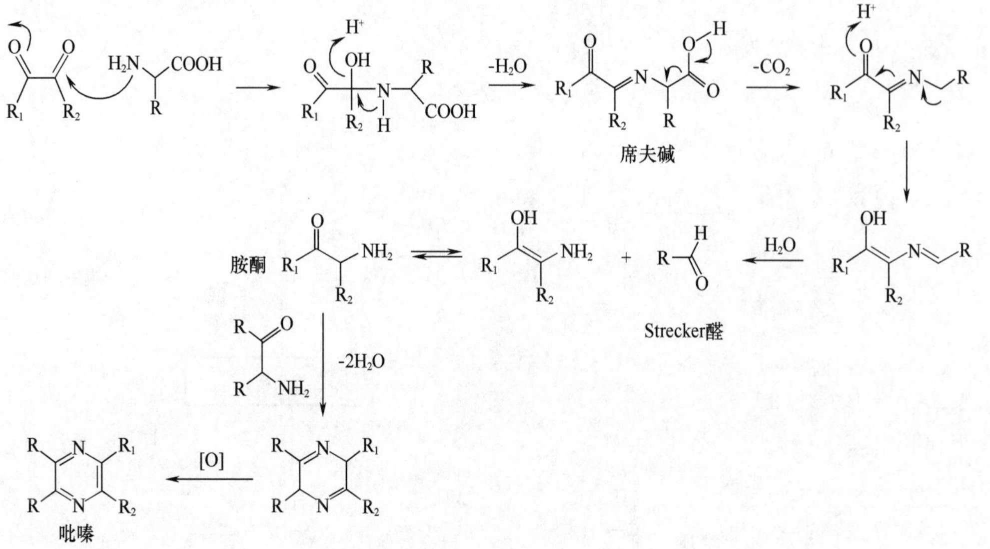

图 4-14 Strecker 降解

酸是半胱氨酸，Strecker 降解可以形成硫化氢、氨和乙醛；若氨基酸是甲硫氨酸，则生成甲硫醇。这些化合物和美拉德反应产生的羰基化合物一起，为重要的特征香气化合物（如含硫化合物噻吩、噻唑、三噻戊烷、噻烷、并二噻吩、呋喃硫醇和二硫化物）的形成反应提供中间产物。

（二）美拉德反应的影响因素

一般我们提及食品营养损失（如必需氨基酸损失或消化率降低）或褐变时都会涉及美拉德反应。营养损失和褐变是普遍的，食物几乎在任何条件下加热都会发生营养品质下降和褐变。然而，形成风味的途径非常特殊，要获得诱人的风味，必须严格选择反应物、环境及加热条件。

1. 温度与加热时间的影响

影响美拉德反应形成风味物质的一个最重要的因素是温度。例如，对比烤肉和煮肉的感官品质，煮肉缺乏焙烤产品的特有香味。这主要是因为水煮肉的水分活度接近 1.0，温度不超过 100℃。而烤肉具有较低的水分活度和较高的表面温度，从而促进风味化合物的产生，所以尽管反应物相同，但烤肉却具有焙烤风味。

每种风味物质形成的每个特定途径都有其各自的活化能，明白这一点可以更准确地理解温度对风味形成的影响。例如，对于呋喃硫醇、吡嗪和糠醛类的风味物质，生成呋喃硫醇的活化能最高，其次是吡嗪和糠醛，因而呋喃硫醇在高温时的生成速率常数最大，其次是吡嗪和糠醛。当温度降低到特定的贮藏温度时，呋喃硫醇生成速率最低。

研究表明，吡嗪形成的最低温度是 70℃，并且吡嗪的生成量随温度升高而快速增大。反应动力学研究表明，吡嗪和 2-甲基吡嗪的活化能约为 147kJ/mol，而二甲基吡嗪的活化能约为 180kJ/mol。吡嗪具有较高的活化能表明温度对其形成具有很强的决定性，这就解释了为什么大部分吡嗪（烧烤、坚果、烘焙的风味）只在高温处理时才形成，而在贮藏期间并不产生。但是有一些吡嗪只要具备合适的条件和反应物，也可以在室温下通过其他非美拉德反应的途径产生。如研究发现多种乳酪中吡嗪是由于微生物代谢形成的。

加热时间对于风味特征也很重要。延长美拉德反应的时间并不会使风味物质增多，但是会改变风味物的最终平衡，从而改变了风味特征。咖啡豆中各种成分的数量随烘焙时间而变化，风味成分的平衡因此改变，也就是说感官品质随加热时间而变化。

2. 反应组分的影响

反应产物及其浓度对美拉德反应速率有影响。研究发现氨基酸和糖的种类影响着反应速率。总的来说，糖的种类对反应速率的影响大小如下：戊糖（木糖或阿拉伯糖）>己糖（葡萄糖或果糖）>双糖（麦芽糖或乳糖）>多糖>玉米糖浆固体>麦芽糊精>淀粉。反应速率也与氨基酸有关，如甘氨酸是最活泼的一种氨基酸。

对于美拉德反应，碳水化合物的种类对反应速率的影响大于对风味特征的影响。反应速率很大程度上决定反应物的减少速率和颜色的生成速率。糖的种类对风味特征只起很小的决定性作用，但氨基酸的选择对风味特征的影响很重要。含硫氨基酸对于肉类和咖啡风味是必需的；缬氨酸、亮氨酸和异亮氨酸对巧克力风味是必需的；而甲硫氨酸对蔬菜（马铃薯）风味的形成是必需的。要产生所需风味需要反应混合体系中含有特定的氨基酸而不存在其他氨基酸。

3. 水分活度的影响

水分的有效性会影响许多美拉德途径的反应速率，进而影响整个风味物质形成的速率及其风味特征。这是因为某些化学反应的副产物是水，反应被水抑制，而某些化学反应则需要水的参与，即水能够促进反应进行。

在一个经典的模拟美拉德反应生成烷基吡嗪的系统中，发现水分活度对烷基吡嗪形成速率有影响。当加热到水分活度在 0.75 时吡嗪的生成量达到最大，高于 0.75 或低于 0.75 吡嗪的生成量都减少。这一结果表明，吡嗪形成的速率是由美拉德反应的初始阶段控制，而不是特定途径作用的结果。

4. pH 的影响

反应体系的 pH 也影响特定的美拉德途径的反应速率，进而改变挥发性产物的平衡。例如，pH 对吡嗪产生有很大影响。与 pH 5.0 的模拟体系相比，加热 pH 为 9.0 的相同体系生成吡嗪的总量增加了近 500 倍。某些挥发性物质的形成有一个最适 pH，因此食品中 pH 的一点小变化都有可能明显改变其加热后的香味特征。

5. 缓冲盐的影响

缓冲盐的种类和浓度也可能影响反应速率。缓冲盐对美拉德反应的影响各不相同，通常认为磷酸盐是最好的催化剂。磷酸盐对反应速率的影响取决于 pH，pH 在 5~7 其催化效果最好。

6. 氧化/还原态的影响

有人研究了金属离子、氧气、抗氧化物对葡萄糖-氨体系形成吡嗪的影响。结果表明，氧气并不能催化吡嗪的形成。100℃时，没食子酸丙酯在较短反应时间（2h）内会显著抑制吡嗪的形成，但在长时间（18h）不会产生抑制（与对照相比）。2，6-二叔丁基-4-甲基苯酚（BHT）在长反应时间内会轻微地抑制吡嗪产量。然而，在充满氧气的情况下反应，吡嗪产量也会受到轻微抑制。由此可得出结论，抗氧化剂不是通过减少体系中有效的氧气使产量减少。添加 $CuCl_2$ 和 $ZnCl_2$ 也会使吡嗪产量减少并使褐变程度加深。

（三）美拉德反应动力学

风味形成有一个初始线性阶段，这个阶段可以用假零级反应动力学精确模拟。随着加热时间的延长，体系中风味物质的积累（或减少）通常会达到一个平衡，一级反应动力学可更好地模拟这种现象。风味物质形成的活化能变化范围在 50~188kJ/mol。

研究证明，风味物质的形成与反应体系有极大关系。对于一些挥发性物质，复杂模拟体系中的反应动力学与简单体系中的大不相同。而某些挥发性物质如 2-乙酰基-吡咯啉，相对来说似乎不受模拟体系的复杂程度所影响，模拟预测可以很精确。

反应速率通常受模拟体系的 pH 和水分活度（A_w）的影响。pH 的影响是多变的，一些挥发性物质在较高 pH 时形成非常缓慢，而某些挥发性物质则形成很迅速。另外，次级反应会消耗一些挥发性物质，如此一来，这些挥发性物质在体系中的最终积累量还同时依赖于次级反应的动力学。目前，关于 pH 对吡嗪形成的影响的研究结果表明形成速率随 pH 上升而增大。总的来说，风味物质的形成是一种动态过程。风味化合物形成后所获得的混合物就是我们所辨认出的某种特定风味。这个混合物的平衡对化学环境和热加工都十分敏感。

1. 吡嗪形成的动力学

由于吡嗪对很多热加工食品风味具有重要影响，因此许多动力学数据都是有关吡嗪的形成。最初的研究发现，在模拟加热体系中，吡嗪的形成是零级反应。通过研究水相体系（pH 为 10，温度变化 120~140℃）和高压对形成吡嗪的影响（水溶液和沸水溶液）也发现，加热过程中吡嗪的形成是直线上升的。反应条件不同，如不同的氨基酸、pH、溶剂等，美拉德反应形成吡嗪的动力学常数（活化能 E_a）不同。pH 对美拉德反应生成吡嗪的速率影响很大，在 pH 5~9 的条件下由赖氨酸形成吡嗪的活化能变化范围是 139. 8~187. 5kJ/mol。pH 为 10 的条件下由精氨酸形成吡嗪的活化能却低很多（81. 6~121. 4kJ/mol）。在水相中，由中间前体物质（3-羟基-2-丁酮或 3-羟基-2-醋酸铵）生成吡嗪的活化能约 79. 1kJ/mol，但是用乙醇作溶剂其活化能却下降到 54. 8kJ/mol。

2. 含氧杂环化合物形成的动力学

在半胱氨酸和葡萄糖的水相模拟体系的加热（80~150℃）过程中发现，加热时间与挥发性含氧杂环化合物的形成之间呈线性关系，是零级反应，活化能与吡嗪的形成处在同一量级。

3. 含硫化合物形成的动力学

在更复杂的葡萄糖和亮氨酸、甲硫氨酸、苯丙氨酸、脯氨酸的缓冲（0. 1mol/L 磷酸缓冲液）水相模拟体系加热（80~150℃）过程中发现，含硫挥发性物质的生成量随加热时间和温度的增加而增加。然而，在不同的 pH 下到达峰值的积累量是不一样的，这表明峰值积累量依赖于受 pH 影响的次级降解反应。

已测出含硫化合物的活化能范围是 63~138kJ/mol。2-乙酰基噻吩的活化能最高，范围是 92~138kJ/mol，而甲硫基丙醛和二甲基二硫的活化能范围为 63~113kJ/mol，后者的活化能与美拉德反应的总体活化能一致。加热（80~110℃）谷胱甘肽和半胱氨酸的水溶液（pH 为 3，5，7，9）研究硫化氢形成的动力学，发现两个前体物质释放硫化氢的反应都遵循一级反应动力学（r^2 值范围是 0. 955~0. 999），并且释放速率随 pH 的增加而增加。硫化氢从谷胱甘肽和半胱氨酸中的释放更为迅速，由半胱氨酸生成硫化氢的活化能在 123. 1~133. 1kJ/mol，由谷胱甘肽生成硫化氢的活化能在 78. 7~128. 9kJ/mol。

4. 其他化合物形成的动力学

对其他香气物质（异戊醛、苯乙醛、2-乙酰基-1-吡咯啉）的动力学研究发现，这些挥发性物质在反应初期阶段都符合假零级反应动力学。异戊醛、苯乙醛和甲基吡喃酮的积累量在加热后期达到峰值，反应更符合一级反应动力学。

（四）美拉德反应形成的风味物质

美拉德反应形成的风味物质中，含量最丰富的是脂肪醛、酮类、二酮类和低级脂肪酸。含氧、氮、硫的杂环化合物或含两种或三种这些原子的杂环化合物很多，且对于热加工食品的风味至关重要。本节将列举一些风味化合物的美拉德反应的形成机制及其感官性质。

1. 羰基化合物

美拉德反应产生羰基化合物的主要途径是 Strecker 降解，反应发生在含有相邻羰基或共轭双键的双羰基化合物和游离氨基酸之间。这些羰基化合物可以是美拉德反应的中间体，也可以是食品中的普通成分（如抗坏血酸）、酶促褐变的终产物（如醌）或脂类氧化的产物。

Strecker 降解的终产物是 CO_2、有机胺以及各氨基酸脱氨、脱羧后得到的相应的醛。除了杂环挥发性物质，这些醛类对热加工食品的风味也很重要，因为它们是美拉德反应形成的最丰富的挥发性物质。Strecker 醛也能通过自由基机制形成。氨基酸被氢过氧化物或者脂质过氧化物氧化后产生 CO_2、氨气和相应的 Strecker 醛。虽然这也是生成 Strecker 醛的一个可行途径，但占优势的依然是前面提到的途径。食品中常常要检测 Strecker 醛，因其与食品质量有关，且能作为美拉德反应的指示剂。

Strecker 醛类可参与其他反应，如羟醛缩合生成二聚不饱和醛，最终生成高分子质量多聚物。某些醛类还可以与 α-二羰基化合物、氨气和硫化氢发生反应，生成大量的噻唑、二噻茂烷、噻唑啉和羟基噻唑啉。另外，Strecker 醛还可以与各种食品成分（如蛋白质）结合产生了很强的结合作用。

2. 含氮杂环化合物

食品中由美拉德反应产生的重要含氮杂环化合物如图 4-15 所示。吡嗪具有多种多样的感官特征。烷基吡嗪通常具有烘焙、坚果风味［图 4-15（1）］，而甲氧基吡嗪常常具有泥土、蔬菜的特征［图 4-15（2）］。2-异丁基-3-甲氧基吡嗪有鲜切青椒的风味。乙酰基吡嗪具有典型的爆米花特征，2-丙酮基吡嗪则具有烘烤或烧烤特征。在食品中检出几种双环吡嗪，它们在感官上具有烧烤、焙烧、烘焙或肉香特征。对于各种各样的吡嗪的形成，人们提出了几种机制。烷基吡嗪可能来自于由 α-二酮与氨基酸形成 α-氨基酮的反应（Strecker 降解）。这些 α-氨基酮可能会与其他的 α-氨基酮缩合，生成的杂环化合物再经氧化形成三不饱和吡嗪。

吡咯是含氮杂环化合物［图 4-15（3）］。2-甲酰基吡咯和 2-乙酰基吡咯是食品中最丰富、最广泛的两种吡咯。2-甲酰基吡咯有甜玉米气味，而 2-乙酰基吡咯则具有焦糖气味。1-丙酮基吡咯具有曲奇或者蘑菇香气，而吡咯内酯则具有辛辣的胡椒风味。

Hodge 等最早提出了吡咯的形成机制，该机制认为吡咯啉、羟基吡咯啉可参与 Strecker 降解，产生吡咯。如果食品中没有吡咯啉和羟基吡咯啉，那么就必须有五碳糖或多于五碳的糖类参与吡咯的形成。

Rizzi 提出了氨基酸与相应呋喃的反应形成酰烷基吡咯的代替途径。氨基酸与呋喃环上的五位碳原子反应使呋喃开环，随后脱水闭环。根据参加反应的氨基酸的不同及随后发生的重

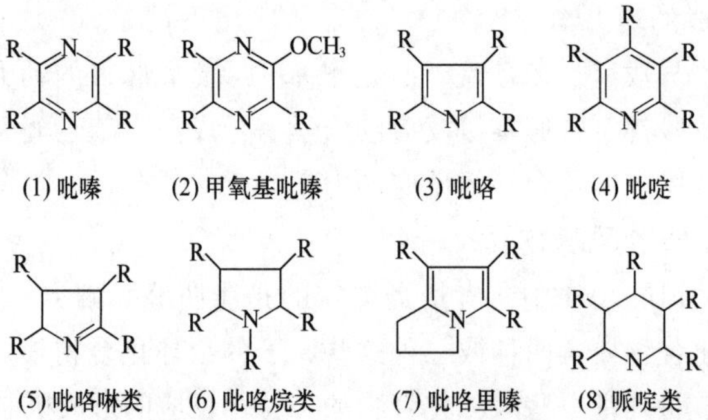

(1) 吡嗪　(2) 甲氧基吡嗪　(3) 吡咯　(4) 吡啶

(5) 吡咯啉类　(6) 吡咯烷类　(7) 吡咯里嗪　(8) 哌啶类

图 4-15　由美拉德反应的形成含氮杂环挥发物的分类

排可以形成各种吡咯。

吡啶化合物在褐变食品的分布没有吡咯和吡嗪那么广泛［图 4-15（4）］。3-甲基吡啶与许多单取代吡嗪一样具有清香味。3-甲基-4-乙基吡啶则具有甜味和坚果风味特征。而 2-乙酰基吡啶则具有烟草气味。吡啶对褐变风味的贡献取决于吡啶的种类及其在食品中的浓度。浓度低，产生令人愉悦的气味。然而，浓度高时通常产生恶劣的、刺激性气味。

很少有关于吡啶形成机制的描述。Vernin 和 Parkanyi 提出了三种机制。前两个机制都依赖于与侧链基团发生羟醛缩合反应产生不饱和醛，随后与氨或氨基酸的反应及闭环生成含氮杂环化合物。最后杂环化合物的氧化导致吡啶的形成。第三条途径包括二醛与氨的反应，随后脱水生成吡啶。

Tressl 等鉴定出另外 59 种含氮杂环化合物，这些化合物与吡咯一样，是由脯氨酸和羟脯氨酸与二羰基化合物通过 Strecker 降解反应形成的。这些化合物属于吡咯啉类、吡咯烷类、吡咯里嗪和哌啶类［图 4-15（5）~（8）］。这些化合物主要具有谷物香气或者焙烤气味。例如，2-乙酰基吡咯啉有爆米花气味。1-丙酮吡咯烷有谷物香气，而呋喃取代的吡咯烷具有芝麻风味。哌啶类（如 2-乙酰基哌啶）有轻微的木质气味和很重的苦味，但是它们很易转化为相应的四氢吡啶，后者具有面包和饼干香气。2-乙酰基吡咯里嗪有烟熏香气。

3. 含氧杂环化合物

呋喃酮和吡喃酮是具有焦糖风味和美拉德风味的含氧杂环化合物。这一类化合物共同的特征风味是焦糖味、甜味、果味、奶油味、坚果味或者灼烧味。它们在褐变反应的糖类缩合过程中在比例和绝对含量上都占优势。

麦芽酚［图 4-16（1）］是食品中最早鉴定出的焦糖味化合物之一。乙基麦芽酚具有比麦芽酚强 4~6 倍的焦糖化气味。呋喃酮［图 4-16（2）］与麦芽酚和乙基麦芽酚一样是甜味增强剂，其自身则具有菠萝焦气味。

麦芽酚和呋喃酮的五碳类似物具有与其对应的含氧化合物相似的气味。这类化合物的分子结构不满足焦糖化特征对分子结构的要求，因而具有不同的感官品质。且这类化合物不含氮，其形成机制通常包括不含氮褐变中间体的环化。发生环化的中间体可能是主要褐变途径（包括糖脱水或 Strecker 降解）的产物。

4. 含硫杂环化合物

美拉德反应会产生大量不同类型的含硫杂环化合物，其中主要是噻唑类和噻吩类，如图 4-16（3）和图 4-16（4）所示。

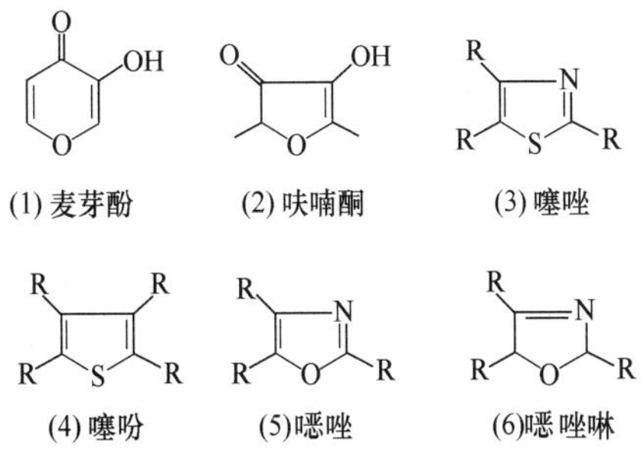

图 4-16 通过美拉德反应形成的含氧化合物和含硫化合物

噻唑类和吡嗪类的感官品质稍微有点类似。烷基噻唑具有青草的、坚果的、烘焙的、蔬菜的或者肉类的风味特征。三甲基噻唑具有可可、坚果特征。2-异丁基噻唑是最熟知的噻唑类物质之一，它具有浓郁的番茄叶子的青草气味，对番茄风味有重要作用。2，4-二甲基-5-乙烯基噻唑具有类似坚果的气味。2-乙酰基噻唑有坚果、谷物和爆米花风味。

噻吩具有刺激性，除了蔓越莓，噻吩也存在于烹饪或烘焙过的食品中。2，4-二甲基噻吩对油炸洋葱风味很重要。2-乙酰基-3-甲基噻吩含量为 0.25g/100L 时具有类似蜂蜜的感官品质。5-甲基噻吩-2-甲醛则具有焙烘咖啡的特点。

噻唑类和噻吩类化合物一般是通过含硫氨基酸与美拉德反应中间体反应形成的，也可通过含硫氨基酸先形成硫化氢，硫化氢与褐变中间体发生反应的途径产生。

5. 含氧化合物

噁唑类［图 4-16（5）］和噁唑啉类［图 4-16（6）］只存在于发生过美拉德反应的食品体系中。噁唑啉具有典型的类似青草的、甜的、花香的或蔬菜的香气。

例如，4-甲基-5-丙基噁唑具有绿色蔬菜的香气特征。然而，环上有 4 个碳或 5 个碳侧链的噁唑和 2-碳或 4-碳上没有烷基基团的噁唑都具有明显的脂香味（如 5-丁基噁唑）。当 2-碳上有一个甲基或者乙基取代时（如 2-乙基-5-丁基噁唑），脂香味就会减少，甘甜的花香味会变得更显著，当 4-碳再被甲基或者乙基取代时花香特征进一步增强。

噁唑啉具有多种多样的感官特点。2-异丙基-4，5，5-三甲基-3-噁唑啉具有朗姆酒的风味特点，而 2-异丙基-4，5-二乙基-3-噁唑啉具有典型的可可香气。

二、 脂质氧化与分解

在食品加工过程中，脂类发生的一些变化，如脂类氧化和脂肪分解，会对食品风味产生良好的影响，也会带来不良的风味。本节主要讨论脂类变化带来的良好风味。

（一）油炸过程的脂质氧化

深度油炸食品深受消费者们喜爱的主要原因是油脂赋予食品独特的风味和色泽、酥脆的质构和口感。这种食品的风味既来自加热引起的变化（美拉德反应），又来自（深度）油炸赋予食品的风味。深度油炸食品只有在油被使用了一段时间之后才能获得良好的特征风味。热油中风味形成的机制实质上就是脂类氧化机制。加热引起的氧化包括氢自由基夺取、过氧自由基的形成、氢过氧化物的形成及其分解产生挥发性风味物质。热氧化产物与室温下的典型脂类氧化产物有所不同。造成这些差异的原因可用反应动力学进行解释。与美拉德反应一样，每个化学反应都有其各自的活化能，活化能决定了该反应在特定的加工温度下的反应速率。因此，油炸反应的发生以及挥发性物质的形成都取决于加工温度。

热氧化的另一不同的特点是其比典型的室温氧化更具随机性。极高的温度使得脂肪酸具有更多发生氧化的位点，生成终产物（挥发性风味化合物）的种类更加广泛。所以，尽管深度油炸食品中风味物质的形成包含相同的化学机制，但风味却是独一无二的。

深度油炸过程会形成许多挥发性物质，有酸、醇、醛、烃类、酮类、内酯、脂类、芳香烃和其他各种化合物（例如正戊基呋喃和1，4-二氧六环）。加热不同种类的油脂产生的挥发性物质在风味特征和含量上有所差异。定性研究发现，加热玉米油与氢化棉籽油所产生的挥发性物质有许多不同之处，这是预料之中的，因为这两种油的脂肪酸组成有很大差异。加热玉米油和大豆油产生相似的挥发性物质，但椰子油却大不同，甲基酮和γ-内酯在椰子油中也有很多，且相对于玉米油和大豆油而言，椰子油产生较多的饱和醛，而癸二烯醛和不饱和醛较少。

（二）内酯的形成

食品中的内酯可通过微生物作用、深度的脂类氧化（环境引起或者加热引起的）或者加热形成。加热乳制品会形成内酯，这是由于脂类先天性代谢缺陷导致羟基酸合成并进入脂肪中，这些羟基酸相对来说不稳定，在热水中容易从甘油三酯中水解出来，水解后发生环化即生成内酯。羟基酸与甘油三酯结合时是没有风味的，而热加工使这些酸游离下来并形成具有风味的内酯。加热黄油就能觉察到这种转化，黄油加热时风味会变成令人非常愉快的甜味、焦糖味，这主要是由于内酯的形成。此外，其他脂类（非羟基脂肪酸）也可以通过热氧化形成内酯。

（三）次级反应

脂类可通过参与其他化学途径对食品风味物质的形成产生贡献，最明显的就是美拉德反应。脂类及其降解产物参与美拉德反应，作用的主要方式如下。

（1）脂类降解产物与Strecker降解产生的氨或半胱氨酸的氨基之间的反应　加热引起的脂类氧化提供了丰富的活性羰基，如醛类和酮类。这些羰基化合物可与游离氨基酸或美拉德反应产生的胺类反应。脂类提供了独特的羰基反应物，其中可能有长碳链物质。热加工食品中带有4个碳及以上基团的杂环香气物质被认为是由脂类衍生出来的。焙烤食品与油炸食品会形成相似的风味。油炸食品中鉴定出来的一些风味成分（如2-戊基-3，5，6-三甲基吡嗪，5-庚基-2-甲基吡啶，5-戊基-2-乙基噻吩，2-辛基-4，5-二甲基噻唑和4-甲基-2-乙氧基噁唑）都是环状的，并且带有较长的烷基侧链，也就是说，它们是由脂类衍生而来。

（2）磷脂酰乙醇胺的氨基与糖衍生的羰基化合物的反应　脂类也可为美拉德反应提供胺基（例如磷脂酰乙醇胺），增加参加反应的游离氨基的数量。关于磷脂参与美拉德反应还有另外一种不同的观点：有证据表明，加热的食品（或模拟体系）中有磷脂存在时，典型杂环化合物的生成量会减少。由于磷脂降解产物竞争游离氨基，减少了游离氨基参加美拉德反应产生杂环化合物的机会。这将改变加热食品中香气化合物的发散及其香气特征。

（3）氧化脂类的自由基参与的美拉德反应。

（4）羟基或羰基脂降解产物与美拉德反应产生游离硫化氢的反应　该反应基本上类似于美拉德反应生成的氨基与脂类氧化产物之间的反应。热加工食品中许多含硫杂环化合物是由脂类（长碳链基团）衍生而来的。

三、发酵

发酵为我们提供了各种独特的风味。我们每天都要接触各种各样的发酵食品，例如酱油、乳酪、酸乳、面包、啤酒、葡萄酒、发酵的海产品和香肠。这些产品的风味物质可由发酵微生物的初级代谢或者微生物细胞溶解后残余的有活力的酶催化生成。酒精饮料的大部分风味由初级代谢产生，而残余酶催化对成熟干酪风味的形成是必需的。

微生物能产生大量不同种类的风味化合物。表4-3所示为一些微生物可能进行的反应。下面将介绍一些发酵食品风味形成的代谢途径。

表4-3 微生物催化的反应

反应类型	举例	反应类型	举例
氧化反应	CH 或 C═C 的氧化	酰化	反式糖基化
	CHOH 脱氢		甲基化
	CH—CH 脱氢		缩合
		C—C 的裂解	脱羧
还原反应	C═O 的氢化		脱水
	C═C 的氢化		胺化/脱氨
异构	酯化/水解	卤化	磷酸化

（一）酯类

酯类对天然食品（例如水果）和发酵食品的风味都相当重要。对于发酵食品，酯类对一些果酒的风味是最重要的。啤酒中大部分酯类都是通过初级发酵形成的，都是由酵母细胞内的酶催化产生的。酵母的脂类代谢提供了大量的酸和醇，经过酶催化酯化反应后形成各种各样的酯。尽管单纯的化学反应能形成酯，但化学反应对大多数食品的酯类积累来说速率太慢。

（二）酸

微生物产酸对很多发酵食品的风味很重要。发酵型乳制品风味最为重要的酸是乳酸。乳酸是一种具有光学活性的酸，具有酸乳的味道且无异味，以D型、L型或者外消旋混合物的形式存在，这是由微生物的合成机制决定的。旋光性不同的酸在风味上没有区别。

按形成乳酸的微生物体系分类，乳酸发酵可分为同型乳酸发酵（例如，乳酸杆菌、德氏乳杆菌保加利亚亚种，主要产生乳酸，代谢终产物中85%以上是乳酸）和异型乳酸发酵（例如，明串珠菌，产生乳酸、乙酸、乙醇、二氧化碳和其他代谢产物）。同型发酵微生物通过Embden-Meyerhof途径进行乳糖发酵，异型发酵微生物通过己糖-磷酸途径代谢乳糖。

葡萄酒在发酵时能由L-苹果酸形成乳酸。苹果酸是一种存在于葡萄中的刺激性很强的酸，需要通过转化成乳酸来缓和其刺激的酸味。苹果酸-乳酸发酵是在发酵最后阶段由细菌（如最常见的明串珠菌）作用的结果。

发酵时还形成了大量其他的有机酸和脂肪酸。大部分微生物具有活跃的脂肪酶系，可分解甘油三酯产生甘油、甘油单酯、甘油二酯和游离脂肪酸。这些游离脂肪酸对各种乳酪和香肠的风味有很大的贡献。游离脂肪酸的次级反应（如氧化）能再次形成大量新的风味化合物。氨基酸的脱氨基作用也可形成各种脂肪族（直链和支链）和芳香族羧酸。

（三）羰基化合物

羰基化合物对发酵乳制品的风味至关重要。具有奶油和坚果香气的丁二酮是其中之一。丁二酮可通过柠檬酸发酵产生，合成的代谢途径包括柠檬酸降解为乙酸和草酰乙酸，随后草酰乙酸脱羧产生丙酮酸。丙酮酸与乙醛生成α-乙酰乳酸，最终生成丁二酮。丁二酮对菌体细胞无毒，所以过剩的丙酮酸转化成丁二酮。在大部分发酵食品中丁二酮不稳定。合成丁二酮的微生物同时具有丁二酮还原酶，可将丁二酮还原为乙偶姻和2，3-丁二醇，因此风味由丁二酮决定的发酵产品，如乳酪，其风味有一个峰值。这类产品在贮藏时，丁二酮被还原，风味的浓郁程度和质量都会下降。

酸乳是羰基化合物作为重要风味物质的乳制品。酸乳中的乙醛使酸乳具有辛辣的、生涩的特征。乙醛是德氏乳杆菌保加利亚亚种和/或嗜热链球菌发酵牛乳为酸乳时的代谢终产物。羰基化合物对乳酪的风味也相当重要。发酵产品中羰基化合物（甲基酮类）是通过初始培养基的脂肪酶作用产生的。乳制品包含很多由微生物脂肪酶水解甘油三酯而来的α-酮酸，随后脱羧生成奇数碳的甲基酮。甲基酮和醛类也能通过微生物诱导脂肪氧化形成。羰基化合物对于大部分发酵食品的风味来说非常重要。这些羰基化合物的增加取决于碳水化合物或柠檬酸代谢，酯类氧化或氨基酸降解。

（四）醇类

醇类对风味的贡献较小，除非相对浓度很高或者是不饱和的醇（如1-辛烯-3-醇）。醇类可以通过微生物的初级代谢活动或相应的羰基化合物的还原反应而产生（如乙醇）。

杂醇（比乙醇分子大的醇）既可以由碳水化合物代谢形成，又可以由氨基酸代谢形成。由氨基酸可以通过转氨基、脱羧和还原作用，或者通过氧化脱氨基、脱羧和还原作用产生醇类。两种途径的产物都是氨基酸去掉一个胺基和一个碳原子。

碳水化合物遵循典型的 Embden-Meyerhof-Parnas 途径生成丙酮酸。丙酮酸可以与另一分子丙酮酸反应产生乙酰乳酸。乙酰乳酸进入缬氨酸-异亮氨酸合成途径，转化为α-酮异戊酸。α-酮异戊酸随后可被还原为异丁醇或异丁酸。各途径之间的内在联系使得大量醇类生成。乙酰辅酶A也可以进入这些途径。乙酰辅酶A可能来自于脂肪酸代谢，这使得脂肪酸也进入了醇的产生过程。

（五）萜类

单萜和倍半萜是柑橘、香辛料和中草药的重要风味物质。它们是以五碳异戊二烯单位（2-甲基-1，3-丁二烯）为基本结构的烃类，可以是开链、闭链、饱和的或不饱和的，也可能含有O、N或S。

萜类可由微生物产生。通过微生物改造，使原料丰富的低值萜类转化为高值产品，非常具有研究和应用前景。

（六）内酯

内酯对某些发酵食品，尤其是乳制品和酒饮料的风味有着重要的贡献。内酯可由氨基酸形成，如谷氨酸氧化脱氨基生成2-酮戊二酸。2-酮戊二酸脱羧生成4-氧代丁酸，然后还原为4-羟基丁酸。4-羟基丁酸环化形成γ-丁内酯，烷氧基内酯和酰基内酯。

（七）吡嗪

吡嗪通常与非酶褐变相关。然而，吡嗪也是微生物作用的结果。枯草杆菌（*Bacillus*

subtilis）是最早发现的能产生吡嗪（四甲基吡嗪）的微生物。随后，若干种吡嗪（2-乙酰基、二甲基、2-甲氧基-3-乙基、2，5-或2，6-二乙基-3-甲基、三甲基和四甲基吡嗪）从陈化的乳酪中被鉴定出来。其中一些吡嗪可能是乳酪陈化过程中的美拉德反应形成的，但也可能是通过微生物反应形成的。

Adachi 等最早提出一个通过枯草杆菌（*B. subtilis*）作用形成吡嗪的假设机制。他指出吡嗪可以由 2mol 乙偶姻和 2mol 氨形成，这两种物质都是枯草杆菌的代谢产物。乙偶姻是亮氨酸、缬氨酸和泛酸的生物合成过程中的中间体。Rizzi 深入研究了吡嗪在温和的条件下在生物体中是如何形成的。指出合成的关键是相当活泼的吡嗪前体物质的生物形成，这些前体物质在低温下可生成吡嗪。

（八）硫化物

大部分由微生物形成的含硫香气化合物来源于硫酸盐。硫酸盐最初被转化为含硫氨基酸（L-甲硫氨酸和 L-半胱氨酸）和多肽、谷胱甘肽，这些含硫前体物质可代谢生成各种重要的香气物质。

半胱氨酸可与羰基化合物反应生成风味物质（如三硫杂环戊烷）或脱羧形成巯基乙胺，脱氨基产生 α-酮-3-巯基丙酸或降解为 H_2S。每条途径都形成了重要的香气化合物，其中游离 H_2S 的形成尤为重要。H_2S 本身是风味化合物，可以与羰基化合物和自由基反应形成有效的香气物质（如乙基硫醚、二乙基二硫醚、戊基或异戊基硫醇以及 3-甲基-2-丁烯硫醇）。

甲硫氨酸降解会产生大量含硫香气化合物，其中最重要的是甲硫基丙醛。甲硫基丙醛的阈值很低，对许多食品风味有贡献。甲硫氨酸也能被微生物裂解酶降解产生甲硫醇。甲硫醇自身对风味有贡献，也能通过次级反应产生多种多样的硫化物、二硫化物、四硫化物和硫酯。

本节概述了通过微生物作用形成几类风味化合物的机制。在前面，我们只考虑了通过活体微生物代谢活动形成的风味。实际上微生物中的酶在细胞死亡和溶解后可继续发挥作用。发酵产品中的风味是动态变化的。最初，某些种群的微生物可能会累积一些对产品风味有重大贡献的代谢产物。然后其他种群的微生物开始这些代谢产物的代谢活动，这将改变产品的风味。微生物还可能通过其他机制改变产品风味化合物的组成，例如，脂质氧化或非酶褐变。因此，脂质氧化或美拉德反应可能会使发酵产品产生与非发酵产品不同的风味。

第四节　风味物质间的相互作用

风味的结合和释放在食品风味中是至关重要的。我们总是希望风味物质在食品加工、贮藏过程中稳定地保留下来，直到食用时释放。大多数食品都是复杂的混合物，风味物质与食物的各组分之间存在相互作用。挥发性风味物质的释放取决于其蒸气压，而许多因素会影响蒸气压，包括温度以及食物中各成分之间的作用。如果某种成分阻碍风味释放，即对风味释放具有负面影响，我们就认为其具有风味结合能力。目前，并没有关于结合种类的精确划分，只知道风味物质与食品组分间的结合可能是化学作用（如氢键、疏水键、离子键、共价键），也可能是物理作用（如食品基质的溶解性阻碍了风味物质传递到感觉器官）。了解食品组分的风味结合特性对于我们理解风味感觉本质、风味的释放原理、开发良好风味的食物产品具有重要的意义。

一、 与碳水化合物的相互作用

（一）单糖和双糖

在水相体系中，挥发性风味物质（如二乙酰、庚醛、庚酮、辛醇、薄荷酮、乙酸异戊酯和各种甲基酮类物质）和单糖或双糖的相互作用会使风味物质的挥发性在某些条件下增加、某些条件下减少或没有显著变化。风味物质与这些糖类的相互作用属于物理结合，没有相互作用的化学键。

单糖和双糖常常作为风味物质的载体。风味物质（如乙酸乙酯、丁胺）与干燥的结晶态的葡萄糖、蔗糖和乳糖之间的结合很弱，这种结合主要依靠糖结晶的表面吸附形成。由于糖结晶上的吸附表面积较小，这种结合在23℃的真空下是完全可逆的。如果糖是无定形状态，即存在较大的表面积，风味物质（乙酸异丙酯、乙酸苯酯、二乙基酮）在蔗糖上的结合能力增强，吸附量也显著增加。

（二）多糖

大量的挥发性风味物质（如乙醛、二乙酰、乙酸乙酯、2-己酮、丁胺）和多糖（果胶、瓜尔豆胶、藻胶、琼脂、纤维素和甲基纤维素）以不同强度结合。对于多糖与挥发性物质的结合类型目前还处于推测阶段。据推测，丁胺的氨基有时作为盐与果胶或藻酸盐上的羧基结合，但有时发生化学反应，与相同的基团形成酰胺。在纤维素存在的情况下，纤维素分子之间的氢桥键会断裂，然后在丁基胺和纤维素之间形成氢桥键。

（三）淀粉

淀粉分为直链淀粉和支链淀粉。淀粉在水中煮沸后它的天然结构会发生改变。在糊化过程中氢键会减弱，淀粉颗粒溶胀，部分直链淀粉和支链淀粉溶解。同时，支链淀粉结合了大量的水，直链淀粉在水中结合形成螺旋结构。直链和支链淀粉都可结合风味物质。

直链淀粉溶液遇碘呈蓝色，这并非是淀粉与碘发生化学反应，而是产生相互作用，碘分子被容纳在淀粉螺旋中央空腔，通过范德华力，两者形成淀粉-碘复合物。与淀粉-碘复合物相似，挥发性风味物质会被截留在直链淀粉的螺旋结构区域。由于羟基的存在，螺旋的外部是亲水的，而螺旋内部由于氢原子的存在呈疏水性。能否形成稳定的内含复合物取决于风味物质的非极性（疏水性）部分。较低相对分子质量的风味化合物（例如己醇）被包埋在6-螺旋结构（6个葡萄糖分子构成一个螺旋周期）中，更大的分子（例如β-松萜）被包埋在7-螺旋结构中（7个葡萄糖分子构成一个螺旋周期）。

淀粉的支链结构也可以结合风味物质。挥发性风味物质的浓度越高，支链淀粉的外部分支会像直链淀粉一样形成螺旋结构，使风味物质被包埋其中。

不同的淀粉呈现出不同的风味物质结合能力。直链淀粉含量低的淀粉（例如直链淀粉含量约为17%的木薯淀粉）和仅含支链的蜡质淀粉的结合能力都很弱；而那些有着高直链淀粉含量的淀粉（像马铃薯或者玉米）的结合能力很强，研究表明糊化的马铃薯淀粉与风味物质的结合能力最强。

（四）糊精

淀粉部分水解生成糊精后，会失去大部分的风味物质结合能力。糊精与乙醛、乙醇、癸醛、柠檬精油之间会形成很弱的结合，这种结合可能是通过吸附作用形成的，而乙酸乙酯并不能被糊精所吸附。同样，醇类（如乙醇、丙醇、丁醇、戊醇、己醇）和薄荷醇也是很弱地被吸附在麦芽糊精上。

环糊精是一种特殊的淀粉衍生物，它是淀粉经环糊精葡萄糖转移酶作用形成的环状低聚糖。通常环糊精具有6、7或者8个葡萄糖单位的环状结构，分别称为α-、β-和γ-环糊精。环糊精的疏水空腔具有包络能力，可与食品生产中的许多活性成分形成复合物，稳定被包络物的物化性质，减少氧化，钝化光敏性及热敏性，降低挥发性。很多国家允许在食品生产中将环糊精作为风味物质或者成色物质的包埋剂、风味物质的屏蔽物质。

β-环糊精非常适合包埋风味物质。在水相介质中，它与挥发性风味物质形成内含复合物。环糊精表面由于羟基的存在呈现极性，而其空腔内是非极性的，风味物质的脂溶性越强，越容易被包埋。亲脂性部分（如苯环）嵌入到环糊精的中间空腔，而亲水的醛基部分露在外面。包埋后不稳定的风味物质在内含复合物中变得非常稳定。被β-环糊精包埋后的苯甲醛的氧化稳定性增强。例如，β-环糊精能够捕捉9%的苯甲醛和最多12%的精油。

表4-4所示目前我们所知道的与挥发性风味物质结合的各种碳水化合物的种类。本质上，风味物质与碳水化合物之间是可逆的、物理和化学键（吸附、内含复合物、氢键）结合，风味物质在口腔中会很快释放。

表4-4 挥发性风味物质与碳水化合物的相互作用分类

碳水化合物	体系	结合类型
简单的糖	水溶液	未知
单糖和二糖	干燥的	吸附
纤维素	干燥和潮湿的	氢键
瓜尔胶、琼脂甲基纤维素	干燥和潮湿的	未知（对于琼脂和甲基纤维素）
淀粉、环糊精	水溶液	包合物
糊精、麦芽糊精	水溶液	吸附

二、与蛋白质的相互作用

天然和变性蛋白质都可以结合挥发性风味物质。但是由于蛋白质的化学结构复杂，如存在氨基酸侧链、末端基团特性以及疏水区域各异的特点，挥发性风味物质和蛋白质之间的相互作用比挥发性物质和碳水化合物的结合要复杂得多。蛋白质与风味物质的结合主要为化学作用，如疏水作用、离子效应、共价键作用。除了化学作用，如淀粉和糊精，可以认为内含结合物也可存在于蛋白质分子的空隙中，特别是亲脂性的风味物质可在“疏水袋”中储存。

在水相中醛类（如壬醛）和酮类（如2-庚酮、2-辛酮、2-壬酮）与天然蛋白质（大豆蛋白、牛血清蛋白、鱼肌动蛋白）可形成很强的键。天然蛋白质与醛类和酮类的结合是通过疏水作用形成的，而与醇类（如丁醇和己醇）的结合既通过疏水作用也通过氢键作用。

热处理是许多含有蛋白质食品的加工方式。与天然蛋白质相比，热变性蛋白质与风味物质的结合对于实际应用更加重要。在水相中，醛类（如己醛）、酮类（如2-壬酮）与加热过的大豆蛋白的结合会增加。然而对醇类而言，会产生一些相反的结果，热变性大豆蛋白与丁醇和己醇的结合是降低的。变性蛋白质和风味物质的结合取决于温度和 pH 两方面。将温度从 25℃升高到 50℃可以促进蛋白质与庚醛的结合，pH 从 6.9 下降到 4.7 可以降低大多数蛋白质与庚醛的结合，但是可以促进牛乳蛋白和 2-壬酮的结合。

脱水蛋白质也可以和挥发性物质结合。脱水玉米蛋白可以结合丙醇，其与丙醇的结合存在一个最大的水分含量，当水分含量达到饱和时，结合的蛋白质量也最大。如前所述，醇类（乙醇、丙醇）、酮类（丙酮）和脱水蛋白质之间的结合涉及疏水相互作用和氢键。

无论风味物质在水相中是与天然蛋白质还是和变性蛋白质结合，或者与脱水蛋白质相结合，从应用的角度考虑，结合是否可逆才是至关重要的。总的来说，与烃类、醇类或酮类的结合是可逆的（通过疏水作用和/或形成氢键）。对于醛类来说，一些醛类与蛋白质的结合是可逆的，但是某些醛类会和蛋白质分子的氨基发生化学反应，这些反应所形成的结合是不可逆的，使得醛类失去感官特性。如己醛容易与大豆蛋白或酪蛋白中的精氨酸的氨基发生化学反应而结合。

酯类也可以和蛋白质结合，所发生的结合可能是疏水作用。有报道称，在β-乳球蛋白存在的境况下，松萜类物质（柠檬精油、月桂烯）会发生“盐析”效应。

表 4-5 对不同种类的挥发性物质和蛋白质的相互作用进行了一个总结。与碳水化合物相类似，风味物质在口腔中即可释放。

表 4-5　风味化合物与蛋白质相互作用的分类

风味化合物	作用类型	风味化合物	作用类型
碳水化合物	疏水作用	醇类	疏水作用、氢键
醛类	疏水作用、化学反应	酮类	疏水作用、氢键
酯类	不详		

三、与游离氨基酸的相互作用

游离氨基酸能够和一系列的挥发性风味物质在水溶液中结合。酮类和醇类可与氨基酸的氨基或者羰基通过氢键形成可逆的结合（图 4-17）。而对于蛋白质，一些醛类会与它们的氨基生成席夫碱（图 4-18）。

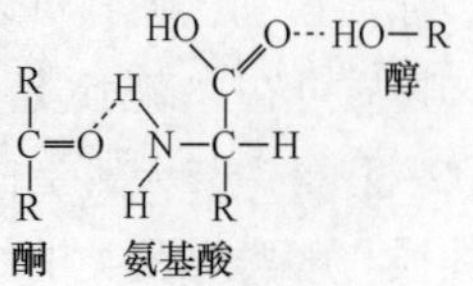

图 4-17　氨基酸与酮或醇形成的氢键

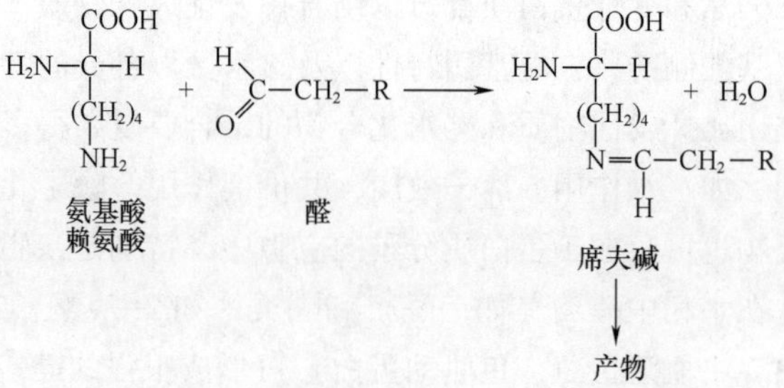

图 4-18　醛与氨基酸反应生成席夫碱的反应

在水相中，半胱氨酸和醛类或酮类反应可以生成噻唑烷-4-羧酸（图 4-19）。这个反应在加热条件下是可逆的，特别是当 pH 是酸性的时候。

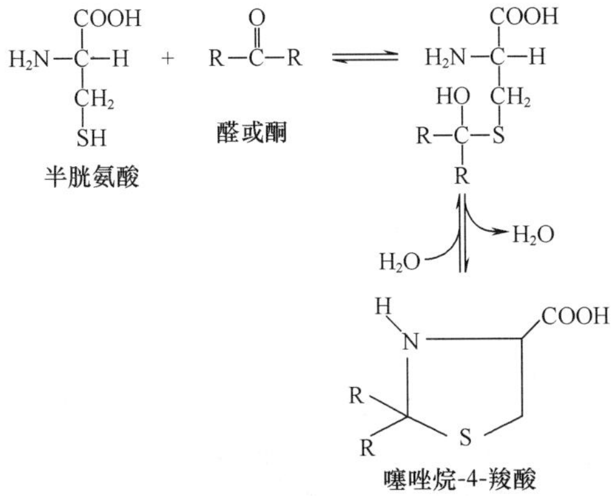

$H_2N-CH(COOH)-CH_2-SH$（半胱氨酸） + $R-CO-R$（醛或酮） ⇌ $H_2N-CH(COOH)-CH_2-S-C(OH)(R)-R$

⇅（$-H_2O$ / $+H_2O$）

噻唑烷-4-羧酸

图 4-19 半胱氨酸和醛类或酮类之间的反应

干燥的氨基酸可吸附挥发性的醛类（如己醛）、酮类（如丙酮、二乙酰）、酸和胺；一些醛和酮会和氨基酸发生上述的化学反应。

四、 与脂类之间的相互作用

脂类对食品风味感官性质产生的影响很大。与不含脂类的食品相比较，食品中的脂类对风味的综合影响在于其可减弱风味强度和风味成分持续释放的能力，因为脂类可作为溶剂溶解脂溶性风味分子，使风味成分进入空气以及食用时进入水相（唾液）的释放速率降低。

在含有脂类的食品体系中，风味化合物在油相与水相中的分布符合物理分布原理。水溶性或脂溶性的风味化合物在水相或油相中的溶解性取决于它们的疏水性。风味化合物的疏水性对风味化合物的热动力学行为有重要影响。风味化合物在液相和气相中的分配不仅取决于挥发性物质对液相的亲和性，也取决于溶质-溶剂的相互作用。脂类物质与风味化合物之间的氢键强度也是一个影响风味化合物在两相体系中液-液分配系数的重要参数。

甘油三酯是食品中最重要的脂类。甘油三酯可以和一定数量的亲脂性（非极性）和部分亲脂性的风味物质结合。以酮类为例，它与脂肪（在室温下是固体的甘油三酯）的结合能力比与油类（在室温下是液体的甘油三酯）的结合能力要低，如表 4-6 所示。这是由于固态的脂类降低了疏水性风味化合物的溶解性。甘油三酯结合风味物质的量还取决于其脂肪酸的链长与不饱和度。对于同为饱和或不饱和脂肪酸的甘油三酯，与长链脂肪酸的甘油三酯比较，脂肪酸为短链的甘油三酯能结合更多的乙醇和乙酸乙酯。三油酸甘油酯含不饱和脂肪酸，它与三棕榈酸甘油酯和三月桂酸甘油酯（两者都仅含有饱和脂肪酸）相比可结合更多的风味物质。

表 4-6 丙酮与各种脂类的结合

脂类或其他介质	介质结合丙酮的量/（mol/kg）
三丁酸甘油酯	93.5
咖啡油	63.8

续表

脂类或其他介质	介质结合丙酮的量/（mol/kg）
咖啡*	4.0
卵磷脂	4.0
甘油三月桂酸酯	1.3
胆固醇	0.9
水溶性咖啡提取物	0.3

注：* 丙酮的结合主要依赖咖啡的含油量。

许多挥发性物质在油相中具有较低的蒸气压，它们在油相中的气味阈值要比在水相体系高。在实际应用中，即使添加少量的油脂也会明显降低风味物质在水相上方的浓度。例如，在水溶液中加入1%的油，辛醛和癸醛在气相中的浓度会适当降低。而当风味物质是己醛和戊醛的时候，添加10%的油才能达到相同的效果。

油在水相中的物理分布方式会影响风味物质的顶空浓度。在水包油乳化体系中，气相中的二甲基硫要达到与在非乳化体系中相同的比例，需要较高的浓度。水包油乳化体系对二甲基硫的吸附主要发生在界面或者通过其他类型的相互作用。对丙烯基芥子油而言，其在乳化体系的顶空浓度比在非乳化体系中的要高。芥子油在边界上的结合能力很低甚至没有结合能力。

风味物质与脂类的结合还取决于同类型挥发性化合物的碳链长度。例如，醇类物质在水包油体系中的分散系数随着醇的链长增加而增加（从乙醇到壬醇）。这意味着在气相中的浓度会随着链长的增加而降低。

在甘油三酯熔点附近的微小变化都能引起挥发性风味物质的分配系数变化。一些食品脂类的熔点和口腔的温度非常接近，这对风味物质的释放非常重要。关于挥发性物质和非甘油三酯的脂类之间的相互作用的报道甚少。磷脂和胆固醇可结合少量的酮类物质（表4-6）。

五、无机盐、果酸、嘌呤生物碱类、酚类化合物和乙醇之间的相互作用

无机盐的一种重要现象是盐析作用。添加无机盐可增加风味化合物在气相中的浓度，这种作用对醇类物质尤其显著，其次是醛类，再次是酯类物质。例如，在水溶液中分别按比例加入硫酸钠、硫酸铵或氯化钠，这会影响一些挥发性物质向气相的挥发，或者向水不混溶溶剂的扩散。在上述提及的盐类中，只有氯化钠和食品有关系。在水相系统中加入5%～15%的食盐会导致乙酸乙酯、乙酸异戊酯和薄荷酮的顶空浓度最多增加25%。然而，这么高的食盐浓度远远超出正常食品的添加范围。在正常食盐用量范围的食品，食盐几乎对挥发性物质的蒸气压没有影响。然而，唾液中食盐的含量对蒸气压的影响却是不可忽略的。干燥的食盐可以吸附结合丙酮、乙醇和乙酸乙酯，在真空下这种吸附是可逆的。

在含有柠檬酸的水相系统，丙酮的顶空浓度明显减少。然而，在水相系统中二乙酰的蒸气压是很难被苹果酸影响的。如果体系中含有两种羧酸（例如，0.7%的柠檬酸加0.1%苹果酸），苎烯的阈值会加倍。高水果酸含量的食物中，香味物质的释放会受到抑制（虽然唾液对食物的稀释又会起到相反的影响）。含有嘌呤生物碱（如咖啡因或者可可碱）或者多酚类化合物（绿原酸或者柚皮苷）的水相系统可降低某些挥发性风味物质（如苯甲醛、乙酸苄酯、苯甲酸乙酯、糠醛、各种吡嗪和萜烯）的顶空浓度，同时挥发性物质在水中的溶解度增

加。乙醇（和其他醇一样）能和乙醛形成缩醛（图 4-20）。缩醛的形成是可逆的，在酸性条件下，乙醇和乙醛又会被释放出来。在含有乙醇的食品中，当 pH 为 7 时，部分的乙醛是以缩醛的形式结合的。

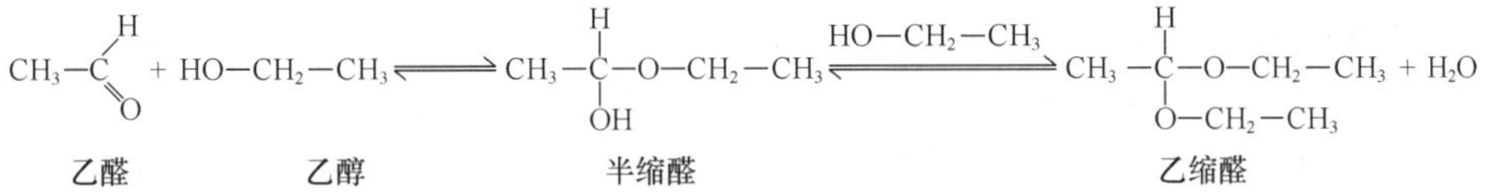

$$\underset{\text{乙醛}}{CH_3-\overset{H}{\underset{O}{C}}} + \underset{\text{乙醇}}{HO-CH_2-CH_3} \rightleftharpoons \underset{\text{半缩醛}}{CH_3-\overset{H}{\underset{OH}{C}}-O-CH_2-CH_3} \xrightleftharpoons{HO-CH_2-CH_3} \underset{\text{乙缩醛}}{CH_3-\overset{H}{\underset{O-CH_2-CH_3}{C}}-O-CH_2-CH_3} + H_2O$$

图 4-20 由乙醇与乙醛形成半缩醛和乙缩醛

第五节 典型食品的风味形成

一、咖啡

（一）品种、产地、脱皮方式及贮运条件对咖啡风味的影响

咖啡豆是咖啡属植物的种子，咖啡属植物的果实大小类似樱桃，咖啡豆即为其中的核果。咖啡风味受到很多因素影响，如咖啡品种、产地、脱皮方式及贮运条件等。目前，咖啡品种主要有阿拉比卡咖啡、罗伯斯塔咖啡和利比里亚咖啡。阿拉比卡咖啡具有咖啡因含量低和香味浓等特点，罗伯斯塔咖啡具有类似炒过的麦子的香味，利比里亚咖啡具有苦味重的特点。阿拉比卡咖啡可以单独饮用，罗伯斯塔咖啡通常需要与阿拉比卡咖啡搭配。一般认为高海拔地区产出的咖啡品质较好。

生咖啡豆的脱皮方式与贮运也会影响咖啡风味。干法脱皮的咖啡豆品质较差，由于干法脱皮的咖啡豆通常混有未成熟的青色咖啡豆，烘焙后会产生令人作呕的臭味和腐败味。湿法脱皮的咖啡豆劣质豆较少，但是湿法脱皮容易造成咖啡豆发酵，使得咖啡豆有发酵味。

生咖啡豆的贮运也会影响咖啡的风味。尽管生咖啡豆比焙炒咖啡易于保存，但保存时间也不能过长：保存时间和方法会影响脂类的氧化过程，从而影响咖啡的品质。

（二）焙炒过程咖啡风味的形成

生咖啡豆没有焙炒咖啡的颜色和特征香气，将咖啡豆烘炒加工后再磨碎成咖啡粉，即可烹制香浓可口的咖啡。焙炒方式对咖啡的品质影响很大，焙炒过程中热空气的湿度、焙炒温度和空气/咖啡豆的比例是焙炒过程重点考察的因素。与慢速焙炒咖啡相比，快速焙炒的咖啡可溶性固形物含量更高、绿原酸含量更高、挥发性物质含量更高，但是烧焦味更淡。快速烘焙时，咖啡豆体积膨胀更大、产生二氧化碳更多，油脂更容易从咖啡豆内部迁移到咖啡豆的表面。咖啡油占焙烘咖啡豆的 10%，含有大部分的咖啡香气。香气是由复杂的挥发性化合物组成的混合物，而非挥发物决定着酸味、苦涩味。目前为止，咖啡焙炒过程中发生的化学反应还没有完全弄清楚，所以咖啡豆中发生的化学反应非常难于在实验室条件下模拟或复制。烘焙过程可大致分为 3 个阶段。

（1）干燥阶段　在此阶段，咖啡豆大量吸热，水分被蒸发除去。咖啡豆的风味从青草味变为烤面包味，颜色变黄色。

（2）焙烤阶段　在此期间发生一系列复杂的热解反应，咖啡豆的化学组成发生很大变化，同时释放大量的二氧化碳以及形成各种具有咖啡特征香气的化合物。咖啡豆的颜色变为深褐色。最初，该过程是放热反应，热分解反应在 190~210℃达到峰值，这时反应转变为吸热反应并伴随着挥发性化合物的释放，温度超过 210℃时整体反应又再次变为放热反应。

（3）冷却阶段　使用空气或水作为冷却剂终止焙烤阶段的放热。

焙炒过程中，咖啡风味物质发生巨大变化。图 4-21 阐述了生咖啡豆中风味前体物质形成挥发性化合物的反应过程。生咖啡豆中的主要寡糖——蔗糖裂解成还原葡萄糖和果糖。在美拉德反应中，中间产物葡基胺化合物进行 Amadori 或 Heyns 重排后，这些还原葡萄糖和果糖相应地与游离氨基酸、蛋白质游离氨基反应生成氨基酮类化合物和/或氨基醛类化合物。Amadori 和 Heyns 产物进一步发生复杂反应生成大量香气挥发性化合物和褐色化合物。随着焙炒过程的继续，发生了其他反应，如碳水化合物、含氮化合物、绿原酸和其他有机酸、小量脂类相互降解和热解反应，这导致进一步反应产生水、二氧化碳和其他挥发性化合物。

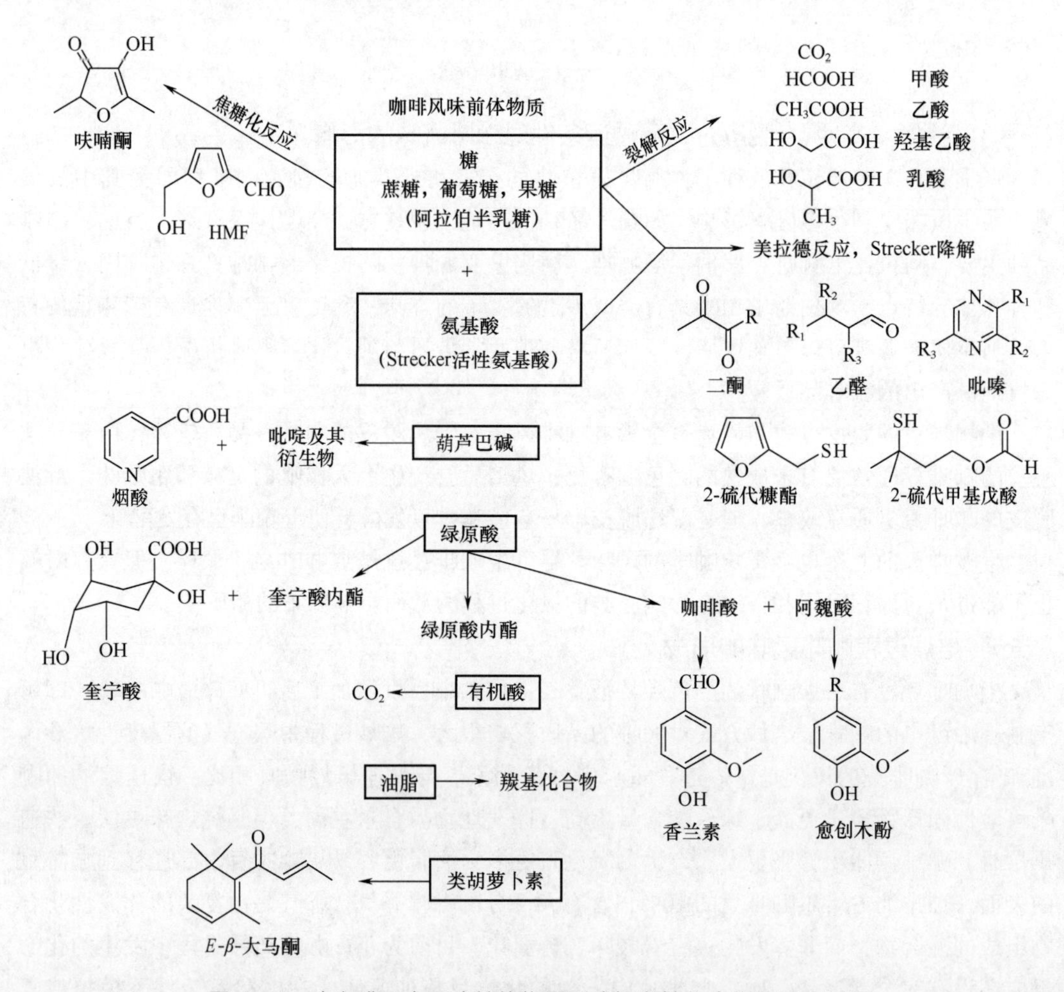

图 4-21　生咖啡豆中风味前体物质形成挥发性化合物的反应过程

咖啡香气形成的机制极其复杂，各反应途径之间有复杂的相互作用。主要反应包括：①美拉德反应（非酶褐变）。一方面是含氮化合物（蛋白质、肽、氨基酸、羟色胺和葫芦巴碱）和还原糖之间的反应，另一方面是羟基酸和酚类化合物的反应，通过缩合形成氨基醛糖和氨基酮。②Strecker 降解。氨基酸和 α-二羰基形成氨基酮，氨基酮缩合形成含氮杂环化合物或与甲醛反应形成噁唑。③含硫氨基酸的分解。与还原糖或美拉德反应的中间体反应后，胱氨酸、半胱氨酸和甲硫氨酸被变换成硫醇、噻吩和噻唑。④羟基氨基酸的分解。即丝氨酸和苏氨酸分解，它们能够与蔗糖反应，主要形成烷基吡嗪类化合物。⑤脯氨酸和羟脯氨酸的分解。与美拉德反应中间体发生反应，前者生成吡啶、吡咯和吡咯赖氨酸，而后者形成烷基、酰基和糠基吡咯。⑥葫芦巴碱的降解。形成烷基吡啶和吡咯。⑦奎尼酸基团的降解。形成酚。⑧色素的降解。大多是类胡萝卜素。⑨脂质的次级降解。主要是二萜类化合物。⑩分解产物中间体之间的相互作用。

烘焙研磨咖啡的香气挥发物主要类别如下：

（1）硫化合物　硫醇、硫化氢、噻吩类化合物（酯类、醛类、酮类）、噻唑（烷基和缩醛衍生物）。

（2）吡嗪类化合物　吡嗪、巯基呋喃衍生物、烷基衍生物（主要是甲基和二甲基）。

（3）吡啶类化合物　甲基、乙基、乙酰基和乙烯基衍生物。

（4）吡咯类化合物　烷基、酰基和糠基衍生物。

（5）噁唑。

（6）呋喃　醛、酮、酯、醇、酸、硫醇、硫化物与吡嗪、吡咯的结合物。

（7）醛和酮　脂肪族和芳香族的醛和酮。

（8）酚类。

二、葡萄酒

葡萄酒香气是评价葡萄酒质量的一个重要部分，复杂的香气成分在不同葡萄酒中的存在与否、含量、比例以及平衡关系等差异构成了不同特色和风格的葡萄酒。香气在葡萄生长成熟和葡萄酒发酵酿造过程中的变化非常复杂，变化规律直至现在人们还没有完全掌握。根据香气物质的来源，可将葡萄酒的香气分为 3 大类香气：①源于葡萄浆果的品种香气，这些香气对葡萄酒的品种和产地风格起决定性的作用；②源于发酵的香气；③源于陈酿的香气。后 2 种香气对品种香气起补充和修饰作用。

葡萄果实中的品种香气是由葡萄浆果中的芬芳物质及其浓度决定的。由于品种香气来源于浆果，所以葡萄的品种和质量与气候、土壤、栽培技术等自然因素是决定该类香气质量的关键因素。只有当这些自然因素与葡萄品种的适应性和生产目标相一致时，才能表现出该品种的最佳香气。葡萄酒的品种香气主要有萜烯类、降异戊二烯及其衍生物类、甲氧基吡嗪类、硫醇类化合物等。另外，某些葡萄品种具有特定的香气成分，比如邻氨基苯甲酸甲酯被认为是美洲葡萄和圆叶葡萄“狐臭味（Foxy）”的特征物质。也有报道称甲氧基吡嗪和硫醇化合物是赤霞珠酒和缩味浓酒的主要香气物质，甲氧基吡嗪是引起赤霞珠葡萄酒青草味等植物性香味的重要原因。

葡萄酒发酵酿造过程中，酵母菌将糖分代谢分解产生酒精和二氧化碳的同时，还产生许多挥发性的香气副产物，这些物质构成了葡萄酒发酵过程的酒香。葡萄酒发酵过程主要产生高级醇、酯和酸、羰基化合物、酚等挥发性物质，是葡萄酒最主要的香气组分。对于不同的葡萄酒，这些物质的含量和比例各有不同，从而造成不同类型的葡萄酒的酒香。葡萄的含糖量、酵母菌种类和发酵条件影响着发酵香气的组成。高级醇是酵母酒精发酵过程中氨基酸或糖代谢的产物；呈现果香味的酯类物质是在酒精发酵阶段形成的，酰基辅酶 A 与乙醇在酯酶催化作用下合成脂肪酸乙酯，而乙酰辅酶 A 和高级醇合成乙酸酯，其合成速度远大于水解速度。葡萄酒发酵形成的酸主要是高级脂肪酸裂解或醇、醛氧化的产物。另外，葡萄酒发酵阶段，无味的结合态萜烯类香气前体物质经酶解或酸解为有味的游离态的芳香组分，释放出品种特有的香气；“长相思”葡萄中无味的、以半胱氨酸前体存在的硫醇，被酵母半胱胺酸裂解酶水解为具有浓郁黄杨木和金雀花香味的挥发性硫醇。由于阈值较低，羰基化合物和酚类化合物对葡萄酒香气有重要影响。葡萄酒中羰基化合物主要指酮类和醛类，大多数羰基化合物都是由微生物发酵生成的。原料中的单体酚在发酵过程易发生缩合反应生成高分子酚类物质。

葡萄酒陈酿阶段产生的香气物质又称木桶香、陈酿香或醇香。在还原条件下陈酿形成的香气称为还原醇香，主要指在贮藏罐、木桶和酒瓶中形成的香气。在氧化陈酿条件下形成的香气称为氧化醇香。影响陈酿香的因素有：葡萄原料，发酵工艺及条件和陈酿条件。果香越浓的葡萄酒，其陈酿香气也越浓。因为葡萄酒成熟过程原料的品种香气会向陈酿香气转化。部分发酵香也是葡萄酒陈化过程的“过客”，在陈酿过程由于它们的挥发性很强会迅速挥发消失。橡木桶陈酿的葡萄酒，橡木内酯（橡木生长和烘烤过程中产生）、挥发性酚和酚醛（橡木木质素裂解产物）和呋喃类化合物（纤维素和半纤维素在橡木焙烤过程的美拉德反应产物）在陈酿过程首先被萃取到酒中，葡萄酒陈酿期间再经历微生物和生物化学的转化。另外葡萄酒陈酿阶段，由发酵产生的酯在葡萄酒酸性环境下不断水解；在酸性条件，结合态的萜烯类化合物水解释放并且发生分子间互相转化。还有部分羰基化合物是在葡萄酒的贮藏过程中通过美拉德反应和醇类的氧化反应生成。因此，陈酿香气物质应该包括陈酿过程中新产生所有香气物质和发生变化的香气物质。

三、热加工肉类

熟肉制品的特征风味是在加热过程的热诱导中发生的，主要发生的反应是美拉德反应和脂质的降解。这两种类型的反应涉及复杂的反应途径，生成各种各样的产物，占熟肉制品挥发性化合物的大部分。杂环化合物，特别是那些含硫的杂环化合物，是肉类美拉德反应产生的重要香味化合物，提供可口、烤和煮的肉香味。脂质降解产生脂肪的香味，不同种类的熟肉的香气之间有一定的差异。美拉德反应过程形成的化合物也可以与肉的其他组分发生反应，增加香气的复杂性。例如，脂质过氧化过程中形成的醛和其他羰基已被证明容易与美拉德中间体反应。这种相互作用会产生其他香气成分，使肉类的整体风味特征发生改变。尤其是这样相互作用可控制硫化合物和其他的美拉德衍生挥发物的形成，使熟肉特征风味处于最佳水平。

与大多数食品的前体物质一样，熟肉的风味前体也分为水溶性和脂溶性。在加热时，脂肪酸组织通过反应形成具有品种特性的香气化合物，而瘦肉组织则包含了所有种类的熟肉特有的肉香风味的前体。水溶性的香味前体物质是游离糖、糖磷酸盐、核苷酸结合的糖、游离氨基酸、肽、核苷酸和其他的含氮组分，如硫胺素。在加热过程中碳水化合物和氨基酸减少，最明显的是半胱氨酸和核糖大量损失。在肌肉中，核糖是与核糖核苷酸，特别是三磷酸腺苷相连接的主要糖类之一。核苷酸是保持肌肉功能必不可少的，屠宰后，它被转化为肌苷酸。对氨基酸和糖的混合物加热产生的香气的研究表明，半胱氨酸和核糖对肉中风味物质的形成发挥了重要作用。

在熟肉制品中已发现数百个由脂质降解产生的挥发性化合物，包括脂肪族的烃类、醛类、酮类、醇类、羧酸和酯类。这些化合物的产生是脂质的脂肪酸成分发生氧化的结果。在长期储存过程中，这样的反应可能会导致腐臭味，但是在熟肉制品中反应很快发生，并生成不同组成的香气混合物，有助于获得所期望的风味。不饱和脂肪酸比那些饱和脂肪酸更容易发生自氧化。脂肪自氧化本质上是自由基反应，其反应机制已被广泛研究。磷脂含有比甘油三酯比例高得多的不饱和脂肪酸，因此，在烹饪过程中磷脂是挥发性物质的重要来源。

不同种类的肉的风味特征一般认为是由脂质决定。醛是主要的脂质降解产物，可能影响着某些物种肉类的风味特性。与牛肉或羊肉相比，猪肉和鸡肉的甘油三酯中含较高比例的不饱和脂肪酸，在肉类中可形成更多的不饱和挥发性醛类化合物，这些化合物可能是决定这些物种特有香味的重要物质。绵羊肉含有甲基支链饱和脂肪酸（如4-甲基和4-甲基壬酸），它们是由瘤胃代谢过程产生的含大量甲基支链的脂肪酸的脂质的氧化反应生成的，其他肉类尚未见报道有这种脂肪酸，这种脂肪酸决定羊肉的风味特征。

氨基酸和还原糖之间发生美拉德反应，是熟食品风味化合物形成的重要途径。含硫化合物，来自核糖和半胱氨酸，是特别重要的肉类特征香气。肉类中核苷酸的主要来源是核糖次黄嘌呤和一些核糖核苷酸。熟肉制品挥发物质另一个显著的特点是含硫化合物多具有非常低的气味阈值。水煮的和烤的牛肉比较表明，水煮肉有更多的脂肪族硫醇、硫化物和二硫化物。此外，肉类的烘烤风味还与杂环化合物，如吡嗪类化合物、噻唑类和噁唑的存在有关。

脂质自氧化产生的饱和的和不饱和的醛，是熟肉制品挥发物的主要贡献者。无论在最初的反应阶段还是在香气化合物形成的后期阶段，羰基化合物与氨基和硫醇基团之间的反应都是美拉德反应的重要步骤。因此，衍生脂质醛可能参与肉类烹饪过程中的美拉德反应。

脂肪族醛为这些化合物提供长的*N*-烷基。热处理食品噻唑的形成路线如图4-22所示，反应包括醛、羟基酮、氨和硫化氢的参与。这样的假设是合理的，脂质过氧化生成的醛类能参与这些反应，得到长链2-烷基噻唑类，生成烷基噻唑需要$C_{14}\sim C_{16}$的醛类，这些醛最可能的来源是含有长链的烷基烯醚取代基的缩醛磷脂，这些长链的烷基烯醚取代基水解生成脂肪醛。这解释了为什么在加热过的含较高浓度缩醛磷脂的牛心脏肌肉中发现更多的这些烷基噻唑。

与肉类香气特征相关的烷基取代杂环化合物只有若干种，研究表明它们可能有助于形成脂肪的、油炸的肉香味。烷基-3-噻唑啉和烷基噻唑存在于牛肉中，它们不具有低的阈值，因而，可能对肉类香气的影响并不十分重要。然而，这些化合物的形成会与美拉德反应相关的风味生成反应竞争中间体，并因此影响期望香气化合物的生成。

磷脂是细胞结构必要的成分，含有比甘油三脂肪酸酯高得多的不饱和脂肪酸，包括大量的多不饱和脂肪酸，如花生四烯酸（20∶4）。这使得它们在加热过程更容易氧化产生异味，重复加热的熟肉尤其会产生这种异味。但是，在肉类初始烹调过程中它们可能还提供有助于形成理想香味的脂质氧化产物。

在烹调前用已烷除去肌肉中的甘油三酯，蒸煮后产生的香气在感官三角形测试中与处理

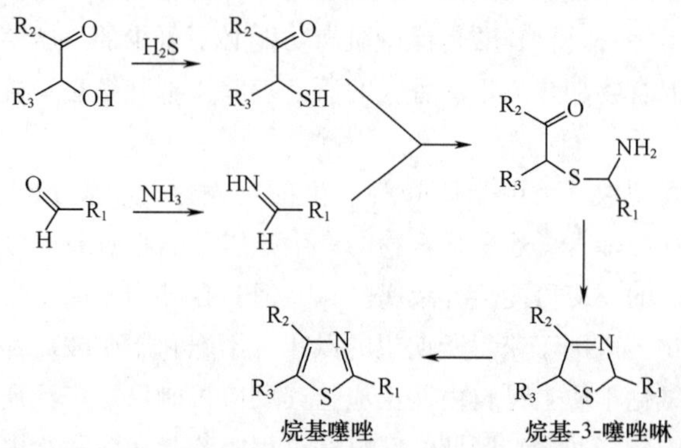

图 4-22 羟基酮醛与氨和硫化氢的美拉德反应生成噻唑啉和噻唑的路线

前相比无区别，都具有肉香味。然而，当用极性更强的溶剂（氯仿-甲醇）将全部的脂质、磷脂、甘油三酯萃取除去，蒸煮后香气将发生非常显著的差异，肉香味将被焙烤、类似饼干的香气代替。对这些香气挥发物的定性研究表明，空白样与用己烷处理的肉制品的香气有着相似的组成，主要由脂族醛和醇组成。但是，去除磷脂以及甘油三酯的肉制品的香气的组成却明显不同，缺少脂质过氧化的产品，会产生大量的烷基吡嗪类化合物。这意味着，在正常的肉中，磷脂或其降解产物可抑制涉及由美拉德反应形成杂环香气化合物反应。

第五章

CHAPTER 5

天然风味物质

天然风味物质来源于大自然，提取分离过程复杂，成本高，产量受天气和季节的影响比较大。但是从卫生、安全的角度考虑，消费者仍然钟爱天然风味物质，所以开发天然风味物质仍是研究的主要方向。天然风味物质主要来源于植物、动物和发酵过程，提取的天然风味物质可以作为调料、香精添加于食品中。本章主要从植物源、动物源及发酵过程介绍各种天然风味物质。

第一节 植物源天然风味物质

来自于植物的天然风味物质种类繁多，有些风味物质具有挥发性，而有些物质不具有挥发性。植物来源主要包括水果、蔬菜、草本三大类。

一、 水果

水果中含有 100 多种不同的挥发性风味物质。这些物质仅占水果鲜重的 0.001%~0.01%，而这极少量的风味物质却能赋予水果风味的多样性。这种多样性的产生一方面是由于不同种类的水果具有其独特的香气，另一方面是由于同类水果的个别品种具有不同的风味物质。

（一）苹果

从苹果中已经鉴定出 350 多种挥发性化合物，主要挥发组分是酯类（占总挥发物的 78%~92%）、醇类（占总挥发物的 6%~16%）、醛类、酮类和醚类，它们在不同的品系中含量不同。成熟的苹果香气主要来自酯类化合物以及某些醇类物质，未成熟的苹果无香气，其果实的挥发性物质以己醛、2-己烯醛等为主。在富士苹果中，乙酸酯浓度在成熟期不断增加，2-甲基丁基乙酸酯是主要的挥发性酯成分，其他香气成分为丁酸乙酯、1-丁醇、乙酸-3-甲基丁酯、乙酸乙酯和 2-甲基丁酸乙酯。2-甲基丁基乙酸酯和乙酸乙酯最有助于富士苹果的特征性香气。乙酸丁酯、乙酸-3-甲基丁酯、乙酸丙酯、乙酸乙酯、1-丙醇、1-丁醇、2-甲基丁醇和 2-甲基丁酸乙酯为新红星苹果果实的主要香气成分。在红蛇果中，丁酸乙酯、乙基-2-甲基丁酸甲酯、2-甲基丁酸丙酯和乙酸乙酯有助于形成它的特殊香气。在嘎啦苹果中，2-甲基丁基乙酸酯和乙酸乙酯有助于该品系产生良好的风味。一项关于嘎啦苹果香气的研究表明：乙酸丁酯、乙酸己酯、2-甲基丁基乙酸酯、甲基丁酸己酯有助于产生苹果香；甲基-2-甲基丁酸甲酯、2-甲基丁基乙酸酯、丙基-2-甲基丁酸甲酯有助于甜味和浆果气味的形成。乙基丁酸、2-甲基丁基乙酸酯是完整的艾尔斯塔苹果中气味活跃的化合物。乙酸乙酯、乙醛、2-甲基-1-丁醇是考克斯橙色苹果的气味活跃的化合物。丁酸乙酯、乙酸丁酯、乙酸乙酯和2-甲基丁酸乙酯为玉林苹果果实的主要风味物质。

（二）梨

梨分为欧洲梨和亚洲梨。欧洲梨被认为是梨的一个品系，而亚洲品种源自沙梨。梨中含有300多种挥发性化合物，梨香气的主要成分是酯类与烯烃类，包括烃类、醛类、醇类、酯类、酮类和硫类的化合物。酯类在梨香中发挥着重要的作用，特别是乙酸己酯是众多梨香气的共有成分，而且含量都很高。其他挥发性酯类，如乙酸己酯、2-甲基丙基酯、乙酸丁酯、丁酸丁酯、乙酸戊酯、己酸乙酯具有强烈的梨香味。辛酸乙酯、乙基-（*E*）-2-辛烯酸酯有助于梨中的花香味，甜味或水果气味。梨的果肉里含有高浓度的2，4-癸二烯。在法国梨的成熟期，乙酸酯浓度不断增加。

（三）桃和油桃

桃子和油桃大约含有100种挥发性化合物，包括醇类、醛类、烷类、酯类、酮、内酯、萜烯。据报道，这些化合物是桃子和油桃的特征化合物，赋予果子强烈的桃香气味。其中的内酯，尤其是γ-癸内酯和δ-癸内酯含量很高。γ-癸内酯使桃果实具有桃特有的芳香味，苯甲醛使桃保持良好的风味品质。内酯与C_6醛类、酯族醇和烯类使果实具有辣味、花香味和水果味。C_6化合物是未成熟的桃子的主要挥发物质，这些化合物的含量在成熟期急剧下降，内酯、醛类、萜烯和酯类成为主要物质。桃风味物质成分受果实品种、生长时期、采前处理等多种因素的影响。

（四）杏子

杏子中大约含有80种挥发性化合物，包括醇类、醛类、烷类、酯类、酮、内酯和萜烯。γ-癸内酯、芳樟醇、橙花醇、香叶醇、α-萜和2-甲基丁酸是杏子气味的主要成分。有研究表明，芳樟醇和β-紫罗酮使杏子具有花香的特点。而γ-辛内酯、γ-癸内酯和δ-十二内酯提供水果味、桃子味和椰子味。丁酸乙酯、2-甲基丁基乙酸酯、丁酸丁酯、乙酸乙酯、丁基-2-甲基丁酸甲酯、己基-2-甲基丁酸甲酯使杏子具有新鲜水果味。有研究者结合感官和仪器的数据证明，乙酸乙酯、γ-辛内酯、γ-癸内酯是杏子的关键风味物质。杏子中γ-辛内酯主要以R形式存在，它具有辛辣味、椰子味和杏仁气味。γ-癸内酯有一种强烈的，很甜的水果味，有些让人想起椰子和焦糖。有报道指出，杏子含有高浓度的C_6挥发物使之具有草本的气味，而杏子中不规则的萜烯，如β-紫罗酮，使之有花的芳香。

（五）李子（梅子）

用李子榨出的果汁中含有大约75种挥发性化合物。含有$C_6 \sim C_{12}$的内酯是李子类化合物的主要风味成分。在李子中内酯的分布是不同的，γ-十二内酯的浓度比相应的γ-癸内酯和δ-癸内酯的浓度要高。气相色谱嗅探发现苯甲醛、芳樟醇、壬酸甲酯、肉桂酸甲酯、γ-癸内酯和δ-癸内酯是主要的挥发性化合物。

（六）樱桃

樱桃分为甜樱桃和酸樱桃，大多数甜樱桃的挥发性化合物是醇类、醛类、酯类和乙酸。

甜樱桃含有许多挥发性化合物，其中一些化合物如苯甲醛，(*E*) -2-己烯醛和己醛使甜樱桃具有水果风味和芳香以及果汁和果酱味。酸樱桃的典型风味是由于在生产的过程中添加了白酒、果汁、果酱或水果酱而产生的，苯甲醛是酸樱桃香气的最重要的化合物，其次是苯甲醇、丁香油酚和香兰素。苯甲醛、苯甲醇、丁香油酚和香兰素的浓度受生长和贮藏条件影响。在水果生长和成熟时期以及贮藏过程中，挥发性化合物会发生数量和质量的变化。采收成熟度对樱桃香气成分影响较大，随着成熟度的增加，酸类和醇类含量上升而烃类含量下降。在樱桃大红时采摘，有较好的风味。

(七) 草莓

草莓果含有超过 360 种不同的挥发性化合物。草莓的香味成分以酯类为主，在成熟的草莓果中酯的含量占总挥发物的 25%~90%，酮类、呋喃、萜类和硫化物对草莓不同品种的特征香味也起重要作用。香味挥发物的产生受种类、品种、栽培条件、成熟度和采后因素的影响。在草莓中，最重要的香气化合物包括丁酸乙酯、丁酸甲酯、己酸乙酯、乙酯、乙基-3-丁酸甲酯以及产生焦糖甜味的呋喃酮和芳樟醇。这些关键风味化合物的浓度取决于水果的成熟度以及在收获时光的强度。有研究表明，在草莓香气的形成过程中，呋喃酮、芳樟醇、己酸乙酯是重要的，对于特定品种的香气，丁酸乙酯、丁酸甲酯、γ-癸内酯和 2-庚酮是重要的。有人将草莓分成 3 类：甲基邻氨基苯甲酸盐类型，如木草莓，其包含甲基邻氨基苯甲酸盐；酯类型，果肉含量很高，水果酯香气浓郁；呋喃酮类型，含有大量的呋喃酮，但是缺乏草莓味介质。

(八) 树莓

树莓中含有大约 230 种挥发性化合物，树莓的香气组成是混合物，由酮和醛类 (27%)、萜类 (30%)、醇类 (23%)、酯类 (13%) 和呋喃酮 (5%) 组成。据报道，树莓含有一种香味贡献化合物，是一种决定树莓风味的单一化合物，化学名称为 4-对羟基苯基-2-丁酮，一般称为树莓酮。其含量与树莓风味感官评价成正相关。树莓酮以及 α-紫罗酮和 β-紫罗酮是树莓香气的主要影响物质。其他化合物，如苯甲醇、(*Z*) -3-己烯、醋酸、芳樟醇、香叶醇、α-松萜、β-松帖、α-水芹烯、β-水芹烯和 β-石竹烯有助于成熟的树莓整体香气的形成。

(九) 蓝莓

与树莓相比，从蓝莓分离出的挥发物较少，所以蓝莓果的香味比较淡。蓝莓中含量最多的挥发物有乙醇、1-乙基-1-乙醇、苯酚、乙酸甲酯、3-甲基丁酸、2-甲基丙酯、苄基乙醇、4-乙烯基苯酚、沉香醇。栽培和野生蓝莓的香味是由长链醇类、酯类和萜类化合物组成。不同品系的蓝莓，其挥发物的种类和浓度不同。在低丛蓝莓中，酯占挥发物总量的 10%~50%，醇占 25%~40%，萜类占 2%~15%。比较从 3 种高丛蓝莓品种得到的完整果和匀浆挥发物的结果表明：己醇、己烯醇、己烷和己烯在果实匀浆中占 11%~16%。

(十) 黑莓

黑莓中含有大约 150 种挥发物。黑莓的香气是复杂的，因为没有一种单独的挥发性物质是黑莓的特征性香味物质。对黑莓进行食品香味提取物稀释分析发现，己酸乙酯、乙基-2-甲基丁酸甲酯、2-甲基丙酸乙酯、2-庚酮、2-十一烷酮、2-庚醇、2-甲基丁醛、3-甲基丁醛、己醛、2-己烯醛、呋喃酮、噻吩、二甲基硫醚、二甲基二硫醚、二甲基三硫化合物、2-甲基噻吩、甲硫基丙醛、α-松帖、柠檬烯、芳樟醇、桧烷、α-紫罗酮和 β-紫罗酮是黑莓主要的挥发物。检测到黑莓酒中含有醇、醛、酯、酸等34种香气成分，其中乙酸异戊酯、乙酸乙酯、芳樟醇、2-庚醇、乙醛、异戊醇和柠檬醛等物质是黑莓酒的主要香气成分，使黑莓酒呈现特有的果香、花香、酒香、酯香和愉悦的发酵香，构成黑莓酒特有的香气。

（十一）葡萄

从葡萄中发现并鉴定了70余种萜烯类化合物，主要以萜醇、醚、醛和酸的单体、聚合体及糖苷结合态存在于葡萄中。葡萄与葡萄酒中最常见的风味物质为具有麝香香气的里那醇、香叶醇、橙花醇、香茅醇和α-萜品醇，其中香叶醇和里那醇香味最浓。葡萄的香味是由挥发性醇类、酯类、酸类、萜烯和羰基化合物组成。葡萄品种可分为芳香型和非芳香型两类。大多数生产葡萄酒的品种属于非芳香型，破碎表皮后主要产生C_6醇类和醛类，如己醛、（*E*）-2-己烯醛、1-己醇、（*Z*）-3-己烯-1-醇、（*E*）-2-己烯-1-醇和2-苯基乙醇。芳樟醇和香叶醇一直被认为是红葡萄和白麝香葡萄的主要香气成分。

（十二）猕猴桃

在新鲜的和加工过的猕猴桃中已发现80多种化合物，其中乙酸甲酯、丁酸甲酯、丁酸乙酯、己酸乙酯、（*E*）-2-己烯醛对猕猴桃风味有最突出的影响。猕猴桃在硬果期至食用期，香气成分的转变表现为高级饱和脂肪酸、C_5～C_7醛、醇及烯类等减少，而高级不饱和酯类、环酮类等增加；在食用期至过熟期，高级饱和脂肪酸已降解为其他物质，其中重要的特征香气成分，如金合欢醇、香草醛等消失，而醇类化合物等明显增加。猕猴桃的挥发性成分对成熟度和贮藏期非常敏感。有研究发现，（*E*）-2-己烯醛在成熟的猕猴桃果实中是主要的香气化合物，但更进一步成熟时期丁酸乙酯开始占据主导地位。

二、蔬菜

在蔬菜中发现的芳香化合物种类多样，包括脂肪酸衍生物、萜烯、硫化合物以及生物碱，这些化合物的多样性在一定程度上导致了不同蔬菜具有不同的味道。

（一）洋葱和大葱

在洋葱中已发现了超过140种挥发性化合物。细胞破裂时产生的洋葱的特征性气味物质是由蒜氨酸酶作用于香气前体和半胱氨酸所产生的大量挥发性硫复合物，这些复合物是生洋葱气味的主要成分。然而，洋葱的挥发物成分是相当复杂的，特别是由于细胞壁的破坏，挥发性物质在贮藏时发生了显著的变化。生洋葱中最重要的气味化合物是丙硫醛，这种物质具有催泪的作用。

（二）大蒜

大蒜中已发现超过30种挥发物。大蒜组织受到破碎和酶作用时，它们才有强烈的特征香味，这说明风味前体可以转化为香味挥发物。前体物质*S*-（2-丙烯基）-L半胱氨酸亚砜，二烯丙基硫代亚磺酸盐（蒜素）使鲜大蒜呈现特有风味。

（三）韭菜

韭菜中含有超过90种挥发性化合物，包括大量含硫挥发性化合物。新鲜采割的韭菜的气味源于二烷基二硫代亚磺酸酯，它是蒜氨酸酶作用于*S*-烷（烯）基半胱氨酸亚砜形成的产物。硫代亚磺酸酯容易变成硫代磺酸盐，然后变成各种一硫化物、二硫化物和三硫化物。1-丙硫醇、二丙基二硫醚、二丙基三硫化物、甲基-（*E*）-丙烯基二硫醚、丙基（*E*）-丙烯基二硫醚是最重要的含硫芳香化合物，是新鲜的韭菜中重要的香味物质。

韭菜的香气成分主要集中于韭菜精油中。因此，精油含量的测定可以作为韭菜香气成分的量化指标之一。在已分析出的20种韭菜精油成分中，有18种含硫化合物，且大部分为二硫化合物和三硫化合物。这些含多硫化合物是形成韭菜特殊香气的关键成分。大部分含多硫化合物可能是在韭菜受热的过程中由羟基化合物氧化而成的，也许这就是生熟韭菜的香气差异的原因之一。

（四）西蓝花

在生或熟的西蓝花中已发现了超过40种挥发性化合物。在西蓝花中发现的最重要的香气化合物是异硫氰酸酯、脂肪族、醇类和芳香族化合物。西蓝花产生的强烈气味主要是伴随着挥发硫化合物，如甲硫醇、硫化氢、二甲基二硫化物和三甲基二硫化物。其他作为重要的香气和气味来源的挥发性化合物包括二甲基硫醚、已醛、壬醛、乙醇、硫氰酸甲酯、异硫氰酸丁酯、2-甲基丁基异硫氰酸酯、3-异丙基-2-甲氧基吡嗪。

（五）抱子甘蓝

抱子甘蓝的风味物质主要是从硫代葡萄糖苷分解而来，残留挥发物主要是硫化合物。与球芽甘蓝的香气相关的化合物可能是2-丙烯基异硫氰酸酯、二甲基硫醚、二甲基二硫醚和二甲基三硫化物。

（六）甘蓝

甘蓝（芸薹属甘蓝科）可作为凉拌甘蓝或制成发酵产品，也可脱水处理后再烹调。在生、熟、脱水材料中，已发现了约160种挥发性化合物，包括脂肪族醇类、醛类和酯类以及其他含硫化合物。二丙烯基异硫氰酸盐是新鲜的甘蓝的特征风味物质。在生甘蓝中发现的其他主要风味化合物包括甲硫醇、甲酯、乙醇、乙酸甲酯、乙酸乙酯、已醛、（*E*）-2-已烯醛。

（七）菜花

在生和熟的菜花中已经发现了超过80种挥发性化合物。在煮熟的菜花中仍然有活跃的含硫芳香化合物，在煮得过久的菜花中显示含有某些硫化物，如二甲基硫化物和二甲基三硫化物。另外，醛被发现是菜花中最丰富的挥发物，壬醛为其中一个主要成分。最近的一项研究表明，挥发性物质，如2-丙烯基异硫氰酸酯、二甲基三硫化物和甲硫醇是菜花煮熟“硫”气味的关键成分，而芥子油苷与苦涩味直接相关。

（八）黄瓜

在黄瓜中可以检测到大约30种挥发性芳香成分，其中最丰富的是脂肪族醇和羰基化合物。黄瓜被切后，组织破碎，亚油酸和亚麻酸被酶降解，由此即形成了新鲜黄瓜风味。新鲜黄瓜的风味主要是由（*E*，*Z*）-2，6-壬二烯醛、（*E*）-2-壬烯醛形成的。一般认为，（*E*，*Z*）-2，6-壬二烯醛是黄瓜的特征香气物质，对黄瓜风味有重要的影响；（*E*）-2-壬烯醛是黄瓜香气第二重要的组分，它使黄瓜具有像苹果样的新鲜气味。

（九）南瓜

在生南瓜的挥发性提取物中已经鉴定出了大约30种化合物，主要是脂族醇、羰基化合物、呋喃衍生物及含硫化合物。已醛、（*E*）-2-已烯醛、（*Z*）-3-已烯-1-醇和2，3-丁二酮是新鲜熟南瓜中最重要的风味物质。

（十）马铃薯

马铃薯块茎可以煮、烤或者炸，并且在经复水或加热干燥后，可以冷冻或制成罐装产品。生马铃薯具有香味，这种香味大约是由50种化合物形成的。生马铃薯中脂肪酸氧化酶的含量很高，在剥皮或切割过程中，马铃薯中的脂肪酸氧化酶可以催化不饱和脂肪酸氧化，生成挥发性的降解产物，如（*E*，*Z*）-2，4-癸二烯醛、（*E*，*Z*）-2，6-壬二烯醛、（*E*）-2-辛烯醛和已醛。据报道，生马铃薯中典型的马铃薯香味是由两种化合物所呈现的：即甲硫基丙醛和（*E*，*Z*）-2，6-壬二烯醛。脂肪酸氧化途径产生的其他主要挥发性物质有：1-戊烯-3-酮、庚醛、2-正戊基呋喃、1-戊醇和（*E*，*E*）-2，4-庚二烯醛。吡嗪类化合物，如3-异丙基-2-甲氧基吡嗪，可能是使马铃薯散发出清香-泥土香味的物质，这种香味对识别它们的新鲜程度具有重要意义。

（十一）番茄

番茄中已确定的挥发性化合物有400多种，它们对番茄香味的呈现有很大的贡献，其中大概有16种具有气味阈值。番茄中最重要的几种风味化合物有：3-甲基丁醛、己醛、（*Z*）-3-己烯醛、（*E*）-2-己烯醛、异戊醇、1-己醇、（*Z*）-3-己烯-1-醇、1-戊烯-3-酮、6-甲基-5-庚烯-2-酮、*β*-紫罗兰酮、*β*-大马酮、2-苯乙醇、甲基水杨酸、4-羟基-2，5-二甲基-3（2H）呋喃酮和2-异丁基噻唑，其中，（*Z*）-3-已烯醛和*β*-紫罗兰酮具有最高的气味单位。与其他蔬菜相比，番茄中挥发性物质的性质和相对分子质量似乎更加取决于它自身的品种、成熟度及生产方式。有报道说，对番茄成熟的各个时期的挥发性物质变化进行的研究发现，有36种主要的挥发性物质发生了变化且变化复杂；对3个不同的番茄品种中的芳香物质的变化情况进行的研究表明，已烯醛等的含量会增加而甲基水杨酸的含量会降低；番茄成熟过程中的温度及番茄的储藏条件对其芳香物质都有影响。

（十二）豌豆

豌豆中的挥发性化合物大约有120种。其中，1-已醇、1-丙醇、2-甲基丙醇、1-戊醇、2-甲基-1-丁醇、3-甲基-1-丁醇、（*Z*）-3-已烯-1-醇的浓度最高。豌豆的风味化合物主要分为两个主要类别：①脂肪酸的分解产物，它们促使豌豆散发出浓郁-清新、芳香、甜味、橙味及蘑菇味；②甲氧基吡嗪，这类化合物使蔬菜发出芳香的气味，青豌豆和豌豆荚的大部分香味是由3-异丙基-2-甲氧基吡嗪产生的，它们形成豌豆的特征性气味。第一类中最重要的挥发性化合物包括已醛、（*E*）-2-庚烯醛、（*E*）-2-辛烯醛、1-已醇及（*Z*）-3-已烯-1-醇；第二类中包括3-烷基-2-甲氧基吡嗪，如3-异丙基-2-甲氧基吡嗪、3-仲丁基-2-甲氧基吡嗪、3-异丁基-2-甲氧基吡嗪、5-甲基-3-异丙基-2-甲氧基吡嗪和6-甲基-3-异丙基-2-甲氧基吡嗪。

（十三）胡萝卜

胡萝卜的特征性风味主要是由挥发性化合物形成的。从胡萝卜中可以鉴定出90多种挥发性化合物，其中萜烯类化合物含量很高，是新鲜胡萝卜挥发性组分中最主要的物质。单萜烯和倍半萜烯类物质约占挥发性化合物总量的98%。*α*-蒎烯、桧烯、月桂烯、苎烯、*β*-罗勒烯、*γ*-萜品烯、对伞花烃、萜品油烯、*β*-石竹烯、*α*-葎草烯、（*E*）-*γ*-红没药烯和*β*-紫罗兰酮与胡萝卜的风味相关，它们都是新鲜胡萝卜中重要的风味化合物。具有相当高气味活性值的单萜类物质——桧烯、月桂烯和对伞花烃，可能是使胡萝卜呈现出“清新味”“泥土味”或“胡萝卜味”的主要物质。*β*-石竹烯、*α*-葎草烯等倍半萜烯则会使其呈现出“辣味”和“木香味”，而“甜味”主要是由*β*-紫罗兰酮呈现的。

（十四）西芹和芹菜

西芹和芹菜的香味主要来源于萜烯和苯酞。虽然苯酞的量要少于萜烯的量，但它却对西芹的香味起着主导作用。在西芹和芹菜中已经检测出了165种挥发性成分，其中最主要的香味化合物是正丁基苯酞和瑟丹酸内酯，它们具有很浓郁的特征性芹菜香味。在西芹和芹菜中检测到的其他主要挥发性化合物有（Z）-3-己烯-1-醇、月桂烯、柠檬烯、α-蒎烯、γ-松油烯、1，4-环己二烯、1，5，5-三甲基-6-亚甲基-环己烯、3，7，11，15-四甲基-2-十六碳烯-1-醇和α-葎草烯。

（十五）香菜

从香菜的挥发性馏分中可以检测到80多种化合物，主要是萜烯、芳烃肉豆蔻醚和芹菜脑。香菜的特征性香味是由p-薄荷-1，3，8-三烯、月桂烯、3-仲丁基-2-甲氧基吡嗪、肉豆蔻醚、芳樟醇、（Z）-6-癸烯醛及（Z）-3-己烯醛呈现的。此外，4-异丙基-1-甲苯和松油烯对香菜风味也有显著作用。有研究表明，在储藏期间，香菜香味成分中的p-薄荷-1，3，8-三烯、月桂烯和（Z）-6-癸烯醛的含量会减少，并导致其香菜味及清新味减弱。

（十六）欧洲萝卜（欧洲防风草）

欧洲萝卜的主要香味化合物是单萜类化合物、脂肪族硫化合物及3-烷基-2-甲氧基吡嗪。目前，对欧洲萝卜所含的特征性影响化合物还不清楚。但有人猜测，某些挥发性化合物，如萜品油烯、肉豆蔻醚、3-仲丁基-2-甲氧基吡嗪，由于它们的浓度很高而阈值低，很可能是欧洲萝卜的主要风味物质。

三、草本

对于大部分草本而言，虽然它们的精油含量相对较少，但是有一种淡淡的并且与众不同的风味特征。新鲜的草本和干燥的草本都可以作为香料使用。丰收后的草本经过机械筛选，将叶子、花朵和种子从含有少量芳香物质的根茎中分离出来。新鲜的草本通常比干燥的草本具有更浓郁的风味，这是因为草本风味物质中的萜烯烃经过轻微的加热和修饰就会丧失。萜烯烃不会直接影响风味物质，但是和不存在萜烯烃的脱水草本相比，存在萜烯烃的草本具有新鲜的味道，先进的冷冻干燥技术可以在很大程度上减小这种差异带来的影响。不同种类草本的风味物质会有一些相似的感官影响，当混合在一起的时候主要的风味会彼此加强，然而彼此还会有一些细微的差别。

（一）含有桉树脑的草本

含有桉树脑的草本有类似桉树的味道，可以很明显被识别出来。尽管每一种不同的草本都有自己的特征物质，但是这些草本的风味特征可被归为淡淡的、新鲜的和沁人心脾的，起初比较温和而慢慢变得冰冷。这种草本常常作为白肉和其他本身含有很低香味的蛋白质原料的调味料。这些草本虽然带有清新的草本植物韵味，但后苦，过量的使用却会遮盖食品本身的自然味道。含桉树脑的代表草本有月桂、迷迭香和西班牙洋苏草。

（二）含有麝香草酚/香芹酚的草本

含有麝香草酚或者香芹酚的草本通常是很甜、辛辣且带有清香，带有酚的特征。这类草本带有尖刺的穿透性和浓烈的不愉快的味道，这决定了它作为佐料的使用量。它们的风味特征可以归结为“甜酚味”和“热性富有草质感”，有后苦。这类草本的代表物有百里香。

（三）含有醇类/酯类的草本

那些带甜味的草本通常都含有各种醇类和酯类，这些物质让草本的风味变得非常吸引人。这些草本的香味在新鲜时比在干燥之后更沁人心脾，起初香气不突出，比较刺鼻和带有一点点刺激，香气会慢慢穿透。通常这种草本都具有镇静和清凉的作用，但是口味一般会比气味平缓很多，带有一点点的辛辣和愉悦的新鲜草本味道，草本里面含有一些樟脑物质使得口感带有延迟的清凉作用和一点点苦味。这类草本的代表物有牛至。

（四）含有酚醛物质的草本

鼠尾草具有很浓郁的风味特征，这种风味刚开始的时候清凉后来有一些辛辣。鼠尾草精油含有40%~60%的侧柏酮和15%的桉树脑，这些风味物质使得鼠尾草的风味具有强烈的草味和类似桉树的味道。新鲜鼠尾草的香气比风干的浓重许多，但两者都可以很好地与野味、家禽和馅料配合，鼠尾草已经被广泛应用于鸡肉、牛肉和鱼肉的调制。除了鼠尾草外，这类草本的代表物还有龙蒿和罗勒。

（五）含有薄荷的草本

含有薄荷的草本常以新鲜或脱水的叶子或者精油的形式使用。不同来源、种植条件和不同的收获和收获后的操作条件或者采用不同的精馏方法和干燥方法得到的草本，在气味和风味特征上有很大差异。所有的薄荷都有一种清凉刺激的“薄荷醇”的气味。有些品种的精油呈现出油腻的感觉，有点像可可带有一点点泥土的后味。绿薄荷精油和椒样薄荷精油不同，绿薄荷含有50%~60%的香芹酮，具有镇静和奶油的口味，应用于口香糖中非常受欢迎。

第二节　动物源天然风味物质

来源于肉的天然风味物质引起了人们很大关注。在烧肉中已经发现的由酯类降解的挥发性成分有几百种之多，包括脂肪族碳氢化合物、醛、酮、醇、羧酸和酯类化合物。这些化合物基本上是由酯类中的脂肪酸氧化而成。在肉的烹调过程中，氧化反应迅速发生，产生一系列的挥发性成分。一般认为，肉的特征风味化合物是2-甲基-3-呋喃硫醇，它是一种5-肌苷一磷酸和半胱氨酸的反应产物。脂肪衍生物中具有代表性的风味物质是羰基化合物，如：鸡肉的脂肪中含有（*E*，*Z*）-2，4-癸二烯醛；羊肉的脂肪中含有4-甲基辛酸，鱼油中含有（*E*，*Z*）-2，4-二烯醛和（*E*，*Z*，*Z*）-2，4，7-癸三烯醛；美拉德反应对肉香的形成具有重要作用，能产生许多风味成分，如烷基吡嗪、2-乙酰基三甲基吡嗪或2，3，5-三甲基-6，7-二氢-5（H）-环戊醇吡嗪，都有助于形成烤肉味、焦味和坚果味；熏肉和火腿的烟熏味的呈味物是愈创木酚，它有种烟熏味、焦油味、烧烤味以及酚醛树脂味；猪肉中的吲哚和粪臭素使其具有粪便味、动物香、酚醛味；煮熟虾的味道是则由*N*，*N*-二甲基-2-苯基乙胺形成的。

一、牛肉和猪肉

熟牛肉中能鉴定出的风味化合物有800多种。与猪肉相比，牛肉更香、甜焦糖味和麦芽味更浓，而猪肉的硫黄味和脂肪味更重一些。牛肉的显著性气味是由高浓度的呋喃酮、2-糠硫醇、3-巯基-2-戊酮和2-甲基-3-呋喃硫醇形成的。这些挥发性物质以及正辛醛、壬醛、(*E*，*E*)-2，4-癸二烯醛是熟牛肉香味的关键物质。呋喃酮能使牛肉呈现出焦糖味，其前体物质是葡糖-6-磷酸和果糖-6-磷酸，由于牛肉中葡糖-6-磷酸和果糖-6-磷酸的浓度比猪肉中的高，因此牛肉中呋喃酮的浓度高于猪肉中呋喃酮的浓度。表5-1所示为这两种肉类中不同的关键气味物质。

表5-1 煮熟牛肉和煮熟猪肉中的关键气味物质[①]

香味剂	浓度/(μg/kg)[②]		气味活性值(OAV)[③]	
	牛肉[④]	猪肉[④]	牛肉	猪肉
4-羟基-2，5-二甲基-3(2H)-呋喃酮	9075	2170	908	217
2-糠硫醇	29.0	9.5	2900	950
3-巯基-2-戊酮	69	66	99	94
甲硫醇	311	278	1555	1390
正辛醛	382	154	546	220
2-甲基-3-呋喃硫醇	24.0	9.1	3429	1300
壬醛	1262	643	1262	643
甲硫基丙醛	36	11	180	55
(*E*，*E*)-2，4-癸二烯醛	27	74	135	37
(*E*，*Z*)-2，4-癸二烯醛	n. a.[⑤]	7.2	n. a.	180
12-甲基十三醛	962	n. a.	9620	n. a.
二甲基硫醚	105	n. a.	350	n. a.
(*Z*)-2-壬烯醛	6.2	1.4	310	70
(*E*)-2-壬烯醛	32	15	128	60
乙醛	1817	3953	182	395
1-辛烯-3-酮	9.4	4.8	188	96
甲基丙醛	117	90	167	29
丁酸	7074	17200	2.6	6.3
异缬草醛	26	27	74	77

注：①将牛肉的前骨与猪肉的肩部的多余脂肪去除，在水中(300mL)将样品(400g)在高压锅(8×10^4Pa，116℃)中蒸煮45min。

②熟肉的相关值。

③在水中浓度/鼻的气味阈值。

④分析样品中的脂肪含量(牛肉8.8%，猪肉1.7%)。

⑤n. a. 为没有分析，由于其芳香萃取物稀释分析和/或顶空气相色谱-嗅觉测量法的测量值很低。

熟猪肉主要呈现出硫黄味和脂肪味。有人猜测，由于猪肉中呋喃酮的浓度很低，可以清晰地辨别出硫黄味物质(如甲硫醇)与脂肪味物质(如辛醛、壬醛)。因此，虽然牛肉中辛醛和壬醛的含量是猪肉中的2倍，但由于牛肉中呋喃酮的浓度是猪肉中呋喃酮的4倍，所以牛肉的脂肪味却很微弱。

熟牛肉中12-甲基十三醛的气味活性值很高，但它并不是熟牛肉的气味关键物质，而瘦牛肉熬炖过程中释放的汤汁则与之相反，12-甲基十三醛是汤汁必不可少的气味物质之一，它对汤汁口感也十分重要。12-甲基十三醛来源于瘤胃中的微生物，动物吸收少量的12-甲基十三醛后，将其运送到肌肉组织，12-甲基十三醛在那里被消化进而生成缩醛磷脂。因此，在较长的烹饪过程中，12-甲基十三醛因水解作用而被释放。但是，由于牛肉烹煮的时间较短，仅需5~10min，12-甲基十三醛的释放量很少，不能被芳香萃取物稀释分析检测到。

二、鸡肉

对蒸煮鸡肉中的挥发性香气成分进行分析可以得到约44种化合物，其中羰基化合物最多，芳香族次之。羰基化合物对鸡肉特征香气的形成起着重要作用。蒸煮鸡肉中的特征性化合物是（*E*，*E*）-2，4-癸二烯醛，它与甲硫醇都属于挥发性物质，在蒸煮鸡肉的香气中它们的气味活性值很高。除了烤熟鸡肉的表皮之外，在其他鸡肉的表皮中，癸二烯醛的气味活性值都很高，是关键的香味剂，如表5-2所示。癸二烯醛是由亚油酸的自氧化作用生成的。鸡肉中亚油酸的含量是牛肉和猪肉中亚油酸含量的10倍。在蒸煮鸡及烤鸡的表皮中，高含量的脂肪及亚油酸促使2，4-癸二烯醛生成。而去皮烤鸡肉中2，4-癸二烯醛的含量很低。烤鸡香气中的斯特雷克尔醛，2-乙酰基-1-吡咯啉及吡嗪的气味活性值很高，形成了烤鸡的烘烤-麦芽味。

表5-2 蒸煮鸡及烤鸡中关键的香味剂

化合物	浓度（μg/kg）[①]			气味活性值（OAV）[②]		
	水煮鸡[③]	烤鸡[④]		水煮鸡[③]	烤鸡[④]	
		肉	表皮		肉	表皮
2-糠硫醇	1.1	0.1	1.9	110	10	190
3-巯基-2-戊酮	35	29	27	50	41	21
2-甲基-3-呋喃硫醇	2.0	0.4	2.1	286	57	285
甲硫醇	1456	202	164	7280	1010	820
硫化氢	n.a.[⑤]	280	n.a.	—	29	—
甲硫基丙醛	15	53	97	74	265	485
二甲基三硫化物	0.80	<0.03	0.50	133	<5	83
乙醛	4700	3815	3287	470	382	329
己醛	1596	283	893	355	63	198
正辛醛	148	190	535	211	271	764
壬醛	n.a.[⑥]	534	832	—	534	832
（*Z*）-2-壬烯醛	n.a.	5.5	10.5	—	275	525
（*E*）-2-壬烯醛	75	23	147	300	92	588
（*E*，*E*）-2，4-壬二烯	57.0	2.3	24.0	570	570	240

续表

化合物	浓度(μg/kg)①			气味活性值(OAV)②		
	水煮鸡③	烤鸡④		水煮鸡③	烤鸡④	
		肉	表皮		肉	表皮
(*E*, *Z*)-2, 6-壬二烯	n. a.	3. 1	6. 0	—	155	300
(*E*, *E*)-2, 4-癸二烯醛	302	11	711	1510	55	3555
(*E*, *Z*)-2, 4-癸二烯醛	31	n. a.	n. a.	775	—	—
1-辛烯-3-酮	5. 7	7. 2	10. 8	114	144	216
甲基丙醛	39	83	538	56	119	769
2-甲基丁醛	n. a.	8	455	—	6	350
3-甲基丁醛	5. 0	17. 0	668. 0	14	49	1670
2-乙酰基-2-噻唑啉	n. a.	2. 6	5. 8	—	2. 6	6
2-乙酰基-1-噻唑啉	n. a.	0. 2	2. 9	—	2	29
2-丙酰基-1-吡咯啉	n. a.	n. a.	0. 8	—	—	8
2-乙基-3, 5-二甲基吡嗪	n. a.	n. a.	4. 3	—	—	27
2, 3-二乙基-5-甲基吡嗪	n. a.	n. a.	2. 5	—	—	28
4-羟基-2, 5-二甲基-3(2H)-呋喃酮	1232	50	395	123	5	40
3-羟基-2, 5-二甲基-2(5H)-呋喃酮	4. 5	0. 6	1. 9	15	2	6

注:①熟肉的相关数值。

②水中浓度/鼻子的气味阈值。

③将鸡(1. 4kg, 无内脏, 脂肪含量为20%)置于高压锅内于温度116℃、压力8×10^4Pa条件下蒸煮30min。

④将肉鸡(1. 5kg, 无内脏)置于装有椰子油(15g)的煎锅内于180℃煎烤1h。鸡的表皮(脂肪含量为47%)及鸡脯(脂肪含量为1%)单独分析。

⑤没有分析, 由于其芳香萃取物稀释分析和/或顶空气相色谱-嗅觉测量法的测量值很低。

⑥依据顶空气相色谱-嗅觉测量法, 这种化合物能产生香味。

三、鱼肉

在特异性不同的脂肪氧化酶作用下, 多不饱和脂肪酸被降解, 由此形成新鲜鱼的风味。因此, 多不饱和脂肪酸的氧化产物被看做是生蛙鱼中最重要的气味物质。(*Z*)-1, 5-辛二烯3-酮、(*E*, *Z*)-2, 6-壬二烯醛、丙醛和乙醛是最重要的气味组成成分。与三文鱼相比, 鳕鱼的脂肪含量不到1%, 因此, 煮沸鳕鱼中辛二烯的含量只是煮沸三文鱼中的1/3。然而, 即使是如此低浓度也足以产生鱼腥味。此外, 在鳕鱼中添加一定量甲硫基丙醛能提高鱼腥味。要注意的是, 在煮沸三文鱼和鳕鱼中, 甲硫醇和乙醛对随后的气味的贡献是不同的。

第三节 发酵过程中的天然风味物质

在几千年前人类已经利用自然发酵制得白酒、啤酒和乳酪等产品。市场上的品种是各种通过传统的和工业的工艺生产的发酵产品，包括各种的酒精饮料（酒、啤酒、白兰地、威士忌、利口酒）、乳制品（乳酪、酸乳、酸奶油、黄油）、谷物和豆类发酵产品（面包、酱油）、肉发酵产品（鱼、香肠）和蔬菜发酵产品（德国酸菜、朝鲜泡菜）等。

一、酒类风味物质

（一）白酒

中国白酒中已经检测到的风味成分达300种以上。酒中的风味成分主要为醇类、醛类、酸类、酯类、酮类、内酯类、硫化物、缩醛类、吡嗪类、呋喃类、芳香族及其他化合物。酒中的微量成分，是决定白酒香气、口感和风格的关键。酸类赋予白酒丰满和酸刺激感，酯类使白酒具有水果的香气。特别是浓香型大曲酒，其主要香气成分就是以已酸乙酯为主体香的一种复合香气。有研究表明，检出92种香气化合物，其中对牛栏山二锅头白酒整体香气贡献大的香气成分有25种：3-甲基丁醇、丁酸、3-甲基丁酸、二甲基三硫、香草醛、苯乙醛、乙酸乙酯、苯乙酸乙酯、苯乙酸等。有研究对烟台张裕XO白兰地的主要香气成分进行感官分析，采用GC-MS鉴定出107种挥发性的化合物，经气相色谱-嗅闻分析，只有39种主要香气活性成分，香气最强的物质有："奶油"特征来自于双乙酰，"干草"特征来自于橙花叔醇，"草香"来自于*Z*-3-己烯-1-醇，"梨香"和"香蕉香"由两种乙酸甲基丁酯产生，"玫瑰香"由乙酸苯乙酯形成，"酸橙香"由里那醇形成，"橡木香"由顺式-甲基-辛内酯形成。研究证明：橡木中存在多种香气成分，给白兰地带来特有香气。

（二）啤酒

啤酒中的风味成分，包括醇类、酯类、酸类、醛类、酮类、硫化物、酚类化合物等。其他影响啤酒品质的挥发性风味成分，还有酒花油中多种挥发性成分共同产生的"酒花香"，反-2-壬烯醛为代表的"老化味"，3-甲基-2-丁烯硫醇为代表的"日光臭"，以及麦芽香气成分等。利用气相色谱分析方法，对啤酒中重要的高级醇、酯类、连二酮、乙醛、二甲基硫、脂肪酸等成分进行分析测定，这些物质涵盖了啤酒的醇味、酯香味、双乙酰味、生青味、煮玉米味等风味特征，约占啤酒主要香气特征的50%，是啤酒香气成分的主要骨架。由于啤酒中的风味成分之间具有风味协同作用或风味累加作用，在进行风味特征评价时要考虑不同化合物对风味的影响。如正丙醇、异丁醇和异戊醇是高级醇的代表物质，赋予啤酒典型的"醇味"。正丙醇、异丁醇在啤酒中的浓度均低于其阈值的15%，对啤酒影响甚微，异戊醇的阈值为70mg/L，质量浓度范围为25~85mg/L，对啤酒有较大的影响。

二、乳制品风味物质

鲜乳是优良的营养品，牛乳极易受热、光和微生物感染而腐坏变质。人类利用鲜乳的这种敏感性生产出了丰富多样的乳制品：如从简单的脂肪分离（获得奶油、黄油或酥油）到发酵生产酸乳、养乐多和新鲜乳酪。乳酪中的风味是影响乳酪质量的关键因素，乳酪的挥发性组分包括脂肪酸、醇、醛、酯、酮、内酯、吡嗪、含硫化合物、胺等风味活性物质。

（一）埃曼塔乳酪

埃曼塔乳酪的气味是由于含有呋喃酮，它们不仅有钙镁丙酸盐的甜味，而且还有助于形成焦糖味，焦糖味是埃曼塔乳酪的风味成分。实验表明，乳酸菌会促使埃曼塔乳酪产生呋喃酮。甲硫基丙醛、呋喃酮、乙酸、丙酸、乳酸、琥珀酸、谷氨酸钠、钾、钙、镁、铵、磷酸盐和氯是埃曼塔乳酪气味的重要影响物质。

（二）格鲁耶尔乳酪

格鲁耶尔乳酪香气类似于经典乳酪，2-3 异缬草醛、甲硫基丙醛、癸二酸二甲酯、苯乙醛、2-甲基-3，5-二甲酯、甲硫酯以及乙酸乙酯，丙酸是格鲁耶尔乳酪气味的关键物质。与瑞士乳酪相比，格鲁耶尔乳酪有强烈的甜味和较弱的焦糖味，因为具有焦糖味的呋喃酮含量比较低，而具有甜味的甲基丁酸的含量比较高。

（三）卡芒贝尔乳酪

跟埃曼塔乳酪和格鲁耶尔乳酪一样，卡芒贝尔乳酪有奶油般的香气，但其强度却低于非熟化乳酪，其香味剂是在成熟度逐渐明显的过程中形成的。1-辛烯-3-醇是卡芒贝尔乳酪中特征性蘑菇香味的贡献者。尽管这种酮的浓度远低于醇的浓度，在乳酪中它却是芳香活性物质，因为它的气味阈值比醇的气味阈值低 100 倍。甲基醇、甲硫基丙醛、二甲基硫化物、二甲酸三硫化物形成硫黄味，而乙酸苯乙酯则形成花香味。

三、酱油风味物质

酱油是我国传统的发酵产品，是人们饮食烹调中不可缺少的调味品。酱油香气成分主要由酱油中的一些挥发性物质组成。香气成分在酱油中含量极微，成分极为复杂，却十分重要。目前，酱油中已检出的风味成分近 300 种。酱油的风味物质包含醇类、酯类、酸类、醛类及缩醛类、酚类、呋喃酮类和含硫化合物等。酱油风味成分中含量最多的是醇类，并以乙醇为主，还有丙醇、丁醇、戊醇、异丁醇、异戊醇和苯乙醇等。乙醇是由酵母和糖类共同作用产生的，广泛存在于整个发酵过程中。酯类是构成酱油风味成分的主体，一个酸元和一个醇元即可生成酯。酯类作为基本的香味物质，可使麦芽酚、苯乙醇等关键风味化合物的气味更醇厚，缓冲酱油中盐分的咸味。酱油中的酯类有多种，由于发酵过程中形成的酸类和醇类是多种多样的，故生成的酯也是多种多样的。目前，已经确认酱油中含乙酸乙酯和乳酸乙酯等 45 种酯类。酱油风味成分中的有机酸以乳酸和乙酸为主，乳酸菌利用葡萄糖进行乳酸发酵生成乳酸，某些乳酸菌还可利用五碳糖（阿拉伯糖、木糖）发酵生成乳酸和乙酸。其中，乙酸是由乙醇氧化而成。除此之外，酱油中还含有柠檬酸、琥珀酸、丙酸、焦谷氨酸、丙酮酸等有机酸。酱油中的醛类物质有甲醛、乙醛、丙醛、异丁醛、异戊醛、酚醛等。其中代表物质是乙醛，呈辛辣刺激性气味。醛除一部分由发酵产生的以外，大部分是由氨基酸脱胺、脱羰基生成。微量的醛在酱油香气中起到调和作用。酱油中的酚类物质以挥发性酚为主体，特别是烷基苯酚，其是由来自小麦的原料经米曲霉作用后再经 T 酵母或 C 酵母发酵生成的。其代表性成分是 4-乙基愈创木酚（4-EG）和 4-乙基愈创苯酚。其香气特点十分明显、活性强，为酱油带来类似丁香和烟熏的香味，是酱油的一种主要的香气成分。

第六章

化学法制备风味物质

风味物质按来源可分为天然风味物质和合成风味物质。天然风味物质只能从自然资源中获得，且其易含有其他不良风味物质，且风味水平低、有效周期短、原料成本高。化学合成法生产风味物质一般是采用天然原料或化工原料，通过一些化学反应或加工生产出风味物质。近年来，随着风味行业的发展，化学合成风味物质已渐渐适应了食品及其配料工业的发展，并以其价廉、来源广、性质稳定、作用持久等优势迅速占领了市场。

第一节　概述

食品贮藏、加工过程中不可避免会损失部分风味，损失的风味可以通过添加合成的风味物质加以弥补，这使得合成风味物质成为必需。化学合成风味物质的作用和效果，虽然不能完全和天然风味物质相比，但由于合成风味物质价格较低，不受地区、气候、季节、产量以及保藏和使用不便等限制，在食品工业中占有很重要的地位。

在过去的半个世纪，越来越多的风味物质被发现、应用和合成，应用在食品和饮料中的风味化合物不断增长，其中，最大的增长出现在 1965 年到 1985 年之间，主要是由于新的分析技术（如 GC、GC-MS-DS、HPLC 等）得到了迅速的发展。

化学合成风味物质以风味物质的结构为基础，在尽可能降低原料成本的基础上合成风味物质，新合成的风味物质要符合法律要求，并能够得到消费者的接受和认可。新合成的风味物质一般用来匹配或提高目标物的感官特性，例如去匹配一个天然或加工的食品或饮料的风味。此外，化学合成的风味物质也可以有其他用途。例如，去设计更好的风味和香气分子；去改进配方或者是改进生产加工中的配料。化学合成风味物质的发展将风味化学的发展推向了多元化。

自 1874 年化学合成第一种风味物质——香兰素开始，风味工业开始起步，到现在化学合成风味物质已经发展了 140 多年。一直以来，化学合成风味物质都在不断地改进其安全性、卫生性、经济性和商业性，已渐渐得到了越来越多人的认可，并且化学合成风味物质在食品和饮料领域的应用空间也越来越广阔。

第二节 合成风味物质的分类与制备

一、 青草风味

青草风味是一种有如刚切割的草或碾碎落叶或绿色植物原料味道的风味。青草风味中典型的代表物质是一些短链不饱和醛和醇，如反式-2-己烯醛、顺式-3-己烯醇（图6-1）。

叶醇　反式-2-己烯醛　顺式-3-己烯醛　反式-2-己烯醇

2-异丁基-3-甲氧基吡嗪　2-仲丁基-3-甲氧基吡嗪　2-异丁基噻唑　2-戊烷基-4,5-二甲基噻唑

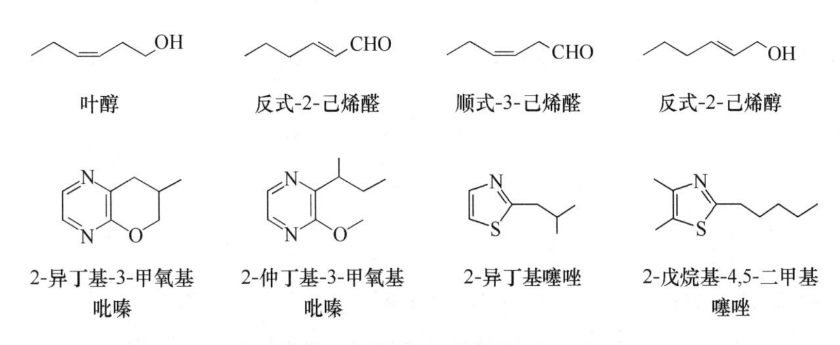

图6-1 青草风味代表物质

此外，青草风味物质还包括一些酯和杂环物，如某些低阈值的烷基取代噻唑和烷氧基吡嗪。反式-2-己烯醛、反式-2-己烯醇、顺式-3-己烯醛、顺式-3-己烯醇是许多水果和蔬菜（苹果、番茄、葡萄等）中重要的风味物质。考虑到稳定性和商业可利用性，仅反式-2-己烯醛和顺式-3-己烯醇常用作风味化合物。

图6-2分别显示了顺式-3-己烯醇（叶醇）和4，5-二甲基-2-噻唑的合成途径。顺式-3-己烯醇［图6-2（1）］的合成较简单，最重要的步骤是顺式异构体中三键的选择性加氢。现今已有一些不同的制备方法。第一个制备方法是在19世纪60年代早期提出的，开创了香料和香水工业的“绿色时代”。每年全世界叶醇的消费估计超过40t。

噻唑的合成遵循Dubs和Stüssi程序，以合适的起始物开始，如图6-2（2）所示。

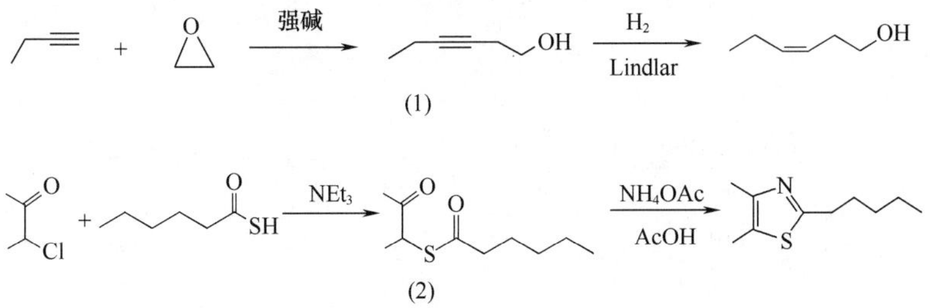

图6-2 （1）顺式-3-己烯醇和（2）4，5-二甲基-2-噻唑的合成

二、 水果-酯类香风味

水果-酯类香风味是指那些通常出现在成熟水果（如香蕉、菠萝、梨等）中的甜味。这类风味物质中典型的代表物质是酯和内酯，此外还包括醚、酮、乙缩醛等（图6-3）。乙酸异戊酯是所有水果味中甜味特征的代表，2，4-葵二烯酸酯是西洋梨独特风味的代表风味化合物，3-甲基巯基丙酸酯是菠萝中的风味代表物质。3-甲基巯基丙酸甲酯和3-甲基巯基丙酸乙酯等物质是某些热带水果中具有水果-酯类香风味的含硫化合物。

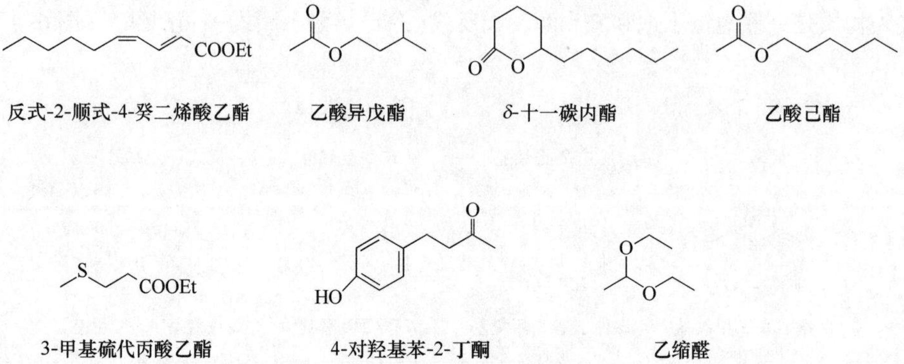
COOEt
反式-2-顺式-4-癸二烯酸乙酯
乙酸异戊酯
δ-十一碳内酯
乙酸己酯
COOEt
HO
3-甲基硫代丙酸乙酯
4-对羟基苯-2-丁酮
乙缩醛

图6-3　水果-酯类香风味的代表物质

图6-4（1）显示了一个简单有效的δ-十一碳内酯合成反应，六元环内酯在5号位通过与一系列不同链的连接，最终得到δ-十一碳内酯。图6-4（2）表示应用Claisen重排的延伸制备反式-2-顺式-4-癸二烯酸乙酯（梨酯），异构化步骤的反应条件对梨酯的形成较关键。

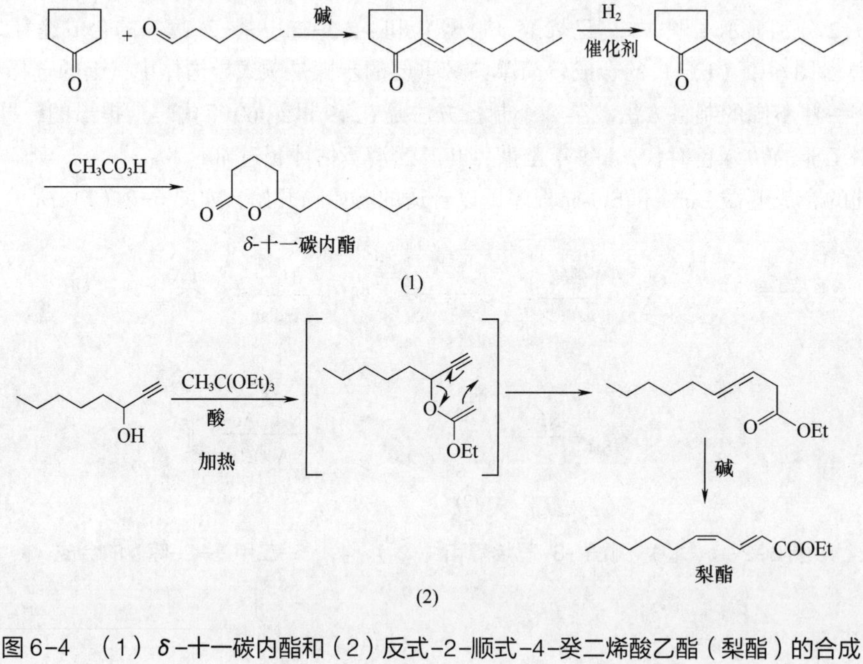
碱
H2
催化剂
CH3CO3H
δ-十一碳内酯
(1)
CH3C(OEt)3
酸
加热
OH
OEt
碱
COOEt
梨酯
(2)

图6-4　（1）δ-十一碳内酯和（2）反式-2-顺式-4-癸二烯酸乙酯（梨酯）的合成

三、柑橘-萜烯香风味

柑橘香是柑橘属植物（柑橘、柠檬、橙子、柚子）和果实中的典型风味。柠檬醛（香叶醛和橙花醛的混合物）是柑橘香的代表物质（图6-5），可以从天然原料（柠檬草）分离得到或通过合成得到。柑橘香还包括一些苦味物质，主要是一些萜烯类组分。如原柚酮，是柚子的风味物质。简单的中链脂肪醛（辛醛、癸醛）、甜橙醛（一种不饱和的C_{15}醛）和一些单萜醇酯（乙酸芳樟酯）也是构成柑橘萜烯香风味的主要物质。

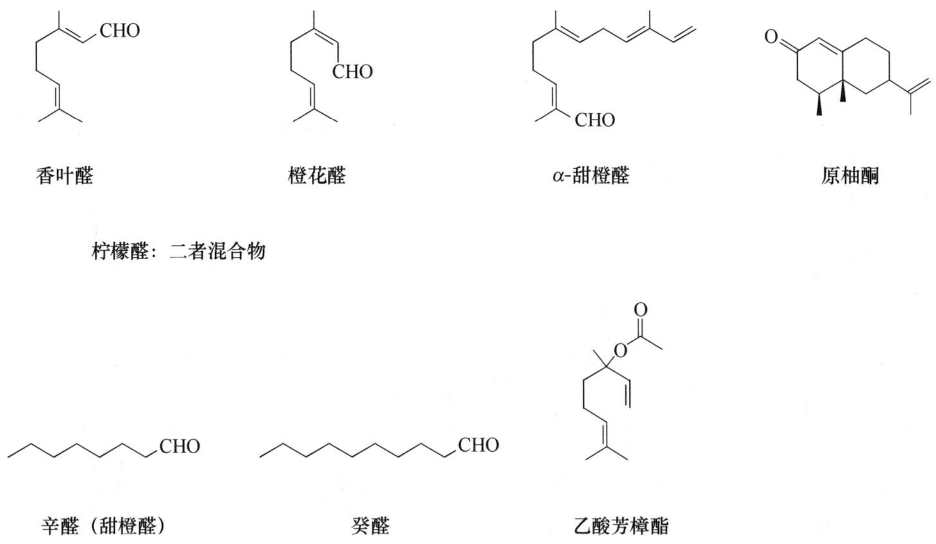

图6-5　柑橘中萜烯香风味的代表物质

柠檬醛是一种重要的合成配料，化学合成的柠檬醛由于廉价而被大量使用。1985年柠檬醛在香料中的总消耗量大约100t，美国每年的产量有几千吨。图6-6（1）显示了柠檬醛的化学合成路线，图6-6（2）给出了所有具有反式结构的α-甜橙醛的一种合成方法。

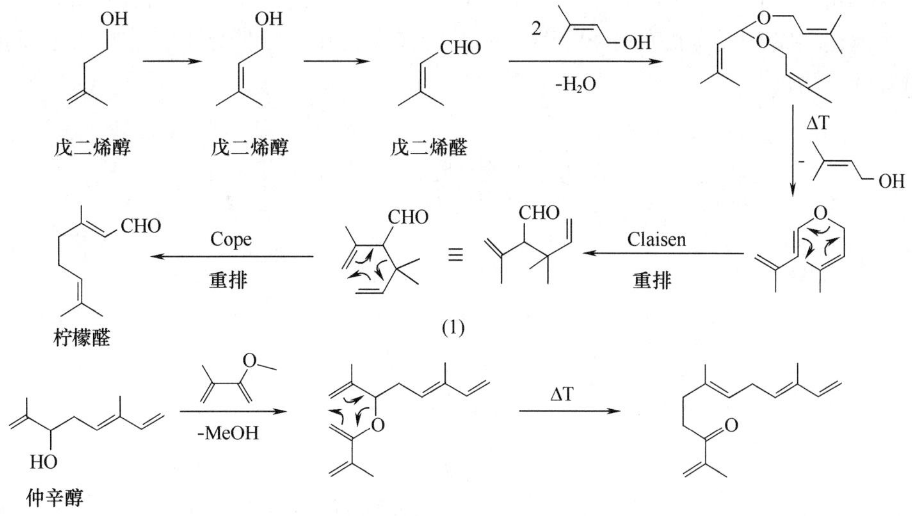

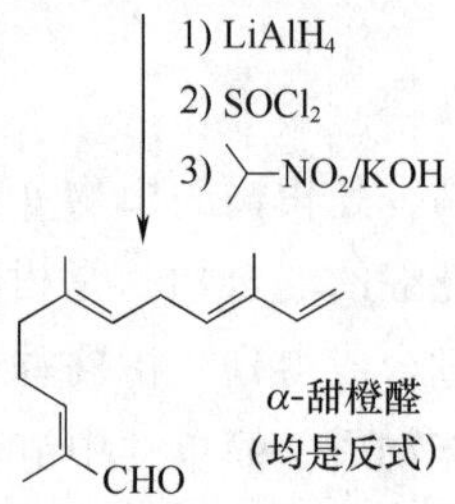

1) $LiAlH_4$
2) $SOCl_2$
3) $\succ$—NO_2/KOH

CHO

α-甜橙醛
（均是反式）

(2)

图6-6 （1）柠檬醛和（2）α-甜橙醛的合成

四、 薄荷香-樟脑香风味

薄荷香风味是一种具有薄荷口感、微甜、有新鲜和清凉感的风味。具有这类风味的化合物主要包括L-薄荷醇、胡薄荷酮、L-乙酸香芹酯、L-香芹酮和樟脑，此外还包括冰片、桉树脑和葑酮等化合物（图6-7）。薄荷香风味通常被添加在口香糖、化妆品等中用以增加清凉和清新感。

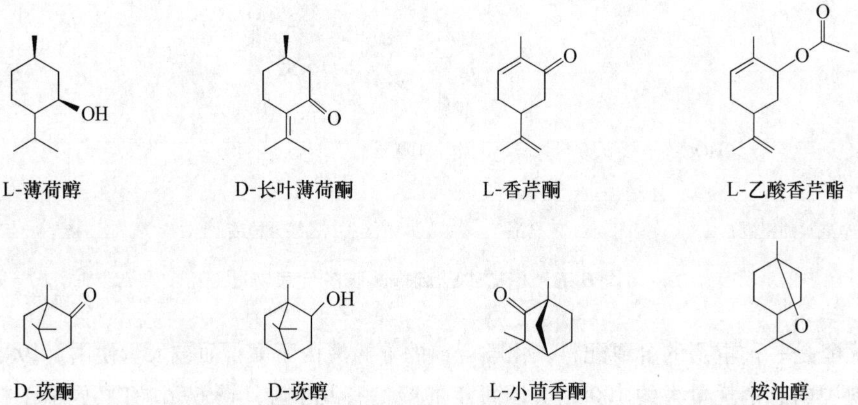

OH L-薄荷醇　O D-长叶薄荷酮　O L-香芹酮　O O L-乙酸香芹酯

O D-莰酮　OH D-莰醇　O L-小茴香酮　O 桉油醇

图6-7 薄荷香风味的代表物质

L-薄荷醇是薄荷醇中应用最广泛的异构体。L-薄荷醇的合成廉价且可大量应用。图6-8显示了工业化合成L-薄荷醇的路线。反应的关键步骤是在铑的催化下，香叶二乙基胺的对映体选择性异构化。

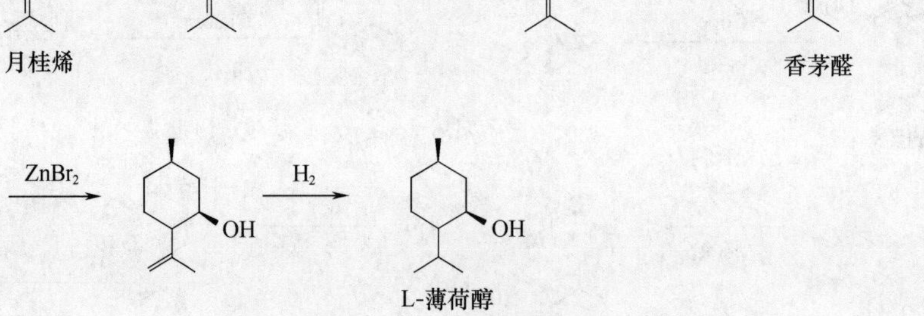

月桂烯 —Li / $HNEt_2$→ NEt_2 —Rh-催化剂 / 选择性异构化→ NEt_2 —H_2O / 酸→ CHO 香茅醛

—$ZnBr_2$→ OH —H_2→ OH L-薄荷醇

图6-8 L-薄荷醇的合成

五、 花香-甜香风味

花香风味顾名思义为花散发出的气味，具有甜香、青香、水果香和药草香等特征。香叶醇、β-紫罗酮和一些酯（乙酸苄酯、乙酸芳樟酯）属于这类重要的化合物（图 6-9）。在高浓度时，此类香味常伴有令人不愉悦的感觉。

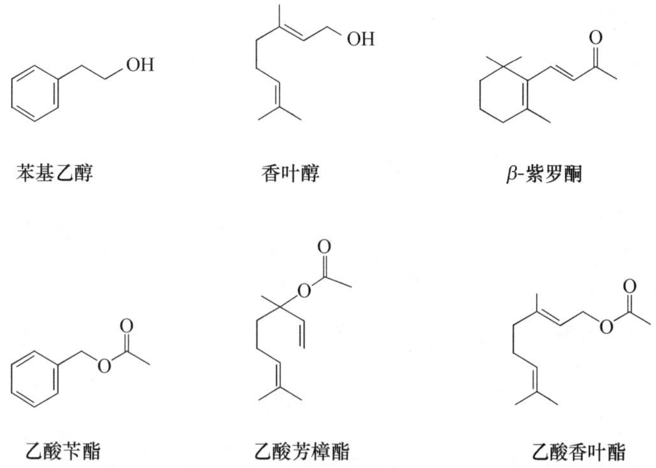

苄基乙醇　香叶醇　β-紫罗酮

乙酸苄酯　乙酸芳樟酯　乙酸香叶酯

图 6-9　花香风味的代表物质

图 6-10 显示了基于甲基庚烯酮合成乙酸芳樟酯和β-紫罗酮的流程。在生炔过程，脱氢芳樟醇（DLL）是第一个产物，乙酰化和部分氢化后得到乙酸芳樟酯［图 6-10（1）］。β-紫罗酮的合成以 DLL 和 C_3单元为原料［图 6-10（2）］。

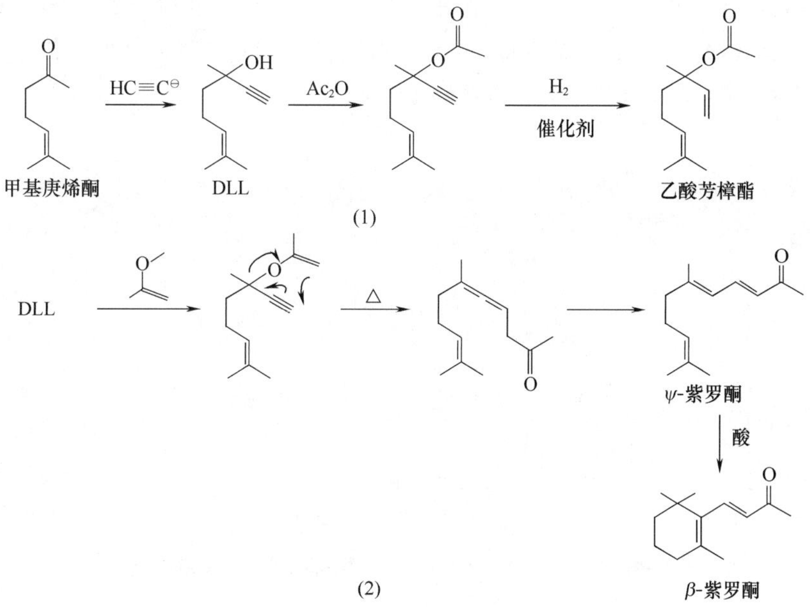

甲基庚烯酮 → ($HC\equiv C^{\ominus}$) DLL → (Ac_2O) → (H_2, 催化剂) 乙酸芳樟酯

(1)

DLL → → (△) → ψ-紫罗酮 → (酸) β-紫罗酮

(2)

图 6-10　（1）乙酸芳樟酯和（2）β-紫罗酮的合成

六、辛香-药草香风味

辛香-药草香是药草和辛香料中常见的风味。香辛料毫无疑问是人类应用的最古老的食物配料。芳香醛、醇和苯酚衍生物是典型的辛香-药草香风味物质代表，是具有强烈气味和生理作用（抑菌作用）的组分。如：茴香脑（茴芹）、肉桂醛（肉桂）、草蒿脑（龙蒿）、丁香油酚（小球茎）、D-香芹酮（小茴香）、麝香草酚（百里香）等，如图 6-11 所示。这类化合物应用范围非常广，可以应用到烘焙食物、酒精饮料、牙膏、口香糖等，但因其风味较浓，这类化合物仅小剂量使用。使用量最大的肉桂醛，可通过合成大量生产。

CHO
OH
OH
反式茴香脑
反式肉桂醛
草蒿脑
丁子香酚
麝香草酚

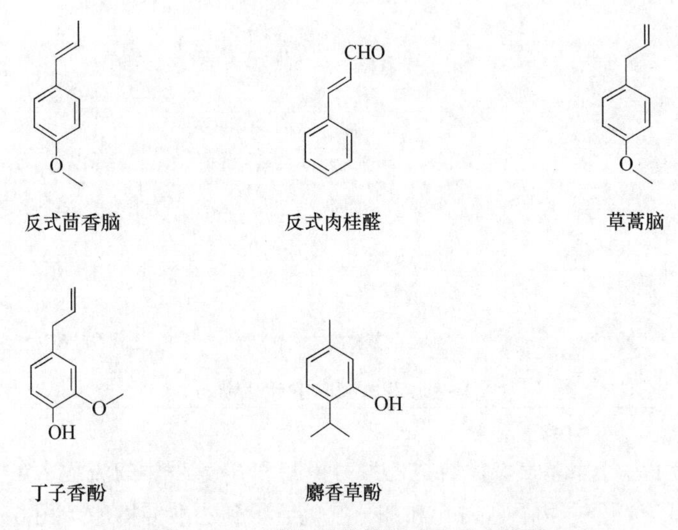

图 6-11　辛香-药草香风味的代表物质

肉桂醛是通过苯甲醛和乙醛发生醇醛缩合反应而合成的，这种合成方法可以追溯到 19 世纪［图 6-12（1）］。草蒿脑能通过 Grignard 反应由 *p*-氯代茴香醚和烯丙基氯合成。双键在碱催化的条件下，异构化生成反式茴香脑［图 6-12（2）］。

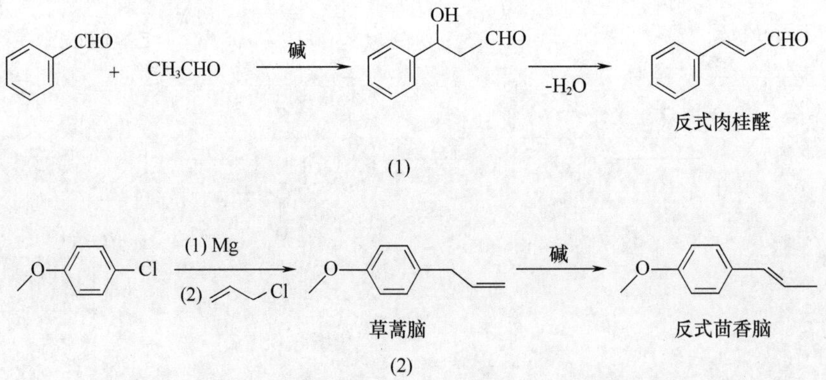

CHO
+
CH3CHO
碱
OH
CHO
-H2O
CHO
反式肉桂醛
(1)
Cl
(1) Mg
(2) Cl
碱
草蒿脑
反式茴香脑
(2)

图 6-12　（1）肉桂醛和（2）草蒿脑和反式茴香脑的合成

七、 木香-烟熏香风味

木香-烟熏香的特征可以由苯酚（邻甲氧基苯酚等）、甲基化紫罗酮衍生物（甲基紫罗兰酮）和特殊的醛（低浓度的反-2-壬烯醛）等化合物来反应，它们有不同的暖调、木香、甜味和烟熏味（图 6-13）。甲基紫罗酮类在结构上与胡萝卜素的降解产物紫罗酮相似。甲基紫罗酮类被认为是安全的，在许多国家用于食品香料。木香-烟熏香通常认为不属于天然风味化合物，因为它们是在储存或加热处理过程中形成的。这些化合物仅在需增加口感和风味时使用，高浓度时它们会呈现出异味。

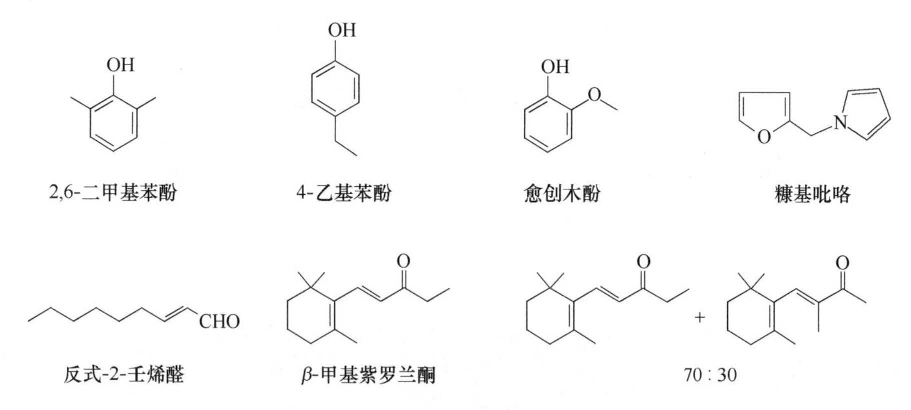

图 6-13　木香-烟熏香风味的代表物质

糠基吡咯是以糠基胺和 2,5-二甲氧基-四氢呋喃为原料合成的，这是一种广泛应用于合成糠基吡咯的方法［图 6-14（1）］。丁酮和环柠檬醛反应可以得到甲基紫罗兰酮的混合物。混合物的组成可以通过加碱量来调节［图 6-14（2）］。

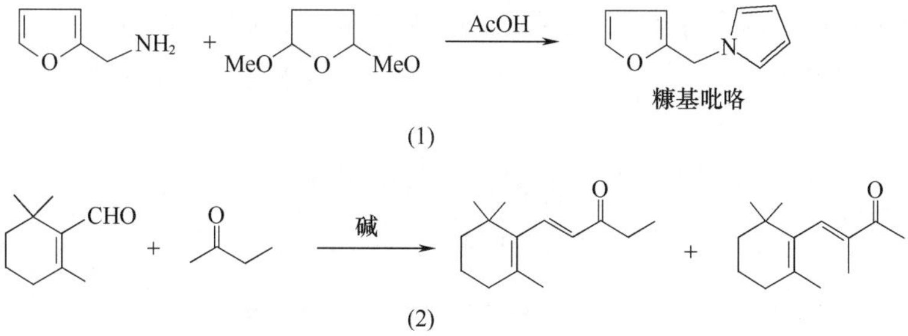

图 6-14　（1）糠基吡咯和（2）甲基紫罗兰酮的合成

八、 烤香-焦香风味

烤香-焦香风味通常与吡嗪类化合物相关，它们是烧烤过程中最主要的风味物质。吡嗪类化合物的不同烷基、酰基或烷氧基取代物和相关制品会导致风味感觉的多样化，因此产生了焦香、烤香、青香、壤香和霉味等风味。在烤香-焦香类风味物质中，最重要的是烷基取代吡嗪和乙酰基取代吡嗪（图 6-15）。

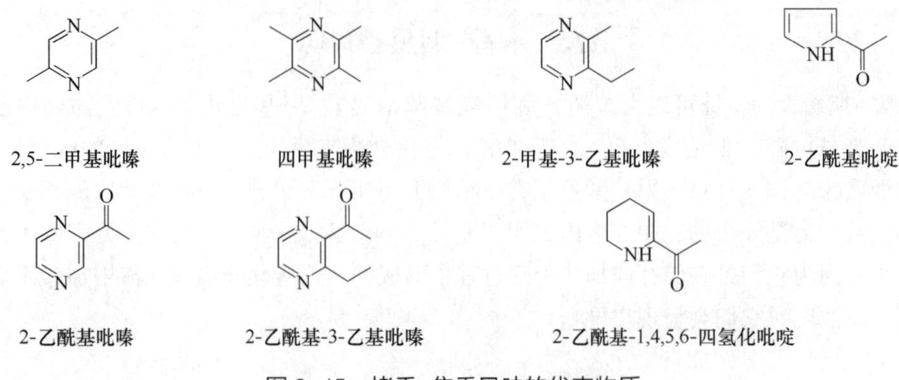

图 6-15 烤香-焦香风味的代表物质

图 6-16 显示了烷基取代吡嗪和乙酰基取代吡嗪合成的路线。

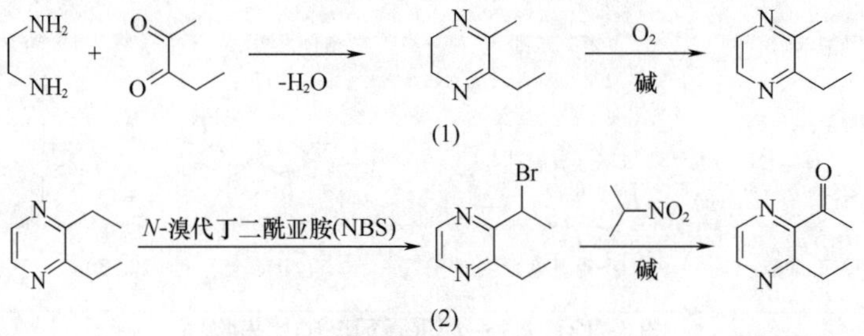

NH_2 + … $\xrightarrow{-H_2O}$ (1) $\xrightarrow[碱]{O_2}$

$\xrightarrow{N\text{-溴代丁二酰亚胺(NBS)}}$ Br (2) $\xrightarrow[碱]{NO_2}$

图 6-16 （1）2-甲基-3-乙基吡嗪和（2）2-乙酰基-3-乙基吡嗪的合成

九、焦糖香-坚果香风味

焦糖香-坚果香风味是含糖食品热加工过程中所呈现出的主要风味。这类风味中包含轻微的苦味和烤坚果散发的焦香味。除了甲基环戊烯醇酮、麦芽酚、呋喃酮外（图 6-17），还有一些特殊组分也属于这一类风味物质，如香兰素、乙基香兰素、苯甲醛、苯乙酸、苯乙烯醇、去氢香豆素、三甲基吡嗪等。

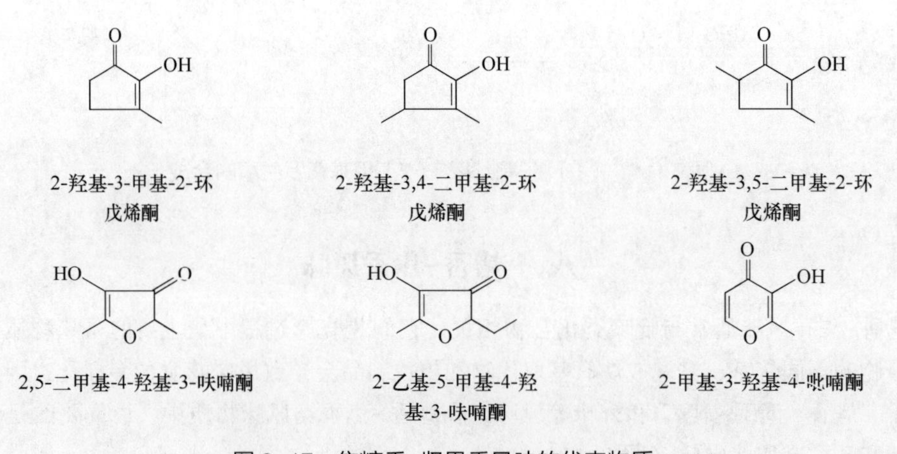

图 6-17 焦糖香-坚果香风味的代表物质

工业可用的单甲基呋喃酮和甲基环戊烯醇酮的合成途径如图 6-18 所示。

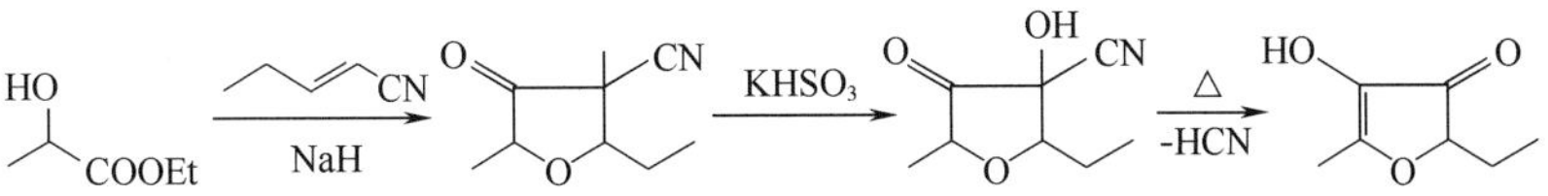

HO
COOEt
CN
NaH
O
CN
KHSO3
OH
CN
△
-HCN
HO
O

单甲基呋喃酮

(1)

O
Cl
K2CO3/PTC
Na2CO3
H2O
HCl
HO

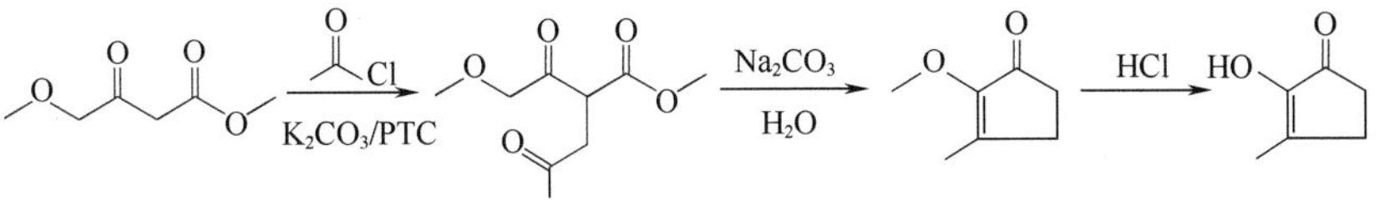

甲基环戊烯醇酮

(2)

图 6-18　(1) 单甲基呋喃酮和 (2) 甲基环戊烯醇酮的合成

十、 肉汤-水解植物蛋白风味

肉汤-水解植物蛋白风味是一种不具代表性、不清晰的风味，它被认为是一种弥漫着温暖、咸和辛香感觉的风味。肉汤-水解植物蛋白风味物质举例如图 6-19 所示。

5-乙基-3-羟基-4-甲基-2［5H］-呋喃酮

噻啶

5-甲基-4-巯基-四氢呋喃-3-酮

硫噻唑

甲硫基丙醛

2-甲基-四氢噻吩-3-硫醇

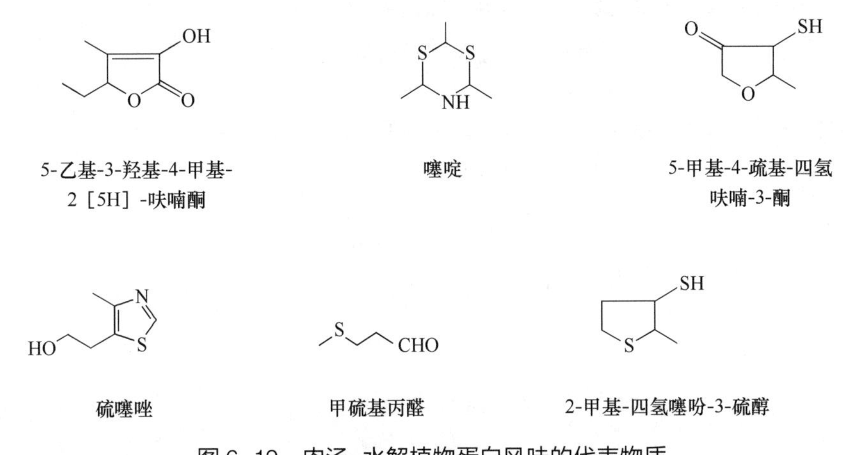

图 6-19　肉汤-水解植物蛋白风味的代表物质

图 6-20 分别显示了 5-乙基-3-羟基-4-甲基-2［5H］-呋喃酮（乙基葫芦巴内酯）和噻啶的合成路线。

十一、 肉香风味

肉香风味是最难被描述的一种风味。例如烤牛肉的香味与烧烤或简单地煮肉的风味不同。含硫组分（硫醇、噻唑、噻吩等）和含氮杂环（吡嗪、吡咯、噁唑等）是主要的肉香风味物质。图 6-21 显示了一些呈现肉香风味的化合物。

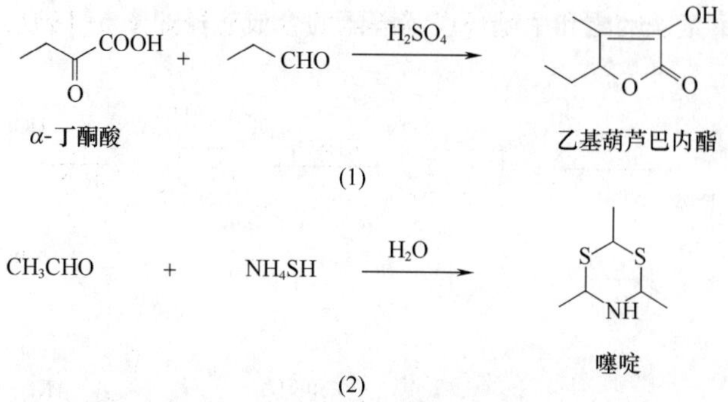

α-丁酮酸 + CH_3CH_2CHO $\xrightarrow{H_2SO_4}$ 乙基葫芦巴内酯

(1)

CH_3CHO + NH_4SH $\xrightarrow{H_2O}$ 噻啶

(2)

图 6-20 （1）乙基葫芦巴内酯和（2）噻啶的合成

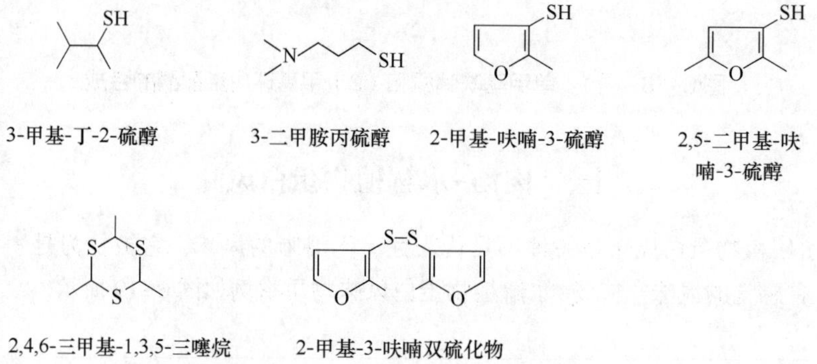

3-甲基-丁-2-硫醇　3-二甲胺丙硫醇　2-甲基-呋喃-3-硫醇　2,5-二甲基-呋喃-3-硫醇

2,4,6-三甲基-1,3,5-三噻烷　2-甲基-3-呋喃双硫化物

图 6-21 肉香风味的代表化合物

图 6-22 分别显示 2-甲基-呋喃-3-硫醇（2-甲基-3-巯基呋喃）和 3-二甲胺丙硫醇的化学合成，它们分别代表两种差异较大的肉香感觉。

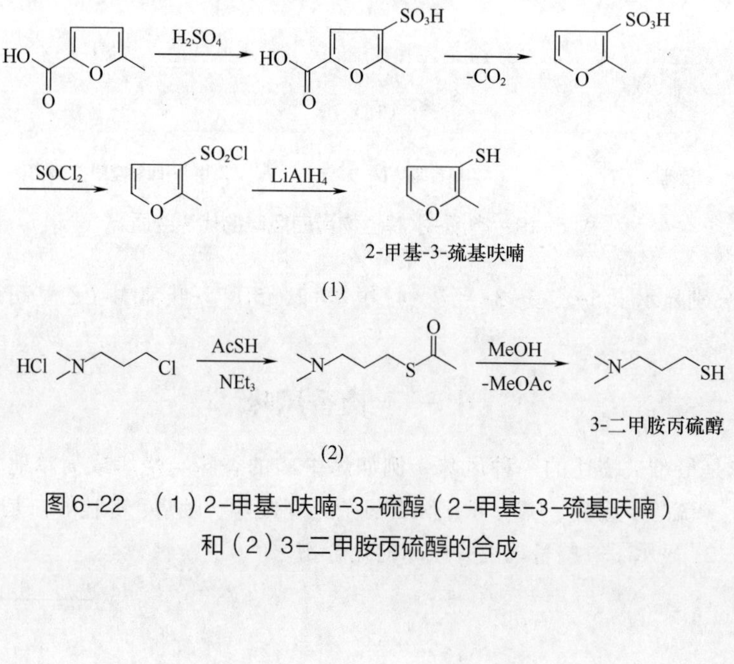

$\xrightarrow{H_2SO_4}$ $\xrightarrow{-CO_2}$ $\xrightarrow{SOCl_2}$ $\xrightarrow{LiAlH_4}$ 2-甲基-3-巯基呋喃

(1)

HCl $\xrightarrow[NEt_3]{AcSH}$ $\xrightarrow[-MeOAc]{MeOH}$ 3-二甲胺丙硫醇

(2)

图 6-22 （1）2-甲基-呋喃-3-硫醇（2-甲基-3-巯基呋喃）和（2）3-二甲胺丙硫醇的合成

十二、 脂肪-腐臭味

脂肪-腐臭味最重要的代表物质是丁酸和异丁酸。羊脂异味的代表物质是中链甲基支链脂肪酸，如4-甲基辛酸和壬酸。长链脂肪酸呈油味、蜡味和皂味。图6-23所示为醛类所导致的脂肪腐臭味，取决于它们浓度的大小。

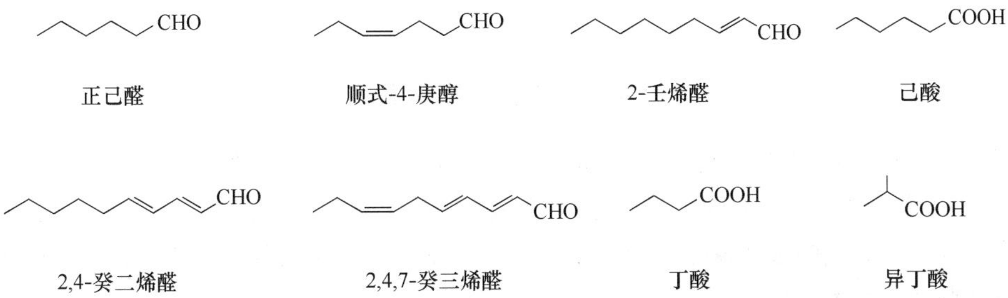
CHO
正己醛
CHO
顺式-4-庚醇
CHO
2-壬烯醛
COOH
己酸
CHO
2,4-癸二烯醛
CHO
2,4,7-癸三烯醛
COOH
丁酸
COOH
异丁酸

图6-23　脂肪-腐臭风味的代表物质

图6-24显示了反式-2-壬烯醛的化学合成路线。

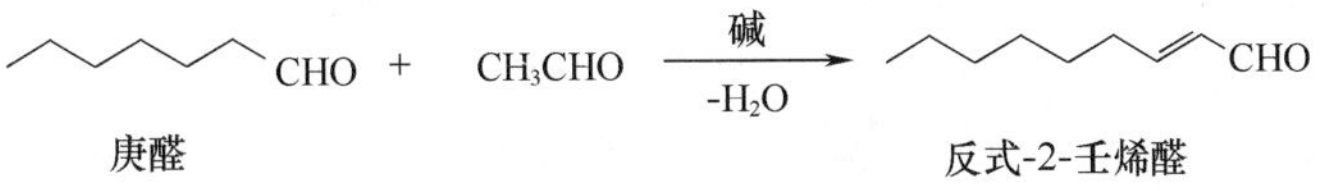
CHO
+
CH3CHO
碱
-H2O
CHO
庚醛
反式-2-壬烯醛

图6-24　反式-2-壬烯醛的合成

十三、 奶油-黄油香味

奶油-黄油香味不同于黄油味（二乙酰、乙酰姻、戊二酮）和甜奶油发酵味（乙酰氧基-2-丙酮、δ-癸内酯、γ-辛内酯）。图6-25显示这类风味的一些代表化合物。

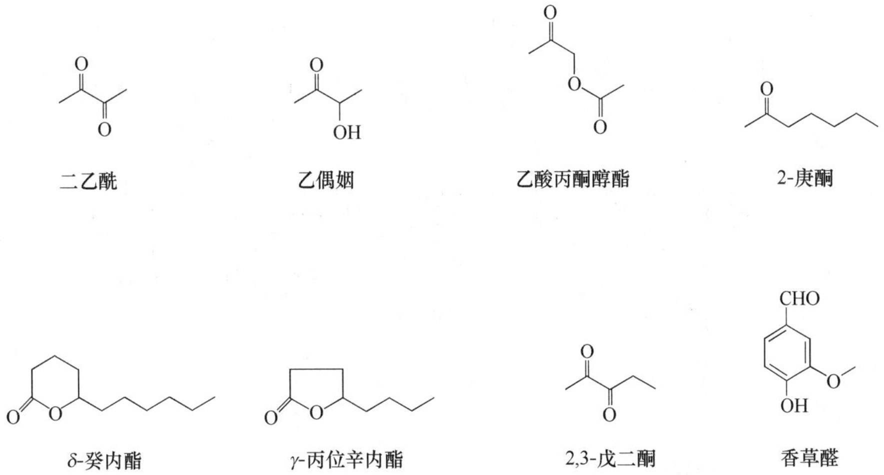
二乙酰
OH
乙偶姻
乙酸丙酮醇酯
2-庚酮
δ-癸内酯
γ-丙位辛内酯
2,3-戊二酮
CHO
OH
香草醛

图6-25　奶油-黄油风味的代表化合物

图 6-26 显示了 γ-丙位辛内酯的化学合成路线。

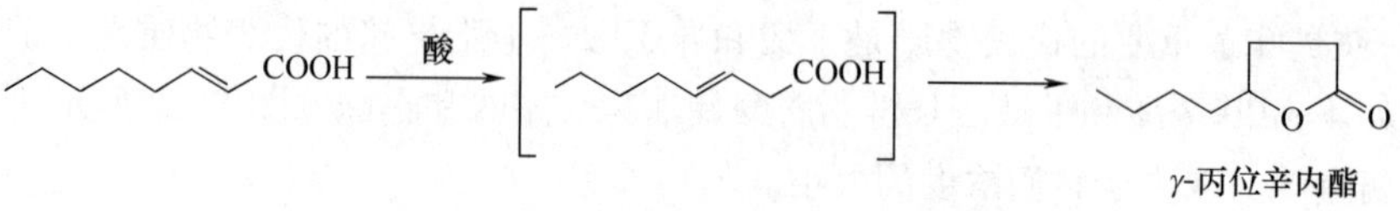

酸

γ-丙位辛内酯

图 6-26　γ-丙位辛内酯的合成

十四、 蘑菇-壤香味

蘑菇-壤香味的典型代表物质是 1-辛烯-3-醇和二甲萘烷醇。此外，一些饱和的和不饱和的 C_8醇和羰基化合物也是典型的蘑菇-壤香风味物质。其他化合物如 2-辛烯-4-酮和 1-戊基吡咯也能产生类似的蘑菇风味（图 6-27），4-松油烯醇、2-乙基-3-甲硫基吡嗪和间苯二甲醚具有典型的壤香特征。

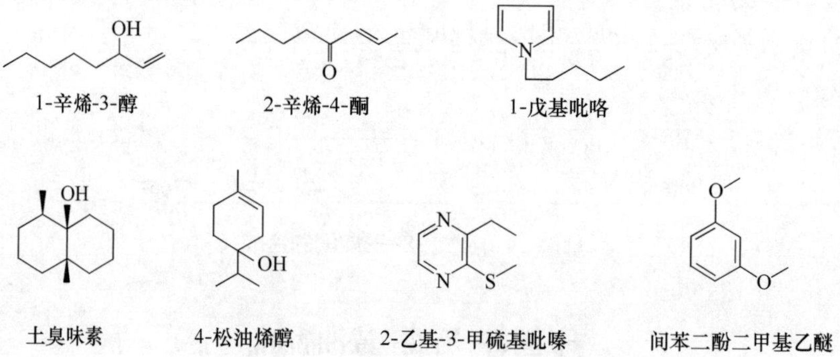

1-辛烯-3-醇　2-辛烯-4-酮　1-戊基吡咯

土臭味素　4-松油烯醇　2-乙基-3-甲硫基吡嗪　间苯二酚二甲基乙醚

图 6-27　蘑菇-壤香风味的代表性物质

图 6-28 显示了土臭味素的化学合成路线。

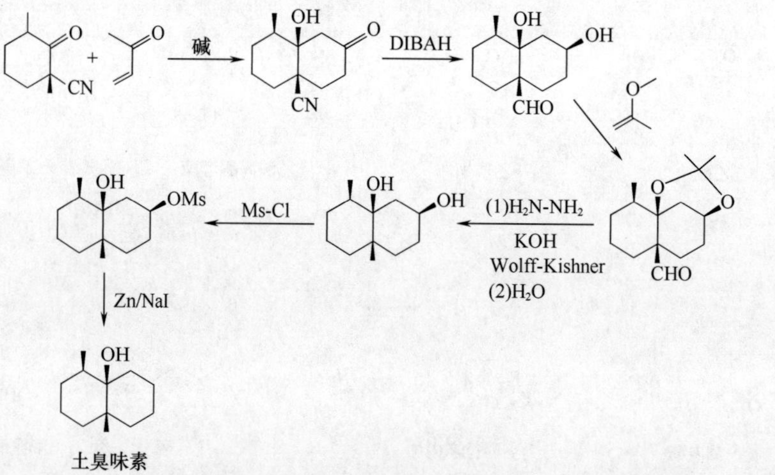

碱　DIBAH　Ms-Cl　(1)H_2N-NH_2 KOH Wolff-Kishner (2)H_2O　Zn/NaI

土臭味素

图 6-28　土臭味素的合成

十五、 芹菜-汤汁香味

芹菜-汤汁香味是一种能使人联想到浓汤香味的风味。典型的代表物质为亚丁基苯酞、丁基苯酞、4，5-二甲基-3-羟基-2［5H］-呋喃酮、二氢茉莉酮和顺式-茉莉酮，如图6-29所示。其香味不同于肉汤-水解植物蛋白风味，虽然二者均有持续增香的特征，但是二者的主要区别在于芹菜香用于蔬菜增香，而汤汁香用于肉类增香。

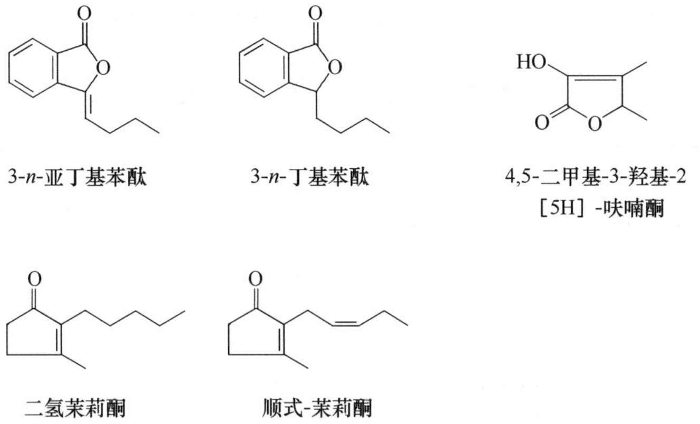

图6-29　芹菜-汤汁香味的代表性物质

图6-30分别显示二氢茉莉酮和3-正丁基苯酞的化学合成途径。

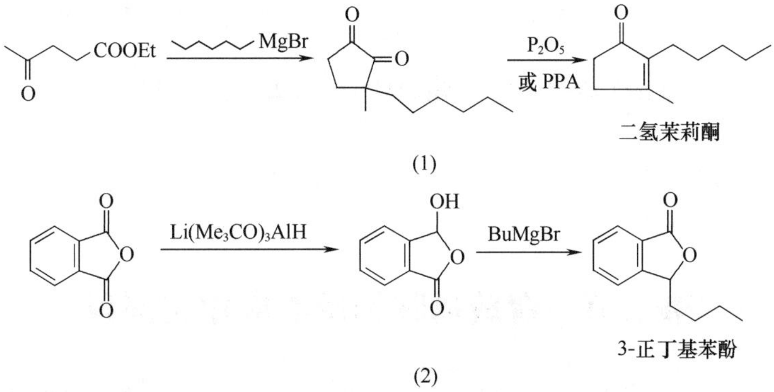

图6-30　（1）二氢茉莉酮和（2）3-正丁基苯酞的合成

十六、 硫化物-葱蒜香

硫化物-葱蒜香风味是一种较易辨识的特殊蔬菜香味。这类物质不仅包括单一的、令人讨厌的硫醇类（甲基硫醇）化合物，而且还包括大蒜和洋葱中不饱和的短链化合物（烯丙硫醇，二硫化二丙烯），此外还包括一些令人愉悦的、微妙的杂环化合物。图6-31给出了一些例子，如芦笋中的代表物1，2，4-三硫杂环戊烷。另外还有蘑菇中的代表物蘑菇香精（什塔克菇）和西番莲果中的代表物2-甲基-4-丙基-1，3-氧硫杂环己烷。

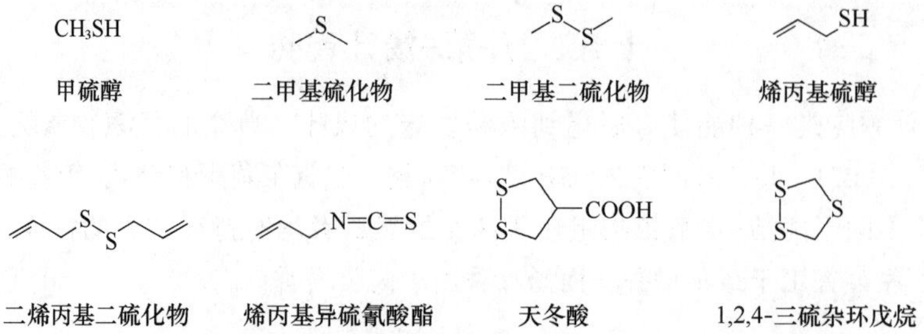

CH_3SH 甲硫醇　二甲基硫化物　二甲基二硫化物　烯丙基硫醇

二烯丙基二硫化物　烯丙基异硫氰酸酯　天冬酸　1,2,4-三硫杂环戊烷

图 6-31　硫化物-葱蒜香风味的代表性物质

图 6-32 中分别显示了几种典型有机硫化物的化学合成路线，如甲硫基丙醛、二烯丙基二硫化物、烯丙基异硫氰酸酯。

CHO + MeSH ⟶ CHO
甲硫基丙醛
(1)

SH —I_2, Org. Solvent, H_2O→ 二烯丙基二硫化物
(2)

Cl —KSCN, EtOH, 80℃→ [S=C=N] —重排→ N=C=S
烯丙基异硫氰酸酯
(3)

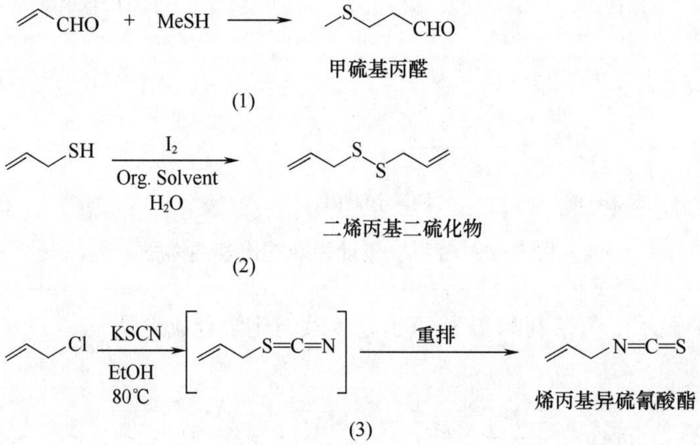

图 6-32　（1）甲硫基丙醛、（2）二烯丙基二硫化物和（3）烯丙基异硫氰酸酯的合成

第三节　合成风味物质的应用与前景

从某种意义上来说，化学合成风味物质是必不可少的，它的出现使风味物质的生产走向了工业化、规模化。伴随着越来越多的天然风味物质被化学合成，化学合成风味物质的应用也越来越广泛。化学合成风味物质被广泛应用于食品、饮料、香水等领域来代替相应的天然风味物质。近年来，随着化学合成风味物质的不断发展，化学合成风味物质以其稳定的特性和较低的价格已渐渐开始有取代天然风味物质的趋势。化学合成风味物质的工业化和规模化生产推动了食品、饮料、香精香料等行业的高速发展。

化学合成风味物质的功能基团对香气和风味结构有重要影响，但化学结构与感官特性无关。化学合成风味物质的分子总体形状大小、立体化学结构、物理化学性质可能与风味活性有关。化学合成风味物质的这些特性让一些消费者质疑化学合成风味物质的安全性和卫生性，许多消费者仍更倾向于天然风味物质，但天然风味物质的高成本、短风味周期、低风味

水平等特性决定了它应用的局限性，不足以满足广大消费者的需要。因此，化学合成风味物质的出现很好地弥补了天然风味物质的这一不足。

化学合成风味物质是允许在食品中安全使用的风味物质，不同国家在这方面的法规不同，美国要求食品、饮料、香水等中含有的化学合成成分必须在其标签上注明，以方便消费者选择。我国目前还没有制定这方面的相关法规，仅规定了可允许使用的食品用合成香料名单，相信在不久的将来，我国可能会出台这方面的相关法规来规范化学合成风味物质的生产和使用。

虽然人们当前更倾向于天然风味物质，但随着化学合成风味物质的质量、商业性和经济性等特性不断改进，并且随着食品添加剂安全性评价体系的进一步完善，在不久的将来，化学合成风味物质必将被越来越多的人接受、认可，并被更加广泛地应用于各个领域。

第七章

CHAPTER 7

现代生物技术制备风味物质

第一节　概述

风味物质具有重要工业用途，可应用到食品、精细化工、医药、饲料等行业。随着世界各国经济的发展，消费水平不断提高，加速了世界香精香料工业的发展。据 2017 年的统计，全球香精香料市场年需求量在 500 万 t 左右。利用化学合成的方法制备风味物质的工艺非常成熟，可大量生产，能够满足市场的需求，目前 85%的风味物质是通过化学法来合成的。但化学法合成的风味物质存在一些不足之处，如在化学合成风味物质的过程中会残留一些有害成分，合成的是消旋混合物，增加了分离单一消旋体风味物质的难度。随着人民生活水平的不断提高，对高品质风味物质的追求成为一种趋势，天然绿色非化学合成的风味物质越来越受到大家的青睐。尽管通过化学方法可以更高效经济地获得风味物质，但因为天然风味物质具有更高的市场价格，而且更健康，而从天然物质提取风味物质的成本和产量受限，这使得生物技术制备风味物质受到大家的广泛关注。这极大地推动了以生物技术制备风味物质产业的发展，目前已有 100 多种通过酶法或者微生物发酵制备的风味物质分子实现了商业化。2001 年对欧美地区生产饮料、食品及乳类制品产品中天然风味物质占添加香料量的比例进行调查，天然风味物质占的比例均超 50%以上，某些产品甚至高达 90%。

现今利用生物法合成风味物质主要有两种途径：一是利用适当的前体物通过酶制剂或利用产酶微生物进行生物转化，得到风味物质，即酶法合成风味物质。酶是一种具有催化活性的蛋白质，相对于化学催化剂，酶催化的反应具有对底物特异性高、反应条件温和及安全性高等特点。以酶制剂应用技术为代表的白色生物技术的蓬勃发展，推动了酶法合成风味产业的极大发展；二是从简单廉价的营养物质如葡萄糖和氨基酸等为发酵原料，利用微生物代谢的作用，生产某些风味物质，即微生物发酵法生产风味物质。微生物与人类生活息息相关，几千年以来微生物被应用于制造各种美味的食品和调味品，如面包、乳酪、酒、醋及酱油等，但限于人们科学认识的水平，微生物在其中所起的重要作用未曾被发现。随着微生物科学、细胞生物学、分子生物学等理论知识的积累及相关技术的发展，对微生物的生化代谢途径有了深入了解，可以通过优化微生物的发酵条件或者对菌株基因组进行改造来提高风味物质的产量。

现代生物技术是在分子生物学、细胞生物学、系统生物学等多个学科基础上建立起来的，同时包括细胞工程、发酵工程及酶工程在内的一门综合性学科。虽然现今应用生物技术生产某些风味物质成本会高于采用化学方法合成，但生物催化反应具有高度选择性（化学选择性、区域选择性、立体选择性），同时可利用天然原料或者可再生资源进行反应，具有环境友好和可持续性等优势，这对风味物质的科学研究甚至工业生产都具有深远的影响。

第二节　微生物发酵制备风味物质

人类利用米曲霉、黑曲霉、酿酒酵母及枯草杆菌等微生物来生产风味食品已有悠久的历史。微生物在自然界中的种类繁多，易于培养且生长迅速，可利用廉价的营养物进行大量繁殖，相对于从动植物中提取风味物质，利用微生物代谢途径来生产风味物质的潜力巨大。现已经利用微生物直接发酵来大量生产如谷氨酸、柠檬酸、香兰素等风味物质，另外利用产酶微生物对风味物质的前体进行生物转化而获得目标产物也是制备风味物质的可行途径。风味物质可分为挥发性和非挥发性风味物质，非挥发性的风味物质是能引起酸、甜、咸、苦、鲜等味觉感受的物质，主要包括谷氨酸、柠檬酸、乳酸、琥珀酸、肌苷酸等，而挥发性的风味物质是能被嗅觉所感触到的呈香物质，包括乙酸、醛类、内酯、酮类及萜烯类等。本节将重点介绍利用微生物从头合成或者利用微生物进行生物转化合成以上风味物质的过程。

一、　非挥发性风味物质

（一）L-谷氨酸

1861 年，德国科学家 Ritthausen 从小麦面筋的硫酸水解物中最先分离出谷氨酸。1908 年，日本科学家池田菊苗从海带煮出的汁的呈味成分中提取出谷氨酸钠，并申请了谷氨酸钠生产的相关专利。1909 年，日本开始商业化生产谷氨酸钠，命名为味之素（AJI-NO-MOTO），即日本风味之精华，这是世界上首次工业制成谷氨酸钠。1956 年，日本 Kyowa Hakko Kogyo 公司研制出第一种利用谷氨酸棒状杆菌生产 L-谷氨酸盐的工业发酵方法。1965 年，中国上海天厨味精厂成功实现了 $50m^3$ 发酵罐的生产，实现我国谷氨酸由蛋白质原料水解法向发酵法工业生产的转变。

目前，L-谷氨酸是世界上产量最高的氨基酸，主要用于生产食品鲜味剂谷氨酸钠，同时在皮革加工、医药行业及农业等领域也有重要的应用。谷氨酸钠俗称味精，是重要的鲜味剂，具有明显提升食品鲜味的作用。我国是全球最大的味精生产与消费的国家，据统计，2015 年我国味精产量为 212 万 t，出口 16.31 万 t，进口 0.11 万 t，表观消费量为 195.80 万 t。

谷氨酸主要是利用微生物发酵生产获得，多种微生物被筛选用于谷氨酸的发酵生产，其中包括谷氨酸棒状杆菌（*Corynebacterium glutamicum*）、乳糖发酵短杆菌（*Brevibacterium lactofermentum*）和黄色短杆菌（*Brevibacterium flavum*）。这些谷氨酸生产菌都有共同之处：都属于杆菌属，革兰氏阳性菌，不形成芽孢，没有鞭毛不能运动，生长过程需要生物素。L-谷氨酸的生物合成途径：L-谷氨酸的生产菌以葡萄糖为主要发酵原料，在通气充足的情况下，葡萄糖在细胞内经过糖酵解途径（EMP 途径）和磷酸己糖途径（HMP 途径）产生丙酮酸。丙酮酸进而进入三羧酸循环，其中一部分丙酮酸被氧化脱羧生成乙酰辅酶 A，一部分固定二氧化碳生成草酰乙酸或者苹果酸。草酰乙酸和乙酰辅酶 A 在柠檬酸合成酶的催化作用下，缩合成柠檬酸，继而生成异柠檬酸，再经过氧化还原共轭的氨基化反应生成终产物谷氨酸。图 7-1 为 L-谷氨酸的生物合成途径。

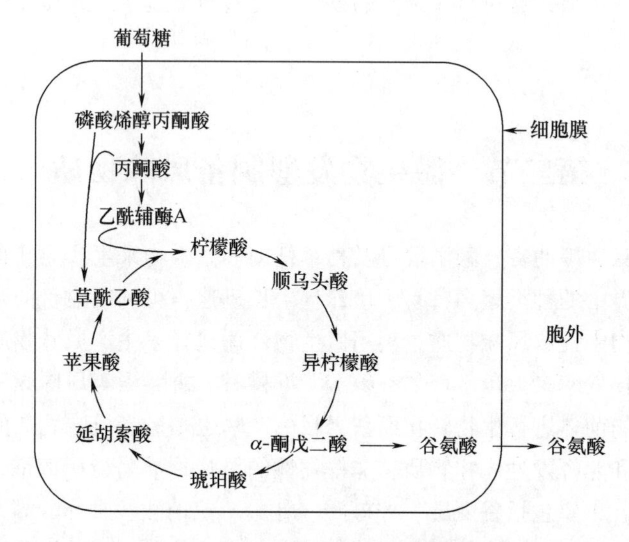

图 7-1 L-谷氨酸的生物合成途径

尽管微生物发酵生产谷氨酸技术已经非常成熟，但是有关谷氨酸在细胞内的分泌机制还不是非常清楚，普遍认为细菌是通过细胞膜的渗漏作用机制使细胞内产生的谷氨酸释放到培养基中。细胞膜是由磷脂双分子层和蛋白质及外表面的糖被（糖蛋白）组成。而磷脂主要组成成分是甘油与脂肪酸，通过调节脂肪酸和甘油的合成可以调节磷脂在细胞内的含量，最终影响细胞膜磷脂的含量从而改变细胞的通透性。生物素是谷氨酸生产菌发酵过程必须添加的原料，但是生物素的存在会抑制谷氨酸分泌到培养基中，而在生物素缺乏的条件下，谷氨酸能够大量分泌。这是由于生物素是乙酰辅酶 A 羧化酶的辅基，而乙酰辅酶 A 羧化酶参与了脂肪酸的合成，在生物素缺乏的条件下，乙酰辅酶 A 羧化酶含量下降影响脂肪酸的合成，导致了组成细胞膜的磷脂含量下降，提高了细胞膜的通透性，增加了谷氨酸的释放量。值得一提的是，糖蜜是一种常用的发酵原料，但含有大量的生物素，以它作为谷氨酸发酵原料时需要进行预处理，如利用活性炭或者树脂吸附法除去生物素，或者利用亚硝酸盐破坏生物素。在发酵培养基中添加去垢剂，能够与生物素相互作用，从而有效地调节细胞膜的渗透性，提高谷氨酸分泌量。另外，添加青霉素能够抑制糖肽转肽酶的活性，从而抑制细胞壁的合成，导致细胞膜的物理性损伤而增加渗透性。此外，使用甘油或油酸缺陷型的菌株，也能提高谷氨酸的分泌量。

研究发现在细菌中存在 lysE、thrE 和 brnFE 等基因分别编码 3 种转运蛋白，能够帮助赖氨酸、苏氨酸及异亮氨酸等输出到胞外，在谷氨酸生产菌中是否也存在类似的转运机制？最近 Nakamura 等人在谷氨酸棒状杆菌中发现了 NCgl 1221 基因，该基因编码一个“机械力敏感”的通道蛋白（Mechanosensitive channel），在细胞膜表面张力改变的时候，该蛋白质的结构随之发生改变。因此他们提出了一个谷氨酸输出的新机制：当外界条件（生物素受限、添加去垢剂或青霉素）影响了宿主菌细胞膜表面张力，从而使 NCgl 1221 蛋白质结构发生改变，细胞内的谷氨酸将允许通过该通道释放到培养基中。谷氨酸棒状杆菌细胞膜在受到外界因素破坏的情况下，通过释放谷氨酸来防止细胞破裂而死亡，是一种适应环境改变的应急机制；同时在外界葡萄糖过量，而生物素受限的条件下，通过释放谷氨酸到胞外环境中，也是一种储存碳水化合物的策略。

（二）柠檬酸

8世纪，波斯炼金术士 Jabir Ibn Hayyar 第一次发现了柠檬酸。1784年瑞典科学家卡尔·威廉·席勒（Carl Wilhelm Scheele）首次将柠檬酸从柠檬汁中结晶分离出来。1890年意大利开始工业生产柠檬酸。1893年，韦默尔（C. Wehmer）发现青霉菌可以利用糖类为发酵原料制造柠檬酸。1917年，美国食物化学家詹姆斯·柯里（James Currie）发现黑曲霉可以高效地制造柠檬酸。1940年，德国科学家 Hans Adolf Krebs 提出了三羧酸循环学说。1953年，印度科学家 Jagannathan 等人研究证实黑曲霉存在参与 EMP 途径的所有酶类。1954—1955年，Ramakrishman 和 Martin 研究发现黑曲霉细胞内存在三羧酸循环途径。

柠檬酸是生物代谢过程中三羧酸循环中合成的重要中间产物，在柠檬、橙子及其他一些柑橘类水果中含量很高。目前，柠檬酸是世界上利用发酵法生产量最大的有机酸，而中国是柠檬酸最大的生产国，占了全世界产量的一半。据统计2019年我国柠檬酸行业产量约139万t，进口0.1万t，出口约95.6万t，行业表观消费量约43.5万t。柠檬酸具有令人愉悦的口感，良好的水溶性，独特的风味等特点，主要作为酸味剂及防腐剂应用到食品工业，除此之外还被应用于洗涤行业、化妆品、医药和化工领域。

研究发现自然界很多微生物在代谢过程中均能高效合成柠檬酸，其中包括解脂耶罗维亚酵母（*Yarrowia lipolytica*）、温氏曲霉（*A. wentii*）、棘孢曲霉（*A. aculeatus*）、泡盛曲霉（*A. awamori*）、热带假丝酵母（*Candida tropicalis*）、橄榄假丝酵母（*C. oleophila*）和季也蒙念珠菌（*C. guilliermondii*）等菌株。尽管如此，黑曲霉（*A. niger*）因其能够利用多种碳源且产酸量高，一直是工业生产柠檬酸的首选菌种。

柠檬酸生物合成途径是：黑曲霉能够利用葡萄糖合成柠檬酸，葡萄糖经过糖酵解途径（EMP）生成丙酮酸。丙酮酸一方面经过氧化脱羧生成乙酰辅酶A，另一方面被丙酮酸羧化酶羧化形成草酰乙酸，而草酰乙酸与乙酰辅酶A在柠檬酸合成酶作用下最终生成柠檬酸。另外，解脂酵母能够利用正烷烃作为碳源合成柠檬酸。其过程是，正烷烃首先被氧化成脂肪酸，然后脂肪酸被β-氧化生成乙酸。乙酸由乙酰磷酸形成乙酰辅酶A进入三羧酸循环。同时，异柠檬酸裂解酶裂解异柠檬酸产生琥珀酸和乙醛酸，乙醛酸与乙酰辅酶A合成苹果酸而转化为草酰乙酸，进一步与乙酰辅酶A结合形成柠檬酸。图7-2为柠檬酸合成途径。

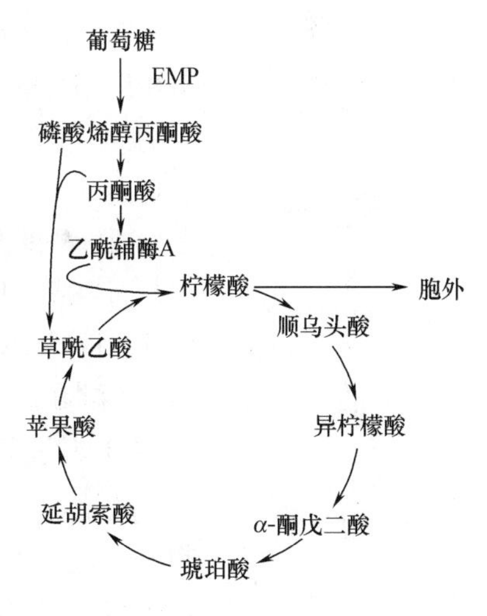

图7-2　柠檬酸合成途径

但在微生物的正常代谢过程中，作为中间产物的柠檬酸一般是不会在细胞内积累的，如何实现黑曲霉大量合成并积累柠檬酸？只能考虑设法阻断代谢途径，使柠檬酸不被继续代谢而实现积累。通过人为地控制微生物发酵的条件（如金属离子的浓度）来干扰黑曲霉正常的代谢功能可以达到此目的，例如在锰离子缺乏的培养条件下，由于细胞内蛋白质合成机制受限制，而导致胞内NH_4^+浓度升高，同时形成一条呼吸活性强不产生 ATP 的侧系呼吸链，这两方面的因素分别解除了对糖酵解途径中磷酸果糖激酶的代谢调节，促进了 EMP 途径畅通；顺乌头酸酶催化柠檬酸生成异柠檬酸，抑制该酶的活力可以起到阻断代谢通路提高柠檬酸含量的作用。顺乌头酸酶是一种含铁的非血红素蛋白，需要Fe^{2+}作为辅基，利用金属螯合剂将Fe^{2+}掩蔽，可抑制该酶的活性。另外在低 pH 的情况下（pH 3 以下），顺乌头酸酶和异柠檬酸脱氢酶会失活，更有利于柠檬酸的积累。

（三）L-乳酸

1870 年，瑞典化学家 Carl Wilhelm Scheele 从酸乳中首次分离出乳酸。1881 年，法国科学家 Frémy 利用微生物发酵生产乳酸，并实现工业化生产。1891 年，美国开始工业化生产乳酸。1901 年，日本以德氏乳杆菌为菌种，利用甘薯淀粉为原料发酵生产乳酸。1944 年，中国生产出医用乳酸钙。

乳酸是存在于动植物及微生物细胞内的一种重要的代谢产物。微生物发酵产生的乳酸因其口感柔和而作为酸味剂和防腐剂应用到饮料和食品中，乳酸在医药中常应用于制作乳酸钙、乳酸亚铁等，同时也被应用于化妆品和皮革工业。近年来，乳酸作为主要原料聚合可以得到聚乙酸，聚乙酸是一种理想的绿色高分子材料，可被生物降解，该应用大大地增大了工业对乙酸的需求。

尽管自然界生产乳酸的菌种很多，但是能够满足工业生产应用的却不多，主要包括乳杆菌属的德氏乳杆菌（*L. delbruckii*）及德氏乳杆菌保加利亚亚种（*L. bulganicus*）。德氏乳杆菌能够以葡萄糖、蔗糖、麦芽糖及半乳糖等为原料进行发酵生产乳酸，而德氏乳杆菌保加利亚亚种则可以利用乳糖和菊粉进行发酵。值得注意的是，细菌发酵大多产生的为 D-乳糖或者 L-乳糖。而米根霉（*Rhizopus oryzae*）可以利用淀粉发酵生产纯的 L-乳酸，这是生产可生物降解聚乳酸的主要原料，因此利用该霉菌进行工业化生产 L-乳酸越来越受人们的重视。

乳酸的发酵有同型乳酸发酵和异型乳酸发酵两种类型。工业上常采用同型乳酸发酵菌进行乳酸发酵，因为这样产生的主产物为乳酸，副产物少。能够进行同型乳酸发酵的菌株有乳酸链球菌、酪乳杆菌、德氏乳杆菌保加利亚亚种及德氏乳杆菌等。乳酸菌利用葡萄糖经过糖酵解途径生成丙酮酸。由于大部分的乳酸菌不含有脱羧酶，使得丙酮酸不会被脱羧而生成乙醛，而导致乙醇的生成。在乳酸脱氢酶的催化作用下，丙酮酸会被还原成乳酸。而异型乳酸发酵的微生物除了生成乳酸外，还会产生乙醇和二氧化碳或者乙酸。图 7-3 为同型乳酸发酵途径。

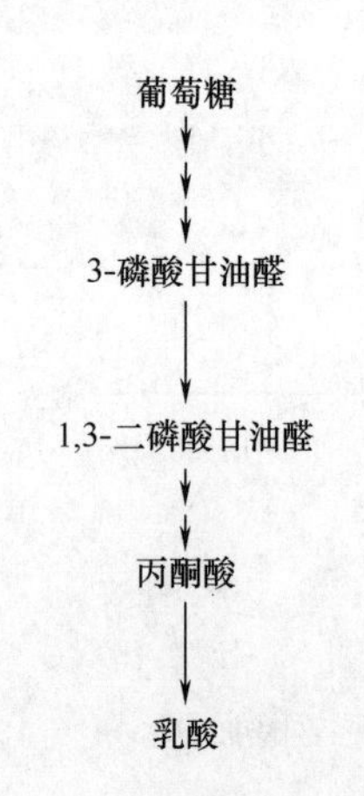

图 7-3　同型乳酸发酵途径

（四）5′-肌苷酸

1913 年，日本科学家 Shintaro Kodama 从柴鱼片中发现了一种鲜味物质肌苷酸（IMP）。1957 年，日本科学家 Akira Kuninaka 发现鸟苷酸（GMP）是存在于蘑菇中具有鲜味的风味物质。同时 Kuninaka 研究发现核苷酸和氨基酸同时使用对鲜味的提升具有协同效应的作用。

5′-肌苷酸（IMP）与 5′-鸟苷酸（GMP）是两种重要的核苷酸呈味剂，通常使用的是它们的二钠盐。它们不但对鲜味、甜味和肉味有增效作用，同时能够抑制酸味、苦味、咸味、腥味及焦味等不良的味道。虽然它们本身并没有鲜味，但是当与氨基酸混合使用时，其鲜味远远大于两种物质鲜味效果之和，这种现象称为鲜味剂的协同效应，这一现象是日本科学家 Akira Kuninaka 发现的。如在普通的味精中添加2%的肌苷酸，它的鲜度比原来单纯的鲜度提高了 35 倍。若将 5′-肌苷酸、5′-鸟苷酸及谷氨酸钠三者混合使用，其协同作用效果更佳。由于核苷酸呈味剂能起到明显提高鲜味的作用，因此常常将核苷酸呈味剂与谷氨酸钠混合作为复合调味剂一起出售。

肌苷酸的生产菌大多数为杆菌，包括短小芽孢杆菌、产氨短杆菌、谷氨酸棒状杆菌等，其中产氨短杆菌是最常用的生产菌株。鸟苷生产菌包括枯草杆菌、产氨短杆菌、微黄短杆菌、铜绿假单胞菌等。

核苷酸的生物合成途径：葡萄糖经过 HMP 途径生成 5′-磷酸核糖后，和谷氨酰胺、甘氨酸、二氧化碳、天冬氨酸等代谢物质逐步结合，最后将环闭合起来形成肌苷酸（IMP），称为全合成途径（Denovo 途径）。由于 IMP 是其他嘌呤核苷酸的前体物质，IMP 继续向下代谢可以转化为腺嘌呤核苷酸（AMP）及鸟嘌呤核苷酸（GMP）。从 IMP 转化为 AMP 及 GMP 的途径，在枯草杆菌中，分出两条环形路线：一条是经过 XMP（黄嘌呤核苷一磷酸）合成 GMP，再经过 GMP 还原酶的作用生成 IMP；另一条经过 SAMP（腺苷琥珀酸）合成 AMP，再经过 AMP 脱氨酶的作用生成 IMP。这表明 GMP 和 AMP 可以互相转变。SAMP 裂解酶是双功能酶，也催化从 SAICAR 生成 AICAR 的反应。在产氨短杆菌中，从 IMP 开始分出的两条路线不是环形的，而是单向分支路线，GMP 和 AMP 不能相互转变。图 7-4、图 7-5 所示分别为嘌呤核苷酸和产氨短杆菌嘌呤核苷酸的生物合成途径。

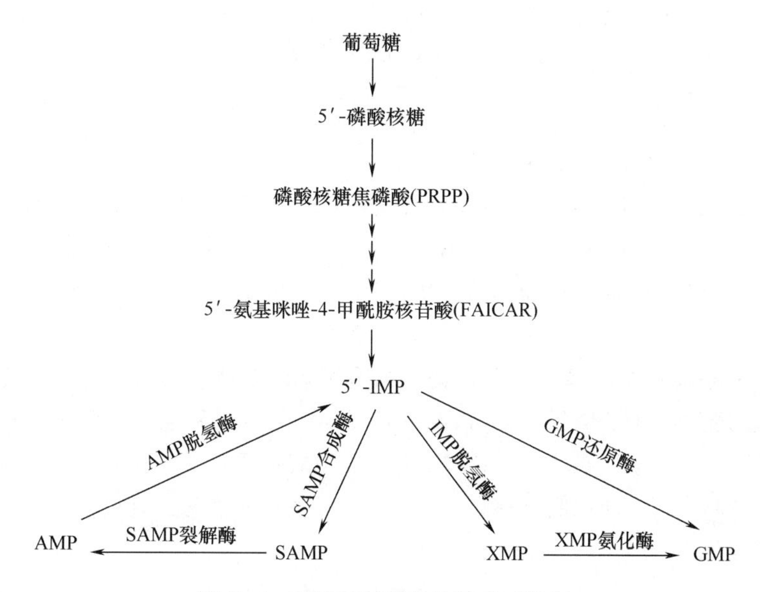

图 7-4　嘌呤核苷酸的生物合成途径

核苷酸在合成的过程中难于透过细胞膜而在培养基中积累，所以希望通过一步法发酵生产获得大量核苷酸不容易实现，但可以通过改造核苷酸的合成途径解除微生物自身的反馈调节来提高产量；另外，通过改善细胞膜对核苷酸的渗透性，有利于核苷酸的积累。研究发现 Mn^{2+} 与微生物细胞膜或细胞壁的生物合成有直接关系，Mn^{2+} 限量的情况下，菌体产生膨胀异常现象，细胞膜允许核苷酸渗透到胞外，而起到积累核苷酸的效果。核苷和碱基能够较好透

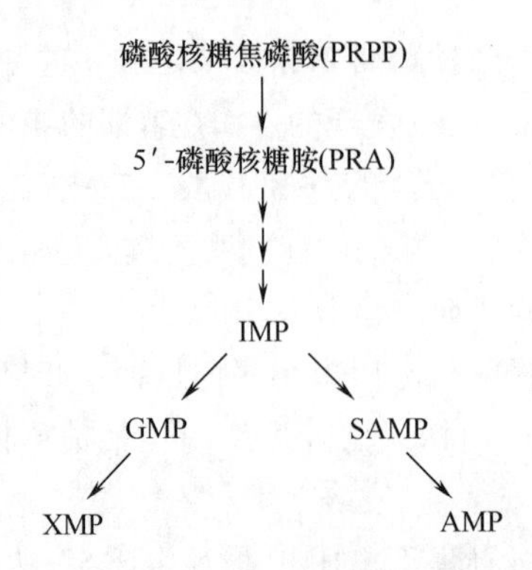

图 7-5 产氨短杆菌嘌呤核苷酸的生物合成途径

过细胞膜，因此现在工业生产多采用两步法，即先通过微生物发酵合成核苷，然后通过酶法进行磷酸化修饰，而获得核苷酸。

利用酶解法生产呈味核苷酸也是一种可行的途径。生物体内的核糖核酸（RNA）是由腺嘌呤、鸟嘌呤、胞嘧啶及尿嘧啶核糖核苷酸通过磷酸二酯键连接起来的生物大分子，而微生物细胞内 RNA 含量极为丰富，是制备呈味核苷酸的重要来源。磷酸二酯酶是一类 RNA 水解酶，能够高效降解 RNA 成单个核苷酸，工业上选用来源于橘青霉来源的 5′-磷酸二酯酶用作 RNA 的降解，并利用离子交换树脂对 RNA 的水解产物进行分离纯化，而获得纯度较高的 5′-鸟苷酸。

二、挥发性风味物质

（一）乙酸

1847 年，德国科学家阿道夫·威廉·赫尔曼·科尔贝第一次通过无机原料合成了乙酸。1949 年，Otto Hromatka 和 Heinrich Ebner 发现通过液体培养发酵微生物可以制备乙酸。

乙酸（醋酸）是典型的挥发酸，常用于食品工业制备食用醋，具有保鲜、酸味剂及防腐的作用，同时赋予食品特殊的风味，给人以清凉和爽快的感觉，可增进食欲、促进消化吸收。据统计，我国 2018 年国内乙酸产量为 616.42 万 t。

醋酸菌（*Acetobacter*）是革兰氏阴性菌，细胞椭圆、杆状、单生、成对或链状，具有氧化乙醇为乙酸的能力。葡萄糖酸杆菌（*Gluconobacter*）具端生鞭毛，能氧化乙醇为乙酸、葡萄糖为葡萄糖酸。在通氧的条件下，醋酸菌能将酒精氧化成乙酸。醋酸菌细胞膜上的乙醇脱氢酶和乙醛脱氢酶参与了催化反应的发生，首先乙醇脱氢酶将乙醇氧化转换为乙醛，再进一步将乙醛脱氢转化为乙酸。

（二）醛类

醛类物质能够赋予食品特殊风味，特别是短链醛，如乙醛、2-甲基-1-丙醛、2-异戊醛、3-异戊醛可以增强水果和烘烤的香味。由于醛类物质容易被氧化成对应的酸或者被还原成相应的醇，因此在食品中含量很低。尽管如此，醛类物质的味觉阈值也很低，如 2-甲基丙醛、2-甲基丁醛和 3-甲基丁醛，阈值分别为 0.10、0.13 和 0.06mg/L。

乙醛作为一种挥发性风味物质，存在于很多食品和饮料中，如苹果汁、啤酒、果酒、葡萄酒、乳酪及奶油等。低浓度的乙醛具有浓郁的水果香味，而高浓度的情况下会有一种辛辣的刺激味道。不同食品中乙醛阈值有所不同，如苹果酒为 30mg/L，啤酒为 20~50mg/L，葡萄酒为 100~125mg/L。

醛类物质可以利用微生物的醇氧化酶（AOX）或脱氢酶氧化对应的醇而获得。毕赤酵母（*Pichia pastoris*）是一种甲醇营养型酵母，可以利用甲醇作为唯一的碳源和能源进行生长。其细胞内的醇氧化酶是一种含有核黄素的醇氧化酶，被甲醇激活后，具有很强的氧化能力，将甲醇氧化为甲醛，同时还原氧分子生成 H_2O_2。毕赤酵母含有一个特殊的细胞结构，即过氧化酶体，醇氧化酶和过氧化氢酶都存在于里面，可以进行协同作用氧化甲醇，和分解双氧水而使细胞不受伤害。毕赤酵母的醇氧化酶底物特异性低，除了甲醇外也可以氧化其他的醇类。这使得毕赤酵母菌作为一种有用的生物催化剂用于催化醇制备对应的醛类物质。有人利用毕赤酵母菌作为催化剂，生物转化乙醇，经过 5h 的反应乙醛最终浓度可以达到35g/L。

（三）香兰素

1858 年，Nicolas-Theodore Gobley 首次从香草豆荚中分离出较纯的香兰素。1874 年，德国科学家 Ferdinand Tiemann 和 Wilhelm Haarmann 推断出香兰素的化学结构，同时建立了利用松柏醇合成香兰素的方法。1876 年，Karl Reimer 利用愈创木酚合成香兰素。19 世纪初，利用丁香油半合成香兰素的产品已经商业化。19 世纪 80 年代，利用愈创木酚和乙醛酸进行两步法合成香兰素。2000 年开始，利用微生物转化阿魏酸生产香兰素的产品实现商业化生产。

香兰素又称香草醛，是应用最广泛的香料化合物之一，具有巨大的市场价值。香兰素具有浓郁的香子兰特征气味和浓郁的奶香，是香子兰花荚中特征芳香气味的主要组成成分。香兰素作为食品添加剂，被广泛应用于糖果、冰淇淋、饮料，有“食品香料之王”的美誉。另外，香兰素还可用于化妆品和医药行业作为加香调香剂，以及橡胶、塑料和其他产品的祛臭加香剂。

香兰素可以通过下面 3 种途径获取：①从香子兰花荚中提取的天然香兰素；②用化学合成法生产的香兰素；③利用微生物转化法生产的香兰素。从香子兰花荚中直接提取香兰素，可以获得天然的产品，但由于原材料来源有限，且产量不高，导致其价格高昂。香兰素化学生产方法工艺成熟，合成量大能够满足市场的需求。微生物转化法生产香兰素，可以获得天然的产品，同时由于无须制备酶制剂可节约成本，并实现工业化生产。

可用于生物转化生产香兰素的微生物菌种很多，由于代谢途径不同，所转化的底物也有所不同，木质素、阿魏酸、香草酸、丁子香酚、异丁子香酚、芳香族氨基酸和葡萄糖等都被用于转化生成香兰素。由于植物细胞壁中含有较多的阿魏酸，特别是农业副产品，如麦麸、米糠等可以分离获得，因此以阿魏酸作为香兰素前体物质受到广泛的关注，工业化的生产香兰素过程是基于不同细菌对阿魏酸的生物转化过程。由于黑曲霉能够分泌阿魏酸酯酶，能将阿魏酸甲酯、低聚糖阿魏酸酯和多糖阿魏酸酯中阿魏酸游离出，因此常用于阿魏酸的制备。利用微生物转化阿魏酸为香兰素可以通过一步法或者两步法来完成。两步法微生物转化阿魏酸生成香草醛：第一步用黑曲霉菌（*Aspergillus niger*）将阿魏酸转化为香草酸，第二步用白腐菌种——朱红密孔菌（*Pycnoporus cinnabarinus*）将其转化为香兰素。一步法：利用拟无枝酸菌（*Amycolatopsis* sp.）可以代谢阿魏酸生成香兰素。利用西唐链霉菌（*Streptomyces setonii*）除了一步转化阿魏酸生成香兰素，还可以产生愈创木酚。愈创木酚结构上为香兰素除去醛基，是该生物转化过程的一种有价值的副产品，它对香兰素典型风味的形成也具有重要贡献作用，因此通常与香兰素共同作为调味剂。图 7-6 所示为微生物制备天然香兰素的过程。

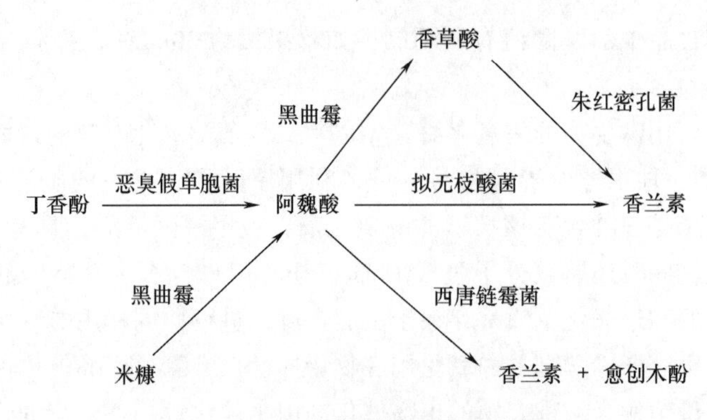

图7-6 微生物制备天然香兰素

（四）酮类

酮类是一类重要的风味物质，其中奇数碳原子的甲基酮具有坚果、乳酪的味道，常作为乳酪风味物质的主要成分。不同风味的羊乳乳酪主要源于2-庚酮和2-壬酮的作用。双乙酰具有黄油及坚果的味道，是最具应用价值的酮类风味物质之一。双乙酰可以通过微生物转化柠檬酸而获得，合成途径是：柠檬酸被代谢降解为乙酸和草酰乙酸，草酰乙酸被进一步降解为丙酮酸，丙酮酸和乙醛合成α-乙酰乳酸，最后脱羧形成双乙酰。图7-7所示为双乙酰生物合成途径。

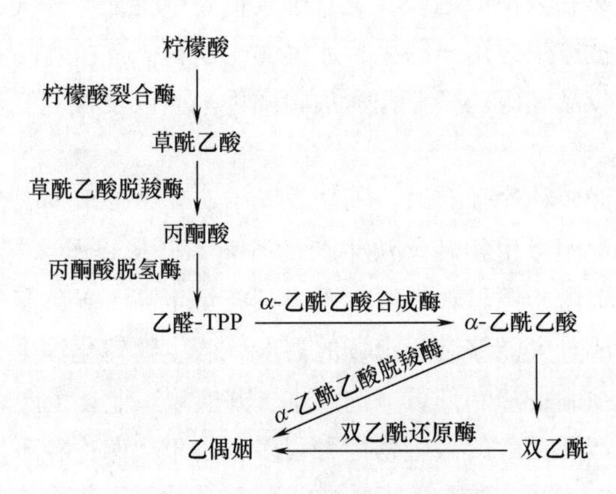

图7-7 双乙酰生物合成途径

（五）内酯

无环状的羟基羧酸经分子内酯化可形成内酯，而4-癸内酯（γ-癸内酯）和5-癸内酯（δ-癸内酯）是其中重要的风味物质之一，它们广泛分布在水果、牛乳、发酵产物中。4-癸内酯是具有典型的水果香味（尤其是桃的香味）的内酯，每年的市场销量达到几百吨。工业上生产4-癸内酯是利用芝麻油中的主要组分蓖麻油酸（12-羟基-9-十八碳烯酸），以一种羟基脂肪酸作为底物，利用酿酒酵母或其他的真菌通过4次β-氧化的循环及双键的氢化作用，将蓖麻油酸降解成4-羟基癸酸，同时在较低的pH下酯化为4-癸内酯，可产生与梨和其他水果中内酯相同的R型结构内酯。5-癸内酯（δ-癸内酯）具有椰子、可可及梨的香味，存在于水果及乳制品中，应用担子菌或面包酵母可以将α-，β-不饱和内酯2-癸烯-5-内酯（来源于Massoi bark油，含量达到80%）转化成5-癸内酯。利用真菌（如木樨枝孢霉、黑曲霉或埃切毕赤酵母）作为催化剂能够转化天然油脂如葵花籽油、蓖麻油及椰子油（辛酸含量尤其丰富），生成4-辛内酯，这也是一种内酯类风味产物，具有草本香甜、类似椰子的风味。

（六）酯类

酯类化合物是一类重要的风味物质，在水果中广泛分布，尤其是低相对分子质量的酯类可以赋予很多食品特殊的水果风味，但在水果中含量较低。酯类化合物被称为果香精，常添加到饼干、饮料及糖果中。酯类化合物可通过化学方法获得：有机酸与醇类反应，生成酯类化合物同时产生一分子水，此反应为酯化反应。除了利用化学的方法，工业上常采用脂肪酶与酯酶进行酯类物质的生产。因为这些酶价格低廉且容易获得，并且在有机反应体系中仍可保持活力，同时具有很好的立体选择性，因此它们被广泛选择用于生物催化短链醇和萜烯醇生产天然风味酯类物质。同时也会用于生成新的对映纯的香精香料，用于分析研究和感官评价的目的。相对于利用纯化后的酶制剂，利用高酯酶活力的真菌，对其进行干燥处理后用于全细胞催化反应，可以作为催化剂在有机溶剂中高效地合成酯类，这一方法免去了酶制剂昂贵的制备成本，并且胞内的酶系统被细胞结构例如膜保护，所以非常稳定，同时冻干的细胞可以作为自固定的催化剂用以高效合成风味物质。利用冻干的米根霉菌丝可以获得高产量的短链脂肪酸乙酯（C_2~C_8），例如己酸乙酯的合成。

己酸乙酯是水果中最常见的酯类，同时是浓香型曲酒的主要香味物质。它是己酸和乙醇发生酯化缩合而成的产物。自然界中能生产己酸乙酯的微生物主要是霉菌，白酒工业中用的己酸乙酯酯化菌主要是根霉和红曲霉。其生物合成途径是：葡萄糖经过 EMP 途径生成中间产物丙酮酸，丙酮酸经过丙酮酸脱羧酶催化脱羧形成乙醛，乙醛在乙醇脱氢酶催化下形成乙醇。另外，丙酮酸可以被氧化脱羧形成乙酰辅酶 A，乙醇与乙酰辅酶 A 在醇乙酰基转移酶的催化作用下生成己酸乙酯。

（七）萜类物质

萜类化合物（类异戊二烯）是自然界中天然物质最大的家族之一，目前已知就有 22000 多种，主要存在于陆生植物中。另外现今发现海洋生物中很多生物活性物质也含有萜类化合物，是新药开发的重要来源。天然萜类化合物包括半萜、单萜、倍半萜、二萜、三萜和多萜多种分子等，它们对天然风味都有一定的贡献，但目前只有单萜和倍半萜作为香精香料物质广泛地应用于工业。某些萜类化合物在植物中成分含量较多，例如橘油中含有 90% 的（+）-柠檬烯，而（+）-柠蒎烯是松节油的主要成分（80%）。它们可以成为生物催化氧化生成天然萜类风味或香味物质理想的前体物质。在过去几十年里，对于萜类化合物研究的重点在于寻找适于降解萜烯类的微生物种类，如细菌包括假单胞菌、红球菌属和杆菌属；半知菌纲的曲霉和青霉；子囊菌和担子菌所有的高等真菌，它们具有对萜烯都有超强的从头合成、生物合成及生物转化的能力。尽管萜类物质具有独特的风味，市场需求量也持续增长，但利用生物转化合成萜类风味物质还是受到很多的限制，主要原因是萜类的物理化学性质，例如水溶性低、挥发性高，萜类前体物质及萜类的细胞毒性，阻碍了常规的生物转化过程。综上原因，使得目前只有少数几种萜类化合物利用生物合成的方法进行工业化生产。

第三节　酶法制备风味物质

酶制剂在食品工业中已得到广泛应用，在自然界中大约存在着25000种酶，其中被商业化的就有400余种，大部分是来源于微生物。酶的许多优越特性使它们成为操纵生物材料的理想工具。酶催化过程具有反应时间短、具有专一性、作用条件温和、易于控制、反应效率高、产品易于分离等优点，因此各类型的酶制剂被广泛应用于食品风味剂的生产中。全世界关于酶的市场总值超过10亿美元，其中水解酶、转移酶、氧化还原酶和裂合酶占了食品生物技术用酶中的绝大部分。

食品中有部分风味来自于食物中的内源酶的作用，它们赋予了食品应有的特征风味。在食品加工过程中内源酶的活力容易降低或丧失，但留下的底物仍然有效，所以采用酶制剂的形式添加到食品中可以改善和强化风味的形成。另外，各种食品表现出风味的时间不同，如蔬菜、水果在成熟后散发出浓郁的香气，而在加工后风味却会变淡甚至产生异味，如蔬菜经热处理产生的煮熟味、脱水生姜片产生焦煳味、乳制品和肉类则往往在加工后才能产生风味等。因此，食品在被加工后再向产品中添加酶而得到风味物质是非常有意义的研究领域；同时，通过酶法制备风味物质添加到食品中，改善食品口感及风味也是现代食品工业发展的必然需求。

利用酶法制备风味物质是目前生产风味物质最重要的生产方式。利用适当的风味前体物质通过酶进行生物转化而获得目标产物，其中酶可以是从微生物或其他生物中提取的纯酶，也可以是利用微生物培养过程中分泌到培养基中的混合物，通过酶转化可将低附加值的风味前体物质转化成具有高附加值的目的产物。本节主要介绍酶的基本理论知识及以酶为基础制备风味物质的应用。

一、酶的基本概述

酶是具有催化功能的生物大分子，即生物催化剂。它能够加快生化反应的速度，但是不改变反应的方向和产物。酶存在于动植物以及微生物的细胞内，是维持机体正常新陈代谢等生命活动的一种必需分子。

酶的种类较多，因此建立了多种的分类和命名方法，但一般根据两个原则：①根据酶所催化的底物来分类。如水解淀粉的酶称为淀粉酶，水解蛋白质的称为蛋白酶；有时还加上来源，以区别不同来源的同一类酶，如胃蛋白酶、胰蛋白酶等。②根据酶所催化的反应类型来分类。催化底物分子水解的称为水解酶，催化还原反应的称为还原酶。也有根据上述两项原则综合命名或加上酶的其他特点，如琥珀酸脱氢酶、碱性磷酸酶等。习惯命名较简单，但缺乏系统性且不甚合理，以致造成某些酶的名称混乱。例如，肠激酶和肌激酶，看似来源不同而作用相似的两种酶实际上它们的作用方式截然不同；铜硫解酶和乙酰辅酶A转酰基酶实际上是同一种酶，但名称却完全不同。鉴于上述情况和新发现的酶分子不断地增加，为适应酶学发展的新情况，国际生物化学联合会酶学委员会推荐了一套系统的酶命名方案和分类方法，使每一种酶具有系统名称和习惯名称，同时每一种酶有一个固定编号。这种方法称作酶的系统命名法。

酶的系统命名法按照酶所催化的底物的反应将酶分为 6 大类：

（1）氧化还原酶（Oxidoreductases） 催化底物的氧化或还原反应，如葡萄糖氧化酶。

（2）转移酶类（Transferases） 催化不同物质分子间某种化学基团的交换或转移，如磷酸转移酶。

（3）水解酶类（Hydrolases） 催化水解反应，如胃蛋白酶。

（4）裂合酶类（Lyases） 催化底物分子断裂的反应，如柠檬酸裂合酶。

（5）异构酶类（Isomerases） 催化同分异构体互相转化，即催化底物分子内部的重排反应，如木糖异构酶。

（6）合成酶类（Ligase） 又称连接酶，催化两分子化合物互相结合，同时 ATP 分子中的高能磷酸键断裂，即催化分子间缩合反应。

按照国际生物化学联合会公布的酶的统一分类原则，在上述 6 大类基础上，在每一大类酶中又根据底物中被作用的基团或键的特点，分为若干亚类；为了更精确地表明底物或反应物的性质，每一个亚类再分为几个组（亚亚类）；每个组中直接包含若干个酶。

例如，乳酸脱氢酶（EC1. 1. 1. 27）催化下列反应：

$$\begin{array}{l} CH_3 \\ | \\ CHOH \\ | \\ COOH \end{array} + NAD^+ \xrightleftharpoons{\text{乳酸脱氢酶}} \begin{array}{l} CH_3 \\ | \\ C{=}O \\ | \\ COOH \end{array} + NADH + H^+$$

乳酸　　　　　　　　　　　　丙酮酸

其编号解释如下：

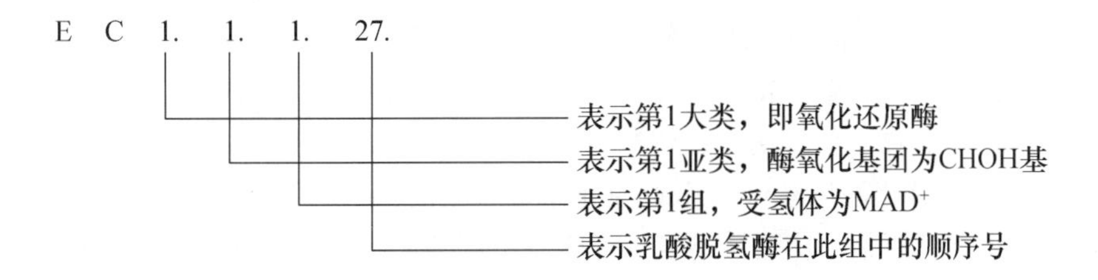

二、 酶的性质

（一）酶的理化性质

（1）大部分酶是蛋白质，因此酶具有蛋白质所有的特性。

（2）酶蛋白质分子是两性电解质，酶具有两性电解质的各种性质。

（3）酶在某些物理因素（如加热、紫外线照射等）和化学因素（如酸、碱、有机溶剂等）的作用下，会发生变性或沉淀，因而丧失活性。

（4）酶的相对分子质量很大，一般在 6000~1000000。酶的水溶液具有亲水胶体的性质，不能通过透析膜。

（5）酶能被酸、碱或蛋白酶水解，最终生成其基本组成单位——氨基酸。酶经水解后，其催化活力将会丧失。

（二）酶具有化学催化剂的特性

（1）提高化学反应的速度，但不改变化学反应的平衡点。如肽类化合物遇水时，肽键会发生自发的水解反应，该反应的速度非常缓慢，当有蛋白酶存在时，该反应则进行得十分迅速。

（2）在化学反应前后酶本身数量不发生变化，用量少而催化效率高。

（3）降低化学反应的活化能。

（4）酶与一般化学催化剂相比，更容易丧失活力。

（三）酶作为生物催化剂的独特性质

（1）极高的催化效率　在相同的条件下，酶的参与能够使一个化学反应的反应速度大大加快。通常酶可以加快反应速度 10^{14} 倍，表现出极高的催化效率。一般来说，以分子比表示，酶催化反应的反应速度，比非催化反应的反应速度高 $10^{8}\sim10^{20}$ 倍，比其他催化剂催化反应的反应速度高 $10^{7}\sim10^{13}$ 倍。

（2）高度的专一性　酶对其作用的底物和所催化的反应表现出高度的专一性，这是酶与普通催化剂的最大区别之一。

（3）温和的反应条件　通常，酶能够在非常温和的反应条件下催化一个化学反应的发生。酶催化的反应几乎都是在常温、常压、中性 pH 等条件下进行的。

三、酶法制备风味物质的应用

（一）脂肪酶

脂肪酶（EC3.1.1.3）是一类催化长链脂肪酸酯水解的酶，广泛存在于动物、植物以及微生物中，在脂类的代谢与调节过程中扮演着非常重要的角色。脂肪酶具有多种功能，除了能催化甘油酯的水解，还能催化酯交换、转酯以及酯化等反应。脂肪酶具有广泛的底物特异性、立体选择性和良好的有机溶剂耐受性等卓越的性质。因此，脂肪酶开发和应用研究已经成为生物技术领域的热点。目前，已经有 Amano、Biocatalysts、Gist-Brocades、Lyven、Meito Sangyo、Novozymes 等公司开发出的几十种商品化的脂肪酶，广泛用于日化、油脂化工、洗涤、烘烤、化妆品、制革、造纸等领域。而且，随着基因工程和蛋白质工程技术发展，更多的高催化活力和特异性的脂肪酶以及更多应用领域，正在不断被研究和开发出来。

不同来源的脂肪酶的一级结构差别很大，但大多具有 Ala/Gly-X1-Ser-X2-Gly 保守五肽序列。其中 X 是任意的氨基酸，Ser 是亲核残基，是催化中心三联体 Ser-Asp-His 成员之一；Ser 侧翼的 Gly 在酶的催化过程中所起的作用不大，主要作用是增加保守五肽的柔韧性和减少空间障碍，以便底物能与催化中心更好地结合和催化水解。

脂肪酶属于 α/β 水解酶家族。这类蛋白质存在一些共同的结构，例如 α/β 水解酶折叠。该折叠类型的主要特征是：折叠的中心是由 8～9 条平行的或平行与反向平行相结合的 β-折叠结构组成，其两侧被 α-螺旋所包裹（图 7-8）。不同脂肪酶的二级结构在经典的 α/β 水解酶结构的基础上加以变化，主要表现为 α 螺旋和 β 折叠的数量、空间分布，β 折叠的扭曲的程度等的改变。

目前，许多脂肪酶的三级结构已经得到解析，已解析的结构显示，大部分脂肪酶的保守五肽中的 Ser 正好位于 β 折叠的 C 末端和 α 螺旋的 N 端弯折点上，形成一个类似 ε 的结构，称为 β-ε-Ser-α motif。该 motif 存在于所有丝氨酸水解酶中，在催化反应中起着重要作用。

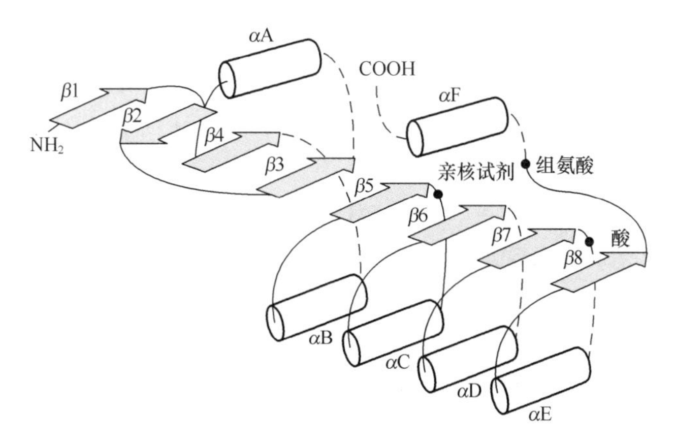

图 7-8 经典的 α/β 水解酶二级结构示意图

脂肪酶三级结构一个最显著的特点是含有由 α 螺旋组成的“盖子”（lid）结构，覆盖住活性中心位点。*R. miehei* 脂肪酶的活性中心被一个亲水性的短 α 螺旋覆盖，*Geotrichum candidum* 脂肪酶的活性中心被两个平行的 α 螺旋覆盖。这个“盖子”对脂肪酶的功能具有重要作用。在通常情况下，盖子结构处于关闭状态，阻挡活性中心与底物的结合。当脂肪酶处于油水界面时，由疏水残基的暴露和亲水残基的包埋使盖子打开，导致脂肪酶构象改变，从而增加了脂类底物和酶活性中心的亲和性，并稳定了催化过程中的过渡中间态产物，而酶分子周围通常残留一定量的水分，从而保证油-水界面和有机相中的自体激活。但是，由脂肪酶“盖子”的打开而产生的活化效应并不一定在油水界面处出现。在没有油水界面的情况下出现了活化效应，而且这种活化效应取决于底物酰基链的长度。他们认为，是底物特定长度的碳链的结构正好与疏水性的脂肪酶“盖子”很好结合，导致“盖子”构型改变，从而打开盖子，激活脂肪酶。还有人研究发现，脂肪酶的“盖子”结构上几个特定的氨基酸残基对脂肪酶的底物特异性以及活性具有重要影响。

脂肪酶是一类多功能的酶：除了能催化甘油三酯的水解反应之外，还能催化酯化、转酯、醇解、酸解和胺解反应；脂肪酶还可以在广泛的 pH 和温度范围内进行反应；大多数脂肪酶作用于 sn-1 位和 sn-3 位的酯键，少数脂肪酶作用于 sn-2 位。脂肪酶这些性质使得脂肪酶可以在食品、洗涤、能源、制药、制革、纺织以及造纸等领域得到了广泛应用。利用脂肪酶来生产风味物质也已经被广泛研究和应用于工业化生产。

（1）脂肪酶制备的风味产品 最早开始大规模用酶法生产的风味物质中，有一种称为酶解脂肪的物质，即用脂肪酶对乳脂进行一定程度的水解而得到的物质。脂肪酶作用于乳酯并产生脂肪酸，能赋予乳制品独特的风味。脂肪酶释放的短碳链脂肪酸（C_4~C_6）使产品具有一种独特强烈的乳风味，而释放的中碳链脂肪酸（C_{10}~C_{14}）使产品具有肥皂似的风味。传统乳酪制品加工所用的脂肪酶大都来自动物组织，如猪、牛的胰腺和年幼反刍动物的消化道组织，不同来源的脂肪酶会产生不同风味特征。脂肪酶还可使用在羊乳仿制牛乳的制品中。对不同乳源的乳制品，脂肪酶的使用可大大改善其原有的不良风味，促使新的风味的产生，并能改进乳制品的营养价值。运用脂肪酶对乳脂肪进行适当程度的分解，能赋予牛乳更丰富饱满的风味。因此酶解脂肪在风味物质制备上有着广泛的应用，如生产乳味香精及酶改性乳酪。

（2）乳味香精 乳味香精是食品工业中应用最为广泛的香精之一，主要用于冷食、糖果、饮料等的增香。乳味香精还可用于饲料的加香，可以显著改善饲料的适口性，提高动物采食，在饲料行业具有很好的推广应用前景。因此，乳味香精系列产品的开发具有广阔的市场前景。

乳味香气主要是由低级脂肪酸、羰基化合物以及极微量的挥发性成分组成。中短链脂肪酸对乳味香气的贡献较大，是构成乳香的直接因素。乳香组分一般包括醇类、醛类、酸类、酮类、酯类、内酯、硫化物等，其香气来源是鲜乳中的天然香气成分，二是乳品加工中形成的香气成分，主要包括双乙酰（2，3-丁二酮）、乙偶姻和牛乳内酯等。

酶法水解制备乳味香精是以奶油（或稀奶油）做原料，利用酶解技术将奶油在一定条件下进行水解以增香150~250倍，产生具有乳香特征的化合物。它是天然的食品添加剂，香气自然、柔和，对加香产品内在质量有明显的改善和提高，赋予加香产品天然乳香口味，这是单体香料调配而成的同类乳味香精所达不到的。酶法乳香料的生产方法是基于选择适宜的奶油品种，通过它们的作用使奶油中的脂肪酸（饱和与不饱和的）甘油三酯、酮酸和羟酸的甘油三酯酶解成饱和及不饱和脂肪酸、酮酸和羟酸。脂肪酸中偶数碳的香气贡献较大，羟酸进一步脱水环化生成不同碳数的3-和4-内酯，尤其是偶数碳4-内酯，其含量虽少，香气贡献却很大。酮酸进一步脱二氧化碳，生成甲基酮类化合物，起到增香作用。

（3）酶改性乳酪 乳酪是一种营养价值很高的发酵乳制品，被营养学家誉为理想的食品，称为“乳黄金”，乳业皇冠上的“珍珠”。酶改性乳酪（EMC，Enzyme modified cheese）是以乳酪凝块、天然乳酪、酪蛋白酸盐、奶油为原料，加入酶制剂，在一定的温度下水解一定的时间而得到的乳酪。EMC由于比天然乳酪具有易于加工、风味浓郁、成本低、产品稳定性高、使用方便、货架期长、应用范围广、健康等诸多优势已经成为一种重要的乳酪类型。酶改性乳酪通常用于再制乳酪、乳酪风味小吃和乳酪蘸酱等，可以作为产品中乳酪风味的来源，加强已存在的乳酪的风味或增加一种特定的乳酪特性。EMC的风味大约是天然乳酪风味的5~30倍，可以制成浆状或对其进行喷雾干燥而制成粉状。EMC产品在欧洲被分类为预制调味料（预制调味料是指通过物理、微生物或酶的方式从动物或植物源的原料中获得的物质）。在美国等地已被认为是安全的，并且可以加入到指定种类的巴氏杀菌的再制乳酪、非传统的低脂和无脂乳酪及各种即食食品中。

乳酪在成熟的过程中，其自身的微生物和酶会催化一系列的生化反应，产生乳酪特有的风味物质。其中最基本的有3个反应：糖酵解、蛋白质水解、脂肪水解。乳糖在发酵剂的作用下经糖酵解途径产生乳酸；蛋白质在乳酪中残留的凝乳酶、蛋白酶以及微生物酶的作用下逐渐降解成多肽、小肽以及氨基酸，其中的一些小肽和氨基酸是特定风味物质的前体，或直接形成乳酪的风味；脂肪酶在生产酶改性乳酪制品中起关键作用，酶改性乳酪中含有的游离脂肪酸比只经过普通处理的乳酪要高10倍以上，脂肪在脂肪酶的作用下水解成脂肪酸、醛类、醇类等一系列化合物，而脂肪酸是影响乳酪风味最显著的因素。其中一些脂肪酸，特别是挥发性脂肪酸如丙酸、乙酸、辛酸和癸酸等是乳酪的风味物质，同时随着水分的不断挥发，形成乳酪特有的质地和硬度。

（4）脂肪酶制备薄荷醇 薄荷醇是一种萜类物质，又称薄荷脑，具有清凉的香味。薄荷脑可用作牙膏、香水、饮料和糖果等的赋香剂。在医药上用作刺激药，作用于皮肤或黏膜，有清凉止痒作用；内服可用于头痛及鼻、咽、喉炎症等。其酯用于香料和药物。薄荷醇在风味和香料工业的需要量较大，我国和巴西是主要的天然薄荷生产国。

脂肪酶作用于油水界面的特性，使得脂肪酶可用于进行对映体选择性的水解，以产生纯的光学活性脂肪醇和萜烯醇。薄荷醇具有多种异构体，但仅仅左旋薄荷醇具有特征的薄荷味，利用脂肪酶可以将其异构体进行拆分，而得到左旋薄荷醇。经研究发现皱褶假丝酵母（*Candida rugosa*）所产生的脂肪酶经过酯化和酸解，能使2-甲基分支化合物进行动力学拆分而得到左旋薄荷醇。

（5）脂肪酶制备酯类　酯类化合物是一类重要的风味化合物，具有迷人的水果香味，是水果中的主要香味物质，但在水果中含量很低。水果成熟后会产生各种具有香味的芳香物质，主要是醇类和脂肪酸结合而产生的酯类化合物。例如，苹果在成熟时要产生100多种芳香物质，主要是醇类、酯类、醛类和酮类，以丁醇含量最多；香蕉成熟时产生200多种挥发性物质，主要是乙酸异戊酯类和乙酸丁酯类；葡萄中重要的特征香气化合物是邻氨基苯甲酸甲酯；3-甲基巯基丙酸酯是菠萝中的特征物质，这些物质从水果中溢出来使水果带有香味。因此，在食品工业上人们常常通过添加内酯类化合物来增加食品的香气。

通常情况下，芳香和香味成分是由合成法或从天然来源中提取的，从植物中提取芳香物质的量有限，无法满足人们的需求，因此开始转向用生物技术的方法生产，目前国内外多用微生物酶法合成芳香化合物。如用具有阴离子交换特性的树脂固定的米黑毛霉脂肪酶在正己烷体系中将异戊醇和异戊酸直接酯化，可得到水果风味物质异戊酸异戊酯。在乙烷体系中通过脂肪酶催化乙酸-3-己烯醇和乙酸可以大量合成乙酸-3-己烯酯，利用来源于南极假丝酵母固定在丙烯酸树脂的固定化酶或者来源于米黑毛霉的固定化脂肪酶也可以用于生产乙酸-3-己烯酯，产物的转换率可以达到90%。

（二）糖苷酶

糖苷酶又称糖苷水解酶（Glycoside hydrolase），是作用于各种糖苷或寡糖使糖苷键水解的酶的总称。现在一般按照糖残基的性质（包括糖苷键的性质）来进行命名和分类的（如α-葡萄糖苷酶、β-半乳糖苷酶、β-葡萄糖苷酶），也常使用历史上最初发现时来自底物名的惯用名，如蔗糖酶（β-果糖苷酶），麦芽糖酶（α-葡萄糖苷酶）。众所周知，在植物组织中大量的香味物质被约束于非挥发性的糖类复合物中，这些糖苷化合物大多数是β-葡萄糖苷，因此利用β-葡萄糖苷酶水解β-葡萄糖苷即可制备风味物质。研究指出经葡萄糖苷酶处理过的食品，除具有食品本身固有的特征香气外，在香气组成上，更显饱满，柔和、圆润，增强了感官效应。由于糖苷酶是一种生物催化剂，具有专一性强、催化效率高、反应条件温和、立体专一性和对映选择性强，对周围环境产生的副作用小等特点，酶解的方法因此被认为是一种更接近于自然的方法，它可以增加游离态风味物质的浓度，对单萜类化合物的分子排布改变很小，并且基本上不改变萜烯化合物的性质，使糖苷酶在制备食品风味上有较为广阔的前景。其中在制备风味物质上，用途最广泛的是β-葡萄糖苷酶。

β-葡萄糖苷酶（β-glucosidase，β-D-葡糖苷葡萄糖水解酶，EC3.2.1.21）是一种水解酶，又称纤维二糖酶、龙胆二糖酶、苦杏仁苷酶。它能催化水解芳基或烃基与糖基原子团之间的糖苷键生成葡萄糖，是纤维素酶的一个关键组分。β-葡萄糖苷酶的来源很广泛，植物、微生物和哺乳动物体内均有分布，特别是在植物的种子和微生物中尤为普遍。β-葡萄糖苷酶在植物种子中表达较多的区域是种子，此外还存在于发芽部位、幼嫩组织和子叶基部等，在细胞中的细胞壁和叶绿体中也均有存在。但是植物来源的β-葡萄糖苷酶的活力比微生物来源的要低。所以，目前的研究主要集中在微生物例如酵母、细菌、真菌等产生的β-葡萄糖苷酶。

β-葡萄糖苷酶的作用主要是作为风味酶制备风味物质或增强风味。将β-葡萄糖苷酶用来处理葡萄酒后，葡萄酒香气显著增加，酶处理后其萜类含量是原有的2倍。因葡萄浆果中存在着游离态芳香物质和键合态呈香物质，而葡萄酒典型的风味主要来源于葡萄中的挥发性化合物，游离态芳香物质可以直接从葡萄酒中挥发出来，使人的嗅觉产生反应，键合态呈香物质本身没有香气，必须经过分解释放出游离态芳香物质才能产生香气，因此键合态呈香物质又被称为风味前体物质（Flavor precursor）。通常，以键合态形式存在的风味前体物质的含量比游离态芳香物质要丰富得多，葡萄酒中大部分风味前体物质以糖苷的形式存在的，为了改善葡萄酒的香气，必须将葡萄酒中的这些键合态呈香物质分解，释放出游离态芳香物质。葡萄酒中键合态呈香物质的水解通过两种方式：一类是水解，另一类是酶解。酶解和水解相比，具有高效，专一性强，条件温和，副作用小等特点，在实际应用中一般采用酶解方法来分解键合态呈香物质，增强和改善葡萄酒香气。酶制剂的来源同样影响着糖苷的水解效率，将微生物酶制剂与直接从葡萄中提取出来的酶制剂进行对比实验，结果表明，微生物酶制剂的水解效率较高，而直接从葡萄中提取出来的酶制剂的水解效率较低。这主要是因为在微生物酶制剂中β-D-葡萄糖苷酶的含量很高，且耐受性强，因此水解效率高。葡萄酒的风味是衡量葡萄酒品质的一个主要指标，因此糖苷酶现在广泛运用于葡萄酒来增加葡萄酒的风味。

此外，人们还研究了利用β-葡萄糖苷酶生产覆盆子酮（一种香料）的生物技术方法，该方法用β-葡萄糖苷酶催化水解天然的桦木糖苷为桦木醇，最后利用微生物乙醇脱氢酶将桦木醇转化成覆盆子酮。在牛乳中，β-葡糖醛酸糖苷酶能使酚从它们相应的前体中释放出来。

（三）蛋白酶

蛋白酶是一种很重要的工业酶制剂，能催化蛋白质和多肽水解。该酶广泛存在于动物内脏、植物茎叶、果实和微生物中。目前，国际市场上商品蛋白酶有100多种。在乳酪生产、肉类嫩化和植物蛋白质改性中都大量使用蛋白酶。

大多数蛋白酶不仅能水解肽键，它们还能作用于酰胺（$—NH_2$）、酯（—COOR）、硫羟酸酯（—COSR）和异羟肟酸（—CONHOH）等。对于α-胰凝乳蛋白酶、胰蛋白酶，底物只要能和酶的活性中心相结合，并使底物中敏感键正常定向接近催化基团的位置催化反应就能发生。

按蛋白酶作用方式可以将蛋白酶分为以下几种：①内肽酶（Endopeptidase）。从蛋白质或多肽内部切开肽键生成分子质量较小的多肽，如动物器脏的蛋白酶、胰蛋白酶，植物中提取的木瓜蛋白酶、无花果蛋白酶、菠萝蛋白酶以及微生物蛋白酶等。②外（端）肽酶（Exopeptidase），又分为氨肽酶、羧肽酶。氨肽酶是从蛋白质或多肽分子的氨基末端水解肽键而游离出氨基酸的酶。羧肽酶是从蛋白质或多肽分子的羧基末端水解肽键而游离出氨基酸的酶。

氨基酸是组成蛋白质的基本单位，由于氨基酸是两性电解质，在酸碱中能呈现不同的性质，故可发挥调和糖、酸口感的缓冲作用，使饮料的饮用口感和风味变得柔和。在含有磷酸、乳酸的可乐型饮料中添加氨基酸，可使原料中的苦涩味适当得到收敛，因而风味变得柔和可口。天冬氨酸钠还可以用于改善鱼糜、果汁饮料风味。甘氨酸有爽快甜味，可以应用于汤汁、软饮料、腌渍物中。脯氨酸具有甜味外，还有很强的发泡能力，赖氨酸可防止啤酒老化，增加可口性。普通食品中游离氨基酸所占的比例非常小，只占整个食品所含氨基酸的1%~2%，但是可以添加蛋白酶，通过蛋白酶的水解作用，从而制备具有风味作用的氨基酸。

（1）氨基酸风味物质　氨基酸的甜味与其主体构型有关，D型氨基酸多数带有甜味，其中D-色氨酸的甜度可达蔗糖的40倍。甘氨酸是主要的甜味剂，有独特的甜味，能缓和酸、碱味。除了本身提供清香甜美外，还能减少苦味及除去食物中令人不快的口味，因而它有特别广泛的用途和开发应用前景。

（2）蛋白糖　20世纪60年代后兴起了一个新领域，即利用本来不甜的非糖类天然物经过改性加工，成为高甜度的安全甜味剂。如蛋白糖，化学名称为天冬酰苯丙氨酸甲酯，这是将天冬氨酸、苯丙氨酸先结合后再甲酯化而得，它具有约200倍蔗糖的甜度，通过长达17年的审批，在1981年7月由美国食品与药物管理局批准作为食物甜味剂使用，商品名称为阿斯巴甜，联合国食品添加剂合同委员会并已确认人体每日允许摄入量为40mg/kg（体重）。天冬酰苯丙氨酸甲酯是一种营养性的非糖甜味剂，其组成单体都是食物中的天然成分，在肠内可水解为单体氨基酸，随后与来自食物的同类成分一起参加代谢，安全性高，获得同等甜度条件下，蛋白糖可以避免人体因摄取过量的食糖而造成的营养过剩、肥胖和代谢紊乱以及由此而引起的肥胖症、高血压、心脏病等问题。由于蛋白糖在体内代谢不需胰岛参与，不产生乳酸，所以糖尿病患者、蛀牙患者可放心食用。

蛋白糖若经受长时间高温100℃以上的焙烤，则其分子发生失水环化，甜度降低。故蛋白糖适合于不烘焙、不加热或瞬间加热，冷后涂在烘焙食品的表面使用。如汽水、果子露、粉末饮料、酸乳、乳酸菌饮料、面包甜心、餐桌甜味剂、口香糖，可获得低热量、预防牙蛀、强化风味等效果。

（3）鲜味氨基酸　具有独特鲜味的氨基酸主要是天冬氨酸和谷氨酸。目前谷氨酸单钠盐和甘氨酸是世界上用量最大的调味品。在酱油生产中，添加蛋白酶可以增强产品香味。酱油中的鲜味主要来自于氨基酸钠盐，因此在发酵过程中，添加蛋白酶，可补充米曲霉产生蛋白酶的不足，尤其是酸性蛋白酶，有利于蛋白质的降解。

（4）风味增强肽　风味增强肽或称鲜味肽，是补充或增强食品原有风味的肽类物质。当这些肽的使用量低于其检测阈值时，仅增强风味，只有当其用量高于其检测阈值时，方可产生鲜味。风味增强肽不影响其他味觉（如酸、甜、苦、咸），且增强其各自的风味特征，因此在各种蔬菜、肉、禽、乳类、水产类乃至酒类增味方面都有良好的应用效果。研究表明，小肽的感官特征与其氨基酸组成密切相关，其味感取决于组成氨基酸的原有味感，一般地，Glu、Asp、Gln、Asn之间相互结合或与Thr、Ser、Ala、Gly、Met、Cys相互结合形成的多元酸钠盐呈鲜味，如Glu-Glu，Glu-Asp，Glu-Ser等。1998年，日本味之素株式会社发现谷胱甘肽具有很强的赋予“浓厚感和渗延感”的功能且能增强和维持香辣调味料及蔬菜风味的功能；2002年，雀巢公司的研究发现小麦面筋蛋白中含有许多具有强化呈味（鲜味、咸味、酸味）功能的小肽，并提出了肽对食品鲜味的影响如下：肽本身可能没有味道或者味道很淡，这类肽多半含有酸性氨基酸Glu或Asp，在适当的浓度下，这类肽与其他适当浓度的呈味成分（盐、味精、酸味剂）会有协同效果或者增味的功效。研究发现，从大豆蛋白水解液中分离出分子质量为1000~5000u的肽，将此肽与木糖在95℃反应3.5h得到美拉德肽，本身并无强烈味觉，但当加到各种鲜味溶液中时会明显增强口感和味觉持续性。这些研究均表明肽在食品风味形成中起着主要的作用。

肽呈味丰富、突出，易与其他风味物质搭配。味感是食品成分刺激舌头表面的味蕾细胞所呈现的化学感应。通常，蛋白质因分子质量大（超过6000u）很难进入味蕾孔口刺激味蕾细胞，因此呈味能力较弱；酶解后，其产物低分子肽、氨基酸可与味蕾细胞接触产生滋味。氨基酸和肽的这种味感特质可以被描述为醇厚感，而低分子肽所表现出的苦味则与其疏水性氨基酸有关。氨基酸呈味阈值低，呈味能力强，5 种基本味酸、甜、苦、咸、鲜味都能找到相应的氨基酸；肽类因含有氨基和羧基两性基团而具有缓冲能力，能赋予食品细腻微妙的风味，不仅可直接对基本味产生贡献，还可与其他风味物质产生交互作用，明显提升或改变原有味感，使食品的总体味感协调、天然、醇厚浓郁。

（5）蛋白质水解物　氨基酸和肽还是加工食品的风味和芳香化合物的前体物质，热反应后能有效提高香气的形成。蛋白质水解物突出、自然的特征味感以及易与其他呈味成分匹配，赋予食品多层次、圆润味的特点使得其突破化学调味料呈味的瓶颈，成为制备高档复合调味品、香精香料的重要基料。

目前，蛋白质水解物的生产方式主要有化学法和酶解法。化学法是利用酸、碱水解蛋白质，反应条件剧烈，不易控制，对设备要求高，生产过程中部分氨基酸损失严重，产物中肽含量低、盐分含量高，并易产生致癌物质 1，3-二氯-2-丙醇和 3-氯-1，2-丙二醇，对环境污染严重。酶解技术反应条件温和，并有副反应少，氨基酸破坏小，反应条件温和，水解产物得率高，安全性高，对设备要求不高等优点，故研究范围较广。此外，酶解比酸水解产生的苦味要弱。由于蛋白酶的高度选择和专一性，与酸碱水解蛋白质产物相比，酶解产物含有更多比例的多肽及较少的游离氨基酸，并可通过控制酶解过程改变酶解产物，即控制酶解调节可实现目标产物功能的多样性，从而使酶解技术具有巨大的研究和应用空间。酶解产物的具体特性取决于原料蛋白质性质和酶解条件。酶解产物的成分为多肽、小肽和部分游离氨基酸。

（6）肉类香精　肉味香料是近年来迅速发展起来的食用香料之一，已成为国内外竞相发展的热点，发展肉味香料的目的在于将非肉类蛋白质转化为类似肉类的食品，使之具有肉香，味美可口。肉味香精（Savory flavor）又称咸味香精。咸味香精不同于甜味香精，其核心主要以肉类风味为主，如鸡肉、牛肉、猪肉、海鲜类等，广泛地应用于方便面、米线、膨化休闲食品、熟肉制品等新兴食品工业及餐饮业的加香产品中。它的品质及科技含量不仅直接影响了加香产品的风味与质量，并且已成为这些加香产品竞争的焦点。随着食品工业的蓬勃发展，肉类香精的需求逐渐增大。近年来，对肉类香精的研究也逐渐成为相关科研机构和企业的关注热点。随着食品工业的快速发展，多种现代食品高新技术（如酶技术）在肉味香精中都得到了应用。

在肉味香精行业中，各种蛋白酶得到了非常广泛的应用，如木瓜蛋白酶、风味蛋白酶、胰蛋白酶、胃蛋白酶、糜蛋白酶、碱性蛋白酶、复合蛋白酶等。利用蛋白酶可以将不同的氮源物质（肉类、骨泥、大豆分离蛋白、谷朊蛋白等）定向水解成为具有特定风味的风味前驱体（HAP、HVP 等）。内切蛋白酶（如木瓜蛋白酶）可以将蛋白质从肽链中部切断，生成一定分子质量大小的多肽片段；外切蛋白酶，如风味酶可以将蛋白质从肽链氨基末端切断，生成单个氨基酸。胰蛋白酶主要水解由赖氨酸和精氨酸等碱性氨基酸残基的羧基组成的肽键，产生羧基端为碱性氨基酸的肽；糜蛋白酶主要水解由芳香族氨基酸如酪氨酸、苯丙氨酸等残基的羧基组成的肽键，产生羧基端为芳香族氨基酸的肽，再通过外切蛋白酶的作用就可以得到特定的氨基酸和多肽片段。多肽片段和氨基酸都是肉味香精的风味前驱体（氨基供体），经美拉德反应可以产生肉味或坚果等风味。

（四）核酸酶

核酸酶属 EC3.1.-酶类，催化核酸酯键的水解。核酸分解的第一步是水解核苷酸之间的磷酸二酯键。不同来源的核酸酶，其专一性、作用方式都有所不同。有些核酸酶只能作用于 RNA，称为核糖核酸酶（RNase），有些核酸酶只能作用于 DNA，称为脱氧核糖核酸酶（DNase），有些核酸酶专一性较低，既能作用于 RNA 也能作用于 DNA，因此统称为核酸酶。根据切断的位置不同将核酸酶分为核酸内切酶和核酸外切酶。有些核酸酶能从 DNA 或 RNA 链的一端逐个水解成单核苷酸，所以称为核酸外切酶。只作用于 DNA 的核酸外切酶称为脱氧核糖核酸外切酶，只作用于 RNA 的核酸外切酶称为核糖核酸外切酶；也有一些核酸外切酶可以作用于 DNA 或 RNA。核酸外切酶从 3′端开始逐个水解核苷酸，称为 3′→5′外切酶，例如，蛇毒磷酸二酯酶即是一种 3′→5′外切酶，水解产物为 5′-核苷酸；核酸外切酶从 5′端开始逐个水解核苷酸，称为 5′→3′外切酶，例如牛脾磷酸二酯酶即是一种 5′→3′外切酶，水解产物为 3′核苷酸。

核酸内切酶催化水解多为核苷酸内部的磷酸二酯键。有些核酸内切酶仅水解 5′磷酸二酯键，把磷酸基团留在 3′位置上，称为 5′-内切酶；而有些仅水解 3′-磷酸二酯键，把磷酸基团留在 5′位置上，称为 3′-内切酶。还有一些核酸内切酶对磷酸酯键一侧的碱基有专一要求，例如胰脏核糖核酸酶即是一种高度专一性核酸内切酶，它作用于嘧啶核苷酸的 C′3 上的磷酸根和相邻核苷酸的 C′5 之间的键，产物为 3′-嘧啶单核苷酸或以 3′-嘧啶核苷酸结尾的低聚核苷酸。

核酸酶是一类可以将核酸定向水解为 5′-核苷酸的酶制剂。它可催化 RNA 或寡核酸分子上的 3′-碳原子羟基与磷酸之间形成的二酯键，使断裂生成 4 种 5′-核苷酸和 5′-磷酸寡核苷酸。而 5′-核苷酸具有强烈的增鲜作用，是一类很有价值的食品增鲜剂。由于核苷酸与氨基酸类物质混合使用时，会产生出单种鲜味剂无法达到的鲜味效果，且使鲜味倍增，即协同效应，应用于食物中具有突出主味，改善风味，抑制异味的功能，同时核苷酸对甜味、肉味有增效作用，对咸、酸、苦、腥味、焦味有消杀作用。市面上出售的强力味精即是添加了 5′-核苷酸钠的产品。

酵母提取物是氨基酸、肽、糖、核苷酸、脂质及多种 B 族维生素的来源，可作为肉类风味物质的前体。酵母提取物是汤类、肉产品、方便食品、海产品、饮料等多种食品增鲜的极好材料。酵母提取物是一种天然的调味料，它富含肌苷酸（IMP）和鸟苷酸（GMP）以及氨基酸和短肽。正是因为具有这些成分，酵母提取物才具有了非常鲜美的味道，并成为了一种非常好的调味料。酵母提取物主要通过两种方法制成：自溶法和酶处理法。而通过酶处理法制造的酵母提取物的味道更加的鲜美。酶处理法生产酵母提取物有 3 步：①酵母细胞壁的溶解和 RNA 的抽提；②降解 RNA，将核酸水解为核苷酸（5′-GMP 和 5′-AMP）；③将 5′-AMP 转化成 5′-IMP。因此，核酸酶在核苷酸的工业生产及在酵母抽提物等调味食品的生产中都具有极其重要的作用。

（五）其他各类酶

在风味生物技术中，利用酶法制备风味物质已屡见不鲜。除了以上介绍的一些酶以外，还有很多酶被应用于制备风味物质。如脂肪氧合酶可以用于生产1-辛酸-3-醇（蘑菇的主要风味成分）以及香草醛；利用醛酸酶生产2，5-二甲基-4-羟基-2H-呋喃-3-酮（焦糖的主要风味）；豆类过氧化物酶可以去除*N*-甲基氨茴的甲基而得到具有水果香味的氨茴酸甲酯。经过近20年来的大量研究，以酶为代表的风味生物技术已经成为工业芳香物质产品生产中的重要组成部分。随着食品工业的不断发展以及消费者对安全可靠食品的追求，酶在现代食品生物技术上的作用将会越来越显著。

第四节　基因工程技术在制备风味物质中的应用

基因工程技术（又称DNA重组技术、基因重组技术）是现代生物技术的主要特征组成技术，是利用人工的方法将目的基因与载体进行DNA重组，并将DNA重组体送入受体细胞，使其在受体细胞内复制、转录、翻译，获得目的基因的表达产物，可按人们的意愿和需要创造出满足人类需要的生物制品。基因工程技术研究内容包括：①从生物有机体基因组中，经过酶切消化或PCR扩增等步骤，分离出带有目的基因的DNA片段。②将带有目的基因的外源DNA片段连接到能够自我复制并具有选择记号的载体分子上，形成重组DNA分子。③重组DNA分子转移到适当的受体细胞，并与之一起增殖。④从大量的细胞繁殖群体中，筛选出获得了重组DNA分子的受体细胞克隆。⑤从这些筛选出的克隆，提取出已经得到扩增的目的基因，供进一步分析研究使用。⑥将目的基因克隆到表达载体上，导入寄主细胞，使之在新的遗传背景下实现功能表达，产生出人类所需要的物质。

植物和微生物细胞均可以作为基因工程的宿主。细菌，如大肠杆菌和枯草杆菌属于原核生物，具有生理学特性简单，生长周期短和蛋白质产量高等优势，且能利用简单便宜的培养物进行生长；而枯草杆菌和其他一些微生物，可以通过诱导基因产物分泌到培养上清中，从而有利于重组蛋白质的分离。但由于原核生物翻译后修饰系统不完善，缺乏辅助蛋白质折叠的因子，因此在细菌细胞中表达来源于真核生物的重组蛋白质往往折叠不正确或对宿主细胞产生毒性，阻止高密度的细胞培养。另外，细菌也缺少蛋白质翻译后修饰的酶类，如糖基化修饰等。酵母尽管属于低等的真核生物，但它不仅具有翻译后的修饰功能，同时也可以诱导分泌特定的蛋白质到培养基中以方便收获，因此这类型低等的真核生物有很大的应用前景。植物细胞具有完善的蛋白质翻译及基因调控功能，安全性高，但其具有坚硬的细胞壁，使外源基因难于导入细胞内进行重组。利用基因枪或者农杆菌介导进行基因导入，可以方便地将外源基因导入植物细胞中而获得转基因植物，使得植物细胞成为一种经济且有竞争力的外源蛋白质表达系统。

利用微生物发酵及植物细胞培养生产天然风味物质是替代化学合成方法的一个重要的途径，但并非所有风味物质在微生物和植物细胞都可以大量生产获得，这限制了其实际的工业生产应用。通过化学诱变或者物理处理的方法改变生物细胞的遗传特性，导致风味物质生化合成途径的改变，而影响目标产物的产量，通过筛选其中高产突变株以满足生产的需要，这是一种常规的菌种选育的技术。但这种常规菌种选育大多依赖实际的操作经验，周期长、效率低且随机性大，具有一定的盲目性。而利用基因工程技术修饰特定的生化反应或引进新的生化反应以改造细胞的代谢，从而达到提高目标产物的产量目的，这种技术被称为代谢工程。随着基因组大规模测序技术的快速发展，获得来源于不同微生物和植物物种的大量基因组信息已非难事，通过生物信息学分析并筛选出其中可能与风味物质产生相关的基因，并将其导入合适宿主中，从而产生或提高风味物质的生产量。应用基因工程技术改造微生物来制备天然风味物质是未来发展的一个必然趋势。以下介绍利用基因工程技术在生产重要风味物质应用的例子。

一、香兰素

香兰素是全球最受欢迎的香料之一，广泛用于食品、药品和香料等行业。天然的香兰素来源于香草豆荚，从香草豆荚中人工提取香兰素需要大量的劳动力，同时需要 1~6 个月的调制过程。生产 1kg 的香兰素大概需要 500kg 的香兰豆荚。香兰素每年的销售量为 16000t，其中只有 0.25%（约 40t）是天然来源的。利用化学合成的香兰素的价格为 15 美元/kg，而天然的香兰素价格高达 1200~4000 美元/kg。利用生物转化或者从头合成方法从阿魏酸转化生成香兰素，价格可达 700 美元/kg。其中阿魏酸是用于转化生成香兰素的最佳前体物质，其来源广泛且价格低廉，约为 5 美元/kg。随着人们对天然风味物质的需求日益增长，应用微生物以廉价底物如丁香酚和阿魏酸来生产香兰素，越来越受到大家的关注。

多种微生物都被用于生物转化阿魏酸或丁香酚生产香兰素，包括革兰氏阴性菌的假单胞菌，放线菌属的链霉菌和拟无枝酸菌及担子菌类真菌的红栓菌。除了使用上述菌株进行生物转化外，利用基因工程技术将编码参与生物转化的酶基因从上述菌株中分离出来，并使其在大肠杆菌中进行重组表达，使用该基因工程菌株同样可用于对阿魏酸或丁香酚的转化生产香兰素。将来源于假单胞菌（*Pseudomonas* sp. strain HR199）编码阿魏酰辅酶 A 合成酶（*fcs*）及烯酰辅酶 A 水合酶/醛缩酶的基因（*ech*）克隆到大肠杆菌中，获得重组菌株 *E. coli*（pSK*ech*E/H*fcs*）。含有诱导表达重组酶的重组菌可以催化 0.037mmol 的阿魏酸，获得香兰素 0.022mmol/（min · mL）。而采用两步法的策略，第一步先将来源于简青霉（*Penicillium simplicissimum* CBS 170.90）的香草醇氧化酶基因 *vao*A，该酶能够催化转化丁香酚为松柏醇，同时将来源于假单胞菌（*Pseudomonas* sp. strain HR199）的松柏醇脱氢酶基因（*cal*A）及松柏醛脱氢酶（*cal*B）三个基因同时克隆到大肠杆菌中，获得重组菌株 *E. coli* XL1-Blue（pSKvaomPcalAmcalB）并进行表达，该菌株能够转化丁香酚产生高达 14.7g/L 的阿魏酸，产率为 93%（摩尔分数）。第二步利用上述大肠杆菌（pSK*ech*E/H*fcs*）进一步转化阿魏酸形成香兰素，整个过程的可以产生 0.3g/L 香兰素。

为了进一步提高香兰素的产量，将源于拟无枝酸菌（*Amycolatopsis* sp. strain HR104）和代尔夫特食酸菌（*Delftia acidovorans*）的 *fcs* 和 *ech* 基因，克隆到 pBAD24 表达载体中，并由阿拉伯糖启动子控制并在大肠杆菌中表达。同时比较了两种诱导重组菌转化阿魏酸产生香兰素的能力，在优化的条件下，来源于拟无枝酸菌的 *fcs* 和 *ech* 基因能够将 1g/L 的阿魏酸转化成 580mg/L 的香兰素。另外，来源于荧光假单胞菌（*Pseudomonas fluorescens* BF13）的 *fcs* 和 *ech* 基因克隆在低拷贝的表达载体中，并在大肠杆菌 JM109 中表达，在优化的培养条件下，能够转化阿魏酸获得 2.52g/L 的香兰素。

相对于利用生物转化生产香兰素，利用简单的培养物如葡萄糖通过从头合成香兰素的方式更有优势，因为葡萄糖的价格相对于阿魏酸等前体物质更为低廉。为此将来源于霉菌

（*Podospora pauciseta*）的3-脱氢莽草酸脱水酶，来源于诺卡菌的（*Nocardia genus*）芳香族羧酸还原酶（ACAR）及来源于人的甲基转移酶基因分别构建在裂殖酵母（*Schizosaccharomyces pombe*）和酿酒酵母（*Saccharomyces cerevisiae*）细胞中。由于在酿酒酵母中ACAR需要进行磷酸泛酰巯基乙胺基化而激活，因此将来源于谷氨酸棒杆菌的磷酸泛酰巯基乙胺基转移酶在酿酒酵母细胞内进行同时共表达，同时为了防止香兰素被降解为香草醇，将宿主细胞的乙醇脱氢酶ADH6基因进行基因敲除，而使其丧失功能。为了进一步提高裂殖酵母中生物合成香兰素的能力，将拟南芥家族1UDP-糖基转移酶构建进细胞内，可将香兰素转变为香兰素β-D-糖苷，这样可以减少香兰素对细胞毒性作用，能够在细胞中大量积累，同时香兰素β-D-糖苷比香兰素具有更好的水溶性，方便下游的分离操作。以葡萄糖为培养物，裂殖酵母及酿酒酵母工程菌株生产香兰素的产量分别为65mg/L和45mg/L。

二、酯

挥发性酯类是重要的香精和香料成分，而酯香类物质是饮料酒中主要的风味物质，较高的酯含量可以赋予饮料酒般的酯香。乙酸酯类，如乙酸乙酯（溶剂类香气）、乙酸异戊酯（香蕉风味）和苯乙基酯（花香、玫瑰香），是酒中主要的风味活性酯。这些酯类的形成是酵母代谢时在酵母内合成的，形成的酯通过细胞扩散到发酵液中。其中参与乙酸酯合成的关键酶是醇乙酰基转移酶（AATase），该酶催化乙醇和乙酰辅酶A形成乙酸酯。该酶是一种巯基酶，有3种不同的类型：AATase1、Lg-AATase Ⅰ和AATase Ⅱ，分别由ATF1、Lg-ATFl和ATF2基因编码。在酿酒酵母中，过量表达ATF1和ATF2基因导致乙酸乙酯和乙酸异戊酯的产量明显提高，其中ATF1的过量表达使乙酸酯的含量提高10~80倍。另外，ATF1和ATF2基因同时也负责乙酸丙酯、乙酸异丁酯、乙酸戊酯、乙酸己酯、庚酯及辛酯等生成。

酯类物质同时也是草莓、芒果、苹果及一些蔬菜特殊的风味主要来源，它们的形成也是通过醇乙酰基转移酶催化合成的。将来源于草莓的AATase基因克隆到乳酸菌Nisin诱导表达载体中，并转化到乳酸菌进行表达，最终能产生浓度为1.9μmol/L的乙酸辛酯，明显高于其在水中的嗅觉阈值。乳酸菌是人和动物消化道内的正常菌群，是公认的安全级微生物。该类重组菌株可以直接应用于生产食品的风味物质。

三、己烯醛类

己醛、己烯醛等芳香醛类物质是构成绿色植物特有清香的主要物质。它们在植物受到机械损伤以及昆虫和细菌侵害时产生释放，其中己醛具有水果味清香，3-顺式-己烯醛具有青草味道；2-反式-己烯醛具有植物叶清香；3-顺式-壬烯醛具有类似黄瓜的味道。在植物体内主要是通过脂肪氧合酶/氢过氧化物裂解酶途径生成。多不饱和脂肪酸（PUFA）在脂肪氧合酶（Lipoxygenase，LOX）的作用下与O_2结合，形成脂肪酸氢过氧化物，脂肪酸氢过氧化物又作为氢过氧化物裂解酶（Hydroperoxide lyase，HPL）的底物被裂解。根据LOX和HPL的特异性不同，将分别产生C_6、C_9或C_{10}醛类物质。

由于大豆中含有丰富的脂肪氧合酶，因此基因工程的重点在于对氢过氧化物裂解酶进行重组表达以获得足够的量进行催化反应。大肠杆菌中重组表达来源于苜蓿的HPL可将亚麻酸的过氧化氢物转化生成己醛、顺式-3-己烯醛及其异构化的反式-2-己烯醛。相对于从植物提取的HPL，重组的HPL具有很高催化转化效率，生成己醛的转化率为50%，而己烯醛为

26%，并且没有副产物产生。在解脂酵母（*Yarrowia lipolytica*）中表达来源于青椒的 HPL，并应用其进行反应生成已醛。在优化酶浓度、底物浓度、温度、pH 以及氧化还原剂条件下，最终得到 600mg/L 已醛。将来源于西瓜的 HPL 转基因到烟草植物中，发现转基因植物产生 HPL 活力是野生型植物的 50 倍，表明来源于西瓜的 HPL 在烟草植物中获得了高表达。

四、萜烯类

萜类化合物是以异戊二烯五碳结构为基本单元的化合物大家族，又称类异戊二烯化合物。单萜、倍半萜分别由 10 个和 15 个碳原子组成，是最重要的芳香族化合物。尽管萜类化合物具有多样性，但萜类化合物的合成均来自共同前体：二甲烯丙基焦磷酸（DMAPP）和异戊二烯焦磷酸（IPP）。两者可以通过甲羟戊酸途径和脱氧木酮糖磷酸盐途径（DXP）两种不同的途径合成，因此这两条途径是萜类化合物代谢工程的主要目标。萜类化合物是以 IPP 为单位经过异戊二烯基转移酶的缩合反应以及其他酶促反应而形成的。

虽然植物来源的萜烯产物具有更高的经济效益，但从植物提取这些化合物往往昂贵，而且产量低，不能满足实际生产的需要。目前已有超过 30 多个参与初级和次级代谢植物萜类合成酶的编码基因已经被克隆、定性，并且进行异源蛋白质表达，为研究萜类的代谢途径及生物转化合成萜类化合物提供了良好的基础。因此，可以利用萜类合成酶催化前体化合物香叶基二磷酸和法尼基二磷酸合成萜类单萜和倍半萜。但由于前体物质难于制备，利用萜类合成酶对其生物转化策略在经济上不可行。

随着基因组测序技术的应用，多种微生物的遗传背景已被熟知，为在微生物中构建植物萜类生物合成途径提供了便利。在重组大肠杆菌中经济地生产植物萜受到两个阻碍：前体的供应量低和低等植物酶的表达浓度或活力。以青蒿素合成为例，通过构建来自酿酒酵母的甲羟戊酸类异戊二烯途径到大肠杆菌中，从而绕过微生物 DXP 途径生物合成异戊二烯，实现了青蒿素的前体紫穗槐的高产量。通过优化植物紫穗槐合成酶基因序列的密码子偏好性可以解决在大肠杆菌中表达量低的问题。在酿酒酵母中，重新构建了甲羟戊酸途径、紫穗槐二烯合酶及来源于青蒿（*A. annua*）的 P450 氧化酶（CYP71AV1），通过 3 步催化紫穗槐生成青蒿酸，产量高达 100mg/L。

第八章

CHAPTER 8

食品风味创制

风味创制是一门集艺术与科学于一体的复杂工作。从狭义上讲，食品风味的创制也是食品风味的模拟，其工作的开展需具备多个因素。例如，食品风味创制工作室环境要求；食品风味行业的调香师，饮料、烘焙等不同食品行业的风味应用工程师；影响风味产品成功开发的若干相关联因素，如风味产品是液态还是粉末；风味产品是针对饮料行业还是烘焙行业；风味产品的安全；风味产品的针对人群等。在本章节中，我们将针对食品风味创制工作，重点讨论调香师的选拔与培训、风味创制环境要求、食品风味创制方法与风味产品开发、应用与评价等内容。

第一节　调香师的选拔与培训

优秀的调香师才能开发出人们喜爱的食品风味产品。优秀的调香师必须多才多艺、有广泛的兴趣和专业素养，他们不仅要精通熟识香料行业，且要了解香料化学、加工和应用等领域的诸多知识；调香师不仅仅是科学家，还必须具有艺术天赋和创造力，从而能够开发出与市场需求息息相关的风味产品；他们不仅必须了解生物化学，酶，感官评估等许多产品研发相关领域知识，且要有知识全局观，比如了解香料管理法律条文、懂得面对消费人群应肩负的社会责任、评估香料产品的安全性等。

不同企业中，调香师涉及的具体工作内容有所不同。对于小型的调香公司来讲，一般调香师涉及的工作有3个方面：①针对终端客户需求开发风味产品；②风味产品配方在食品工业不同领域的应用技术研发；③风味物质使用等相关的法律法规研究与建议。在大型香料开发企业，内部分工会更为细致，调香师只需要集中精力进行风味配方创制，而不需要参与市场推广与法律条文建设等工作。

在很多人看来，食品风味创制工作就像魔术秀一般神秘。食品风味配方产品就像一个黑盒子，针对不同的配方，只有亲自设计此配方的调香师才能剖析，其他调香师也难以模仿和重复非自己设计的产品，而仪器分析也显得无能为力。如此个性化的、艺术性的风味设计工作，让很多想从事此领域工作的人望而却步。专业调香师需要一个选拔和培训的过程。对于一般人员，先从基本的风味理论知识开始学习，然后在高级风味设计师的带领下参与真正的风味创制研发过程。风味设计是一门集艺术与科学一体的工作，其设计过程没有逻辑可循，它与设计师的个人直觉息息相关。一般经过系列的培训，只有少数有极好直觉天赋的人才能成为优秀的调香师。大多人只能从事与风味相关领域的其他工作，如风味产品的应用开发、销售工作等。

一、调香师的选拔

调香师候选人必须具有正常的感觉功能和对食品风味这项工作的浓厚兴趣。每个想进入食品风味创制领域的候选者都要经过各有关感官功能的检验，以确定其感官功能是否有视觉缺陷、嗅觉缺失、味觉缺失等。在中国和美国，大多数的调香师候选人开始都来自公司内部，先从事香料的相关工作，最后有机会调入风味研制核心实验室。

目前，国内很少有大学系统设置香精香料相关的专业课程，因此现在从事香精香料研究的候选人中，大多具有某一基础科学领域的学习经历，很少直接接受过风味创制领域的专业训练。因此，大部分调香师候选人都是在香精香料工厂以学徒身份接受专业训练。在漫长的学徒生涯中，技能差的人被逐渐淘汰，而技能得以提升的人，将不断参加公司的测试考核或者其他机构（如美国香料化学协会）的考核，最后成为一名合格的调香师。

二、调香师的培训

虽然香精香料行业在全世界都很风靡，但是极少有针对此领域的专科学校。目前，在法国，有一所“国际香水、化妆品和食品香料学校（ISIPCA，International Institute of Perfumery，Cosmetics and Food Flavourings）”，这所学校提供两年的课程学习，内容主要是针对香水、化妆品和食品香料领域，同时提供实践培训。

正如前所述，调香师的培训大多数在公司或者企业内部进行。实习生通常跟随高级调香师进行学习，实验模拟高级调香师的配方产品。在模拟实验过程中，实习生不仅熟悉了多种香料并且学会了在风味调配过程中如何使用这些香料物质。高级调香师也会推荐给实习生不同的训练方法，比如：实习生要大量阅读香料相关的文献以增加对香料科学与工艺的理解；安排实习生在公司的不同工作岗位上轮岗学习，如配方设计部门、香料法律管理部门、质控部门以及调香研发中心等；按照规定的练习方法，培训实习生如何调香调味等。总之，不同的公司对调香师采用的培训方式也不同。香料种类繁多，要想成为优秀的高级调香师，实习生就需要花费大量的时间熟悉不同的香料物质，并且学会如何应用这些香料来调制不同的风味。

第二节　食品风味创制环境

在香料行业，实验室的环境设施在不同企业差异是比较大的，有的配置奢华，有的简单；有的是针对不同香料创制目的而设计的实验中心，有的则是小的综合型实验中心。总之，风味创制实验室应该具备以下8点。①工作台面：表面材料不渗透，容易清洁。②保存香料的适宜环境：不同的实验室通常有不同种类的香料，比如乳香类、甜香类、薄荷香和调味品等，且这些香料应该有条理地系统陈列，也要利于调香师的使用。③合适的碗柜仓储空间。④自然或者间接的高处照明。⑤装备冷热水的水槽。⑥空调。⑦具有通风装置或者通风橱。⑧独立的办公区域，且有电话、网络以便于外界联络。如果实验室中有强烈挥发性的香料物质，那么实验室的通风就要有特殊设置。在实验室中设置专门的空间区域储存相关样品，这样可以避免对整体空间空气的交叉影响；在使用香料的过程中，要在负压和独立的通风设施下进行操作，这样可以最大限度地减少对香料实验室的空气污染。

总之，工作实验室的设计应符合调香师工作要求。工作实验室必须具有充足的空间，从而调香师可以同时进行多个配方的调制而不会造成香料交叉污染；给予调香师一个相对独立的调制配方设计空间，以免工作过程受到干扰；在工作室配置有调香评价区域，便于对创制的风味产品进行简单评估。

随着食品工业的快速发展，专业的香料公司与食品公司之间的关系越来越紧密。对于专业香料公司来讲，其企业内部都配备有独立的调香与评香实验室，食品加工公司的产品研发人员会与调香师一起工作，以便更好地配制食品加工企业需要的风味产品。总之，企业的调香部门是专业香料公司的重要部门，在这样的实验室，调香师配制出个性化的风味产品，并且必须为使用此配方产品的食品企业或者客户保密。

第三节　食品风味设计与模拟

风味设计与模拟是一项复杂的工作。调香师必须具有丰富的工作经验、了解风味物质的基本结构、有能力想象混合原料中组分间的交互作用。并且任何成功的调香师，都能把他们的想象力和创造力投入到风味物质的设计中。

一、风味模拟前奏

一般来讲，企业客户需要给调香师提供产品中的有关感官品质的信息。这个工作如果没有处理好，则常常会导致调香师新产品研发的失败。客户和调香师之间必须有很好的信息沟通，例如确定需要风味调制或者风味提升的目标产品，此目标产品可以是天然产品或者食品加工后产品；然后客户必须详细或者精确地给调香师描述需要的风味信息，正确的风味词语的应用对风味产品开发至关重要。总之，企业客户的准确信息对于调香师高效设计和开发风味新产品是很重要的。理想情况下，顾客应该给出调香师未经调配的食品的样品以及生产条件。但是现实情况下，食品生产商往往不愿意这么做。因此，调配出顾客所需要风味的概率就会降低。由于各种物质在影响风味之间的作用，在风味创制过程中提供越多的目标赋香产品的信息对调香师的工作是越有利的。在风味设计之前，香精香料公司必须与食品工业客户进行密切商谈，充分了解食品工业客户对于“新型食品产品”的定位，从而才能指导风味产品的正确设计。一般的问题如下所述。

（1）食品工业产品层次定位　企业希望开发的食品是如何的？在产品的标签上要注明哪些信息？比如：开发的产品是天然食品？半天然食品？需要清真认证？能否加入味精？

（2）食品工业产品的风味定位　在风味方面，客户企业希望是更自然的、饱满的或逼真的风味制剂，还是单一的、某种风味突出的制剂？定位不同，其加入的香料类型和剂量都不同。

（3）风味模拟程度定位 对最终食品的风味定位是如何的？如果是模拟某种风味，那么与目标风味相比，当调香师调制的风味制剂添加到食品后，其风味模拟度达到多大程度的类似？也就是，实际风味与目标风味的相似度要求有多高？

（4）食品工业产品的成本定位 在提升食品风味方面，食品企业愿意承担的生产成本在什么范围呢？比如：天然香料比半人工合成或人工合成的香料需要的成本要高。

（5）食品工业产品的市场定位 对于最终的食品，其市场定位是在哪个销售区域？在美国、欧洲，还是日本？比如：不同的销售区域决定了调香调味中所允许使用（法律约束）的香料化学品的种类及含量不同。

（6）食品工业产品的工艺定位 对于不同的食品基料加工制备终产品，其工艺不同，风味香料制剂加工到食品基料中的方式不同。因此，根据不同的添加形式，就要求风味制剂具有不同的形态，是液体制剂或是固体制剂。

一旦这些问题得以解决，调香师们就可集中精力进行风味产品的研发。调香师必须具有活跃的思维、开放的知识共享和接受他人建议的虚怀若谷的精神。调香师只有尊重科学，并且和具有不同技术特长的工程师充分合作，才能高效且成功地调制出目标风味产品。调香师工作中的注意事项如下：①充分和公司的研发部门合作；②充分和公司的其他调香师交流，采纳精华意见，减少方案设计的偏见；③充分和食品工艺应用技术人员讨论，决定易于风味物质应用、风味释放和保存的制剂形式；④充分和公司采购部门沟通，确保能够买到自己所需要的相关材料；⑤充分请教质量控制部门相关人员，确保自己研制的新产品符合使用标准并达到质量要求，从而使风味产品容易通过 FDA、欧盟等不同地域要求的认证；⑥充分和食品工艺技师互动，不断把自己制备的风味样品给予食品工艺技师添加使用，评价其风味产品的实际应用效果，从而选择出最优的风味制剂产品。

二、 风味模拟策略

风味设计是一项复杂的工作。针对不同的风味产品，没有统一的规律或方法可循。成功的风味产品绝不是简单的多种风味物质的混合，或者是增加或减少某种风味物质。正确的风味设计方法会提高风味产品的设计效率。在此主要介绍常用的两种基本方法：基于经验的调配法和基于分析的调配法。

（一）基于经验的调配法

在了解被模拟香精的主要组分或对其配方中的风味化合物的细微差异性较熟悉的前提下，使用此方法是可行的。调香师根据他们的工作经验，选择不同的风味物质来组合风味配方。虽然很多人认为这个方法太具有偶然性，但多年来的实践证明此方法是可行的。此方法成功率的大小与调香师本身的感官灵敏度、对风味物质的熟悉程度、本身的创造性潜质等业务素质直接相关。

（二）基于分析的调配法

此方法的特点是：采用仪器（如 GC-MS、HPLC-MS 等）对目标风味产品进行成分剖析，然后以此剖析结果为依据进行风味组分模拟。虽然香料中的主要成分可以预先被定量分析，但是最终模拟出高度逼真的风味配方还是很困难的。这主要是因为能够代表一个特殊材料的香料属性通常由一些微量物质来决定。这些物质的阈值常常非常低，且它们对气味和口感的有效贡献与它们的含量并不成比例。

在采用仪器进行风味剖析的过程中，需要采用不同的方法对目标样品进行前处理，获得富集的风味物质，然后进行仪器定量分析。采用的前处理方法不同，风味物质的富集程度就不同，得到的分析结果就不同，从而影响后续风味组分的调配。例如，蒸汽蒸馏和溶剂萃取技术是富集风味物质的常用技术之一。由于组分的水溶性的差异，容易造成很大的定量误差。即便在减压条件下，由于受热，也可能导致某些组分水解或者分解。溶剂辅助风味萃取会相对好一些，但同样会导致定量上的误差，并且它不适用于不稳定的风味原料。以上这些方法都适于分离高沸点的组分，但不适合挥发性成分。另外，通过萃取可以对高沸点组分和硫、氮化合物进行专门的分析和研究。高沸点组分对于风味强度和口味的增强具有非常重要的贡献。风味物中大多数关键的痕量组分含硫或氮，可以通过分离色谱或者采用不同极性的柱子来进行分析。

顶空分析法也是风味分析中很常用的方法。通过对食品周围的空气取样这样的分析技术可以避免提取分析方法中所存在的一系列问题。大多数情况下避免了风味物质在萃取过程中可能发生的一些化学变化，以及减少样品测定带来的误差。在蒸馏和提取的过程带来的定量误差远大于由香气的蒸气压引起的误差。顶空分析可以方便地对蒸气压差异进行修正，从而给出一个合理的可以接受的定量结果。最初，顶空分析法不易操作，因为需要在食品的周围构制一个容器以便在长达数小时的时间里来提取顶空样本。现在这个缺点已经通过使用固相微萃取（SPME）技术克服了。顶空技术仍有两大缺点，第一，它不能像对其他提取分析物一样比较详细地分析痕量成分，因此可导致关键的含硫含氮成分结果的丢失。第二，这个技术尽管可以蒸气压修正，但在对强挥发性成分的检测时还是有一定的偏差度。顶空分析法和萃取分析法是高度互补的关系。两者一起使用可以应用于几乎所有的挥发性物质，痕量成分和所有除了稳定的高沸点成分之外的物质。

因此，没有一种方法能够尽如人意。基于经验的调配方法太依赖于调香师的主观经验且耗费时间。纯粹的分析方法会因为分析方法的局限性导致风味逼真度的缺失与不平衡。把仪器分析与调香师的经验相结合是进行风味组分模拟的最佳方式。采用不同的仪器分析技术尽可能多的获取风味组成信息，以此为基础调香师再进行风味组分的模拟与诠释。调香师在此领域的丰富经验、深厚的专业知识、创造性的艺术眼光是模拟产品成功的关键。

三、风味模拟的一般步骤

通常来讲，风味设计与模拟过程由多步骤组成，且这些步骤是层层递进的关系。只有准确完成前序工作，才能保证后续工作的有效性。调香师一般选择的调香步骤如下。

（一）分析与重建目标风味物质

面对一个新项目，调香师如何开展工作呢？目标风味物质可能是天然的水果、蔬菜或其他风味产品，或竞争性较大的食品。但是不论目标风味物质是哪些，调香师或者以调香师为指导的评香小组必须对其进行严格的分析与检验，以确认其香气和风味的特性，以及这些风味属性的相关影响因素。对于一种风味组分，用仪器进行分析，可能给出几百种不同的化学物质。即使是有经验的调香师，他们也很难想象和区分不同原料进行复杂混合后组分间相互作用。因此，我们需要谨慎且细心地对实验目标风味物质剖析。简化分析是一种有效手段。

哪些化学物质低于阈值？哪些化学物质的分析最容易受到分离手段和检测方法的影响？哪些化学物质是与风味贡献无关的物质？在这个分析过程中，调香师一定要去除自己在工作中形成的一些偏见，比如嗜好等。

以对目标风味物质的定位与描述为指引，调香师需要严格地重复考察风味材料，确认每一个成分的属性，然后根据自己的经验把所有的呈香成分或者非呈香组分进行关联。试着重建目标风味物质。对不同的调香师而言，这种评估是经验的、较主观的。这种评估的结果将作为一个重申的描述，即是鉴于各相互联系的化学物质而得出的关键标注和差别的描述。由于风味组分的复杂性，重建风味组分可能是个困难的过程，但是这个过程可有效证实什么才是目标产品最重要的香气成分。如果可行的话，可以通过重新分析风味物质来改善原始分析的量化组合，尽可能接近原始分析条件，从而得到更好的量化信息。风味组分重建过程可能给出可识别的、但是不太引起注意的风味物。总之，通过闻和品尝目标物，以及借助气相风味分析和重建分析的手段，可以给风味设计者带来更好的想法，确定哪种香气成分是最重要的。

（二）选择不同的风味物质进行组合

调香师在风味料调配过程中，会用到不同的风味组分，如精油、一些特征性风味化合物等。这些风味物质的信息可从多方面获得：

（1）查阅公司档案室，寻求类似配方　大型的香精香料公司会保存公司研发的经典配方。以这些配方为研发新配方的起点，再增加不同的香料来匹配，可能会快速获得目标风味配方。

（2）查阅研究报告，寻求目标风味材料的类似风味组成配方　随着科学技术的进步，多种先进检测仪器得以开发，并用于风味物质的组成分析。到目前为止，很多天然香料或食品中的特征性风味物质得到鉴定。

（3）查阅科学会议出版物，寻求相关风味信息　在食品科学或者化学工业领域的很多研讨会论文集中，都会包含很多和风味物质相关的研究。

（4）查阅调香师的个人调香实验记录手册　调香师会在手册中记录调香过程中不同风味物质的添加或者减少对整体风味调配带来的真实影响。这些记录数据可有效指导其他调香师的实际工作。

（5）查阅食品公认安全（GRAS）手册　食品中添加使用的风味物质必须经过许可。调香师应该经常查阅此手册，从而及时了解最新通过的安全风味组分。

（6）查阅化学原料联盟组织（Chemical Sources Association）信息　CSA 是一个联盟组织，主要是提供香料和供应商的信息交流平台。在此平台，可获得多种有用信息，如新型的风味物质、香料供应公司等。

（三）进行调配试验

香气成分的特征可分为基本特性和辅助特性。香料配制过程可分步进行，先是确定和添加特征性组分，然后加入辅助组分，最后加入微量组分。这些部分详细描述如下。

（1）设计风味基本骨架　根据目标风味特点，查找特征性的风味组分，调制出基础风味配方。利用有限的化学风味物质进行最好组合以得到可识别的基础风味骨架。仪器分析充其量只能当作一个调香的起点，实现完全精确是不可能的。调香师能保持嗅觉敏感，准确识别非常重要。此过程可采取较大的因素或者量的变化来进行实验。因为如果是添加过量，可以很快地调整过来；而如果是不足，每次添加少量会让整个过程变得很缓慢，还有一种风险是在这个过程中鼻子会对所加的化学物质产生疲劳感，更加无法识别。很少有食物能够通过单一的风味化学物质识别出来。很多食物的识别骨架包括5种甚至更多的成分。比如：香蕉的识别骨架只需要两种组分，乙酸异戊酯和乙酸丁香酚。乙酸异戊酯有水果味的香蕉香气。乙酸丁香酚有丁香香气。单独闻起来，乙酸异戊酯能让人想起香蕉，但是不能真正识别。加一点乙酸丁香酚能让风味更加浓郁。这是一个强有力的依据。因为很多人发现乙酸丁香酚是产生香蕉香味的不可预料的物质。再如：可以使用氨茴酸甲酯来形成康科特葡萄的基础香味，或者利用柠檬醛来构成柠檬的主要基础味。但基本骨架风味的缺点是感觉气味单薄、不丰满、不自然。食物中的主要风味成分如表8-1所示。

表8-1 食物中的主要风味成分

食物	成分	食物	成分
苹果	异戊酸乙酯、反-2-己烯醛	黄瓜	2-反式-6-顺式-壬二烯醛
香蕉	乙酸异戊酯、丁香酚	马铃薯	3-乙基-2-甲氧基吡嗪
樱桃	苯甲醛、甲苯基醛	巧克力	5-甲基-2-苯基-2-己烯酸、乙酸异戊酯、香草醛、乙基香兰素、甲基甲氧基吡嗪
菠萝	己酸甲酯、3-甲基巯基丙酸酯		
葡萄	邻氨基苯甲酸甲酯、反式-2-顺式-4-癸二烯酸乙酯	焦糖	2-5-二甲基-4-羟基-3（2H）-呋喃酮
桃	γ-十一内酯、6-戊酯基-α-吡喃酮	茉莉花	乙酸苄酯
柠檬	柠檬醛	花生	2，5-二甲基吡嗪
梨	乙酸乙酯、丁酸乙酯、己酸乙酯	丁香	丁子香酚
椰子	椰子醛（γ-壬内酯）、δ-辛内酯	芹菜	次丙基苯酞、亚丁基苯酞、丁基苯酞、二氢茉莉酮
柚子	圆柚酮		
草莓	甲基苯基缩水甘油酸乙酯、乙基麦芽酚	芥菜	α-苯乙基异硫氰酯、烯丙基异硫氰酸酯
		番茄	3-顺式-己烯醇、2-反式-己烯醛
杏仁	5-甲基噻吩-2-甲醛	大蒜	己二烯
榛子	甲硫基甲基吡嗪	爆米花	2-乙酰基-1-吡咯啉、甲基-2-吡啶基酮
茴香	茴香醚		
肉桂	肉桂醛	咖啡	糠基硫醇、硫代丙酸糠酯
萝卜	4-甲硫基-3-反式-丁烯基异氰酸酯	香草	香兰素

（2）设计辅助特性　一旦基本的骨架被成功地架构，调香师则可专注于更复杂的辅助特性的设计。主要是通过添加其他一些风味物质来加强或者平衡基础风味，从而调配成指定的风味。例如，加入丁酸乙酯可以增加葡萄的香味。丁酸乙酯不是葡萄的味道，但是它可以显示出葡萄香味的特征。要弄清楚所有的辅助成分特性是件很复杂的事情。因为风味越复杂，成分之间就必有一些交互作用。

（3）添加微量成分　这类化合物是那些与香气识别无关，但可以增加特殊的感官气味，在辅助香气方面起到重要作用。如香蕉风味中是“叶绿”（顺式-3-己烯醇），这种物质的加入不会影响风味的识别。在加入量特别低的时候，很难把它挑出来作为一个特别点，但是稍微绿一点则被认为更加新鲜，再多加一点，绿会变得非常显著，但其影响还是得以肯定的，但更大的量则会变得不引人注目，只能表明水果处于不成熟阶段。再如，将大蒜油加到焦糖风味中可以增加温暖感，将反式-3-己烯醇加到水果风味中可以增加青水果或未熟水果的味道，呋喃酮（或者突厥酮）这类物质可以增加熟化或者成熟的味道。草莓风味肯定包含最常见的叶绿香（顺式-3-己烯醇），但它也包含了少量的"生绿"（顺式-3-己烯基甲酸），"苹果绿"（反式-2-己烯醇），"甜瓜绿"（2，6-二甲基庚烯-5-醛），"未成熟绿"（己烯醇），"黄瓜绿"（反式-2-顺式-6-壬二烯）。

总之，在风味组分调制中，可能主要的香气特征会被夸大，微小的差别会被掩盖甚至不被表现出来，因此一般来讲，第一次调制出的风味组分不可能是完美的。为了获得最后的确定配方，必须进行反复试验而不断改进提升配方。在对每步混合风味料进行评估之前，最好让混合物放置一段时间，这样可以让不同的成分充分混合。如果评估进行太早，可能会出现错误的判断。

（4）寻找不同的调香师对新创制的风味组分进行系统评估，然后再不断地进行以上步骤的重复，直到最终创制的风味物质能被多数风味家所接受和认可。

（5）应用试验　当获得最终的风味产品配方之后，那么进行应用试验就非常重要。这是对此类配方的进一步检验，查看其适宜于什么样的食品加工过程。比如：很多乳味香精的配方，在饼干制作等烘焙过程之后，其浓郁的乳香味会丧失或乳香的口感变的单薄；但如果改变应用工艺，不经过高温过程，此类乳香味依然存在。因此，最终风味组分配方的应用试验对其是否能够被食品企业采纳与应用具有决定性意义。在应用实验中，所采用的应用工艺越接近于实际生产，则评估结果越准确。

（6）产品的商业开发　对风味配方进行商业化推广是最终目的。调香师必须能够把自己的产品介绍给消费者或者食品生产商。要想让产品在市场上上架，其风味不仅要让调香师自己喜欢，还要让消费者喜欢。因此与消费者协作才是成功的关键。消费者对市场更了解，因而能提供更有用的建议。如果食品厂商采用的话，那么调香师就需要帮助厂商建立合适的香料添加方式，并要参与此香料质量标准的建立。

四、调味品的制备（烹调用品）

随着社会的快速发展，人们生活节奏的加快，餐饮行业也蓬勃发展。因此近年来，香料企业将其应用领域扩大到酒店业。迅速发展的即食食物（特别是冷冻、外卖品）、餐厅食品、团体供餐市场已经让更大型的香料公司对这个市场充满了兴趣。这个市场机会导致了香料公司开始和有经验的、能加工传统原料的厨师合作。厨师的食品加工技能与调香师的调制风味料的技能结合生产传统的烹调作料，已经成为大多香料公司的重要业务。调香师熟悉风味物质知识，如香草、香料和其他食品风味物质（如盐、味精、精油、精油树脂、反应香味物或者化学品香料）等，而厨师则了解食品原料的特点与应用、了解人们对食物的风味喜好和餐饮风味行业的特色与可能需要。

一般来讲，或者是在已有的配方基础上补充某种风味使其更为完美，或者是为特定终端产品设计和调配一种调味品。如果是完成前者，那么正确地获取已有风味物质的风味信息是很重要的。液体调味料一般比较稳定，而固体风味物质的保质期较短。如果样品放了很久或者储藏方式不正确，那么获取的目标风味信息是错误的，从而导致后续的风味调配工作很困难。而完成后者一般主要包括风味轮廓的定位、风味选择与匹配、调味料的配制、调味料的感官评价及重复改进与制备、调味料的应用评估这5个步骤。具体如下：

（1）风味轮廓的定位　主要是获取目标调味品组成和制备过程影响因素的相关知识。可通过常规的烹调工艺来采集目标风味轮廓。烹调后未加调味品的基本产品的风味显著地决定了所需调味品的风味轮廓及其类型。总的来说，产品基质的风味越弱，所需要加入的调味品的水平越低（例如，鱼制品仅仅需要草本佐料的轻微平衡，牛肉制品则需要口味重辛辣刺激的佐料）。

（2）风味选择与匹配　在基础风味上，加入各种不同的香辛料是必须的。但根据香辛料的风味差异，可分为不同种类，比如：①淡的、甜的草本型香料；②中等香味的香料；③浓郁的、醇厚的、辛辣的香料；④刺激性的香料。在调味料的制备过程中必须加入不同的香料来进行终产品的配制，而不是仅仅考虑非香料物质，如味精，水解植物蛋白，酵母提取物，盐、葡萄糖和糊精等（表8-2）。

表8-2　调味品中使用的材料

草药和香料	香料提取物
酵母提取物	增味剂
防腐剂（如允许）	食用色素（如允许）
食用酸（例如柠檬酸）	仿制的风味物质（例如烟）（许可）
盐、葡萄糖、蔗糖等	乳清
酪蛋白酸钠	水解植物蛋白

（3）调味料的配制　在分析和定位风味轮廓后，厨师和调香师团队必须通力合作，在经验的基础上，共同发挥一定的创造能力，来试着调配目标调味品。

（4）调味料的感官评价及重复改进与制备　对获得调味料进行评估。感官评价时，要把调味料调入到合适的液体中进行评价。一般来讲，应把调味料加入到加热的白调味汁或者中性汤底中再进行感官评价。根据评价结果，再不断地调整风味，重复以上步骤，直到得到平衡较好的调味料。

（5）调味料的应用评估　对调味品进行实际应用的效果评价是很重要的步骤。调味料应用效果评价常常会被烹调或者其他材料或加工工程影响。如果终端产品是深冻冷藏的，那么这个测试必须包括至少24h的深度冷藏时间。

总之，一旦一个目标风味的轮廓得以确定，就可进行后续的分析工作了，如测定盐度、色素、辛辣水平、味精等。这些信息对配制调味料的香料平衡匹配有重要意义。随后，风味的调制按照常用的过程进行不断的调配与评价，直到获得匹配产品。在适宜的体系（如烹调用的感官评价体系为白调味汁或者中性汤底）中进行实验和目标材料的评价，从而不断地进行调整直到得到满意的产品。

第四节 食品风味评价

在每一个风味产品开发过程中，都需要对实验样品进行连续不断的感官测试，以确定实验样品和目标风味之间的性质及程度差异。快速、可靠的感官评价方法对调香工作的高效进行有重要意义。香精香料行业经过多年的发展，已经创建了多种有效的感官评价方法或者模式体系。调香师多采用简单评估。评估前的材料准备、风味评估采用的操作技术、评估中的一些小细节都会影响简单评估的结果。由于食品感官评价有专门的书籍，因此在此章节只作简单介绍。

感官评价样品前，首先需要将这些材料稀释到允许直接使用的可接受水平。这个主要是通过下列3种方式之一完成的：①与一种简单食品成分（例如葡萄糖、蔗糖、乳糖或者盐）的适当混合；②用一种可接受的溶剂（例如乙醇）稀释；③以适当的计量加入到中性食物或者载体中。通常说的中性食物或载体如下。

（1）中性汤　包含60%玉米淀粉，22%白糖和18%盐。在开水中加入4.5%的中性汤，加热1min使其变稠。将待评估样品加入到制备好的中性汤基质中。这种中性汤基质特别适用于香料，烹调香料和混合调味品。

（2）白调味汁　由黄油或人造黄油，面粉和牛乳制成。

（3）糖浆　10%的蔗糖加入饮用水中。其为调味品、精油、甜香料（如姜、肉桂）的标准评估物质。

（4）重制的马铃薯泥　与生产马铃薯泥做法一样，但不加入黄油。这个可以用来评估洋葱、大蒜、红辣椒和混合调味品。

（5）方旦糖　将速溶的方旦糖按需要重组。这个风味基质构成玉米淀粉基质。

（6）硬糖　使用如下基质：蔗糖120g、水40mL、葡萄糖浆40g。葡萄糖和水先煮沸，搅拌至溶解，再加入蔗糖，然后加热到152℃，然后远离热源，加入各种香料，色素或者柠檬酸搅拌，混合物随后倒入事先抹过油的板子上冷却，通过压辊形成产品。

（7）果胶果冻　使用如下基质：蔗糖100g，水112.5mL，还原糖当量（DE）值为43的葡萄糖浆100g，柑橘果胶（慢凝果胶）6.25g，50%柠檬酸溶液2mL。果胶和糖混合后缓缓搅拌加进预热至77℃的水中。温度上升至106℃后，将产品移开热源，香料或者色素或者酸快速加入溶解并搅拌，混合物倒入玉米淀粉基质中。倒入的产品在基质内允许放置12h。

（8）碳酸饮料基质　使用如下适当产品已经改进之后的配方：10%苯甲酸钠溶液0.25mL，50%柠檬酸溶液1mL，再加入100g糖浆制成总量160mL。适当剂量的香料搅拌加入这个基质中，然后用饮用水将浓度稀释5倍后灌装、充气。

（9）牛乳　是冰淇淋和其他乳制品的香精预先评估的有效载体。牛乳可以按需要加入8%的糖变甜。目的是在有限的时间内，给评估人员呈现出最佳状态下的样品，在最佳条件下进行一个合理的评估。

总之，风味产品的创制是一个科学与艺术结合的过程。单纯的科学与单纯的艺术都不能够创制出独特的、有个性的、有生命力与巨大市场需求的风味产品。调香师需要具有化学、食品、生物等基础知识，经过一定的基础专业训练之后，再进入香料企业、烹调学校或者其他专门调香机构进行训练提高调香技能。创造性的成果是重复试验和不断评估及改进提升的综合。一旦一个适当的香料调配成功，便将会被送到应用实验室进行一个常规的评估，如果得到认可，最终才会到达消费者。

第三篇

风味物质的调控

第九章 风味物质的控释

CHAPTER 9

第一节 概述

控释技术，或称智能控释，已不是一个新名词，其最早可源于高分子材料和药物控释科学，利用一些智能的高分子材料，当它们的外界环境产生变化，它们的结构或性质相应产生变化，从而达到药物控制释放的目的。风味物质的控释技术，对食品来说也相当重要。

食品风味物质的控释技术是利用一些物理或化学手段，对风味物质的释放（释放与否、释放速度以及释放程度）以及风味物质的稳定性进行控制的技术。人们越来越关注不同食品中风味的稳定性，风味的稳定性很难控制，但它却跟食品质量和顾客需求和进一步消费息息相关。风味是多种多样的，来自非常复杂的体系，在生产和贮藏过程中，食品包装材料和成分会通过减少香气强度或产生异味成分来引起整个食品风味的改变，另外，风味物质本身的一些性质的改变，例如理化性质、浓度以及风味物质和食品其他成分之间的相互作用都会带来风味的改变。

食品风味控释的基本原则是减少加工损失、提高贮藏稳定性、确保享用时按要求的方式充分释放。食品风味物质的控释应使风味物质根据环境刺激产生响应而释放，其他情况下不释放，同时能避免外界不良因素，如光、热、氧气、湿度、pH 的影响以及组分间的反应，从而维持食品成分原有的特性，提高它在加工时的稳定性并延长其货架期；另外，风味控释可提高许多敏感性食品添加剂的稳定性并可控释放，进而降低其添加量和毒副作用，也能掩盖某些添加剂的不良风味。食品风味控释技术对食品风味的应用主要有以下几方面。

（1）控制食品风味的释放　每种不同的产品，它的风味只有合理地释放出来，才能赋予它更加美妙的滋味。例如，口香糖中要求香精在咀嚼过程中感受口腔的温度、湿度以及牙齿的机械作用力而缓慢释放。食品风味的释放可分为瞬间释放和缓慢释放两种。瞬间释放是用各种外力，如机械压碎、摩擦、变形等使囊壁破裂，或在热的作用下使囊壁熔化，或用化学方法混入一些膨胀剂到囊芯使其破碎，或使用电磁方法等使胶囊破碎。缓慢释放是芯材通过囊壁扩散以及壁材的融蚀或降解而释放。

（2）控制食品加工与贮藏中挥发性风味的释放　食品风味组成成分的挥发不仅造成风味

的损失，而且由于某些组分的挥发损失改变了风味的组成，从而使风味失真。如果将这些挥发性的风味物质利用风味控释手段，如包裹于微胶囊中或制成超分子包合物等，将能抑制挥发损失，提高稳定性。例如，香兰素在大气中两个月暴露后会挥发损失 20%，而当将其制成超分子包合物后，其损失率不到 1%。

（3）保护食品中的敏感性成分　控释技术可使风味物质不受外界不良因素的影响，大大提高了耐氧、耐光、耐热等的能力，稳定性大大提高。

（4）避免风味组分与食品成分发生反应　控释手段能有效将具有反应活性的风味物质隔离起来，避免食品加工贮藏中的释放，仅在摄取食品时才释放出来，从而避免了活性风味组分与其他食品成分发生反应。例如，在焙烤食品的面团中添加肉桂、大蒜、洋葱等调味料会抑制酵母活力，但是如果将这些调味料微胶囊化后再添加就可避免这种情况。

（5）增溶与改善乳化分散作用　对于油溶性香精香料，微胶囊化能使香精香料在水溶液中形成稳定乳浊液。对于难溶性香精香料，经特殊控释技术处理，可提高其水中溶解度，起到增溶作用。例如，如薄荷油的溶解度从 0.02%提高到 0.5%，提高约 25 倍。

（6）改变物理形态　例如，精油和油树脂是目前代替食用香料植物粉末的主要形式，但它们的缺点是溶解分散性差，在干燥产品中加香不能很好混合。微胶囊化能将常温为液体或半固体的香精香料转变为自由流动的粉末，使其易于与其他配料混合。

目前，常用的食品风味物质的控释技术主要有（微）胶囊化技术、微球技术、纳米化技术、脂质体技术、水凝胶技术、超分子形成法技术等。其中，（微）胶囊化技术是风味物质控释较为成熟的一种技术，可防止在加工或储藏期间风味物质的降解或损失。微球通常粒径为 1~250μm，它与微胶囊的不同之处主要在于它没有明显的囊芯和囊壁界限，但微胶囊所用的壁材和制备方法往往也适用于微球的制备。另外，一些新型的风味控释系统也得到开发应用，如糖玻璃化香精技术、酵母微囊化风味技术、斥水微胶囊香精技术等。

第二节　风味物质的（微）胶囊化技术

胶囊化是指用保护性壁材或体系包埋或封装一种或几种物质的技术。被包埋的物质称为活性物质、装填物、芯材或内相等，涂层或基质材料称为囊壁、壳材料、膜、壁材、载体、外壳、胶囊或封装物等。胶囊化过程一般包括两步：第一步是用一种壁材的浓溶液（如多糖或蛋白质）对芯材（如脂肪-香气体系）进行乳化；第二步是干燥或冷却乳剂。风味胶囊化的原理如图 9-1 所示。

胶囊化已在药物行业应用很多年，用于药物的控释和输送。早期胶囊化技术的成本很高，胶囊化的应用受到限制。随着越来越多有效的技术和材料的发展，胶囊化的应用范围变大了，尤其是在食品和日用消费品领域。芳香化合物、风味和香料的胶囊化是最主要的应用方面之一。胶囊化技术现已广泛用于医药、化学、化妆品、食品和印刷行业。在食品行业中，已有各种活性物质的胶囊化产品，如脂肪和油脂、芳香化合物、油性树脂、维生素、矿物质、色素和酶等。胶囊化可使食品的香气在贮藏期间得到保持，也可以防止食品的风味受到食品其他成分不良相互作用的影响，还可以减少风味与风味的相互作用等。总的来说，在

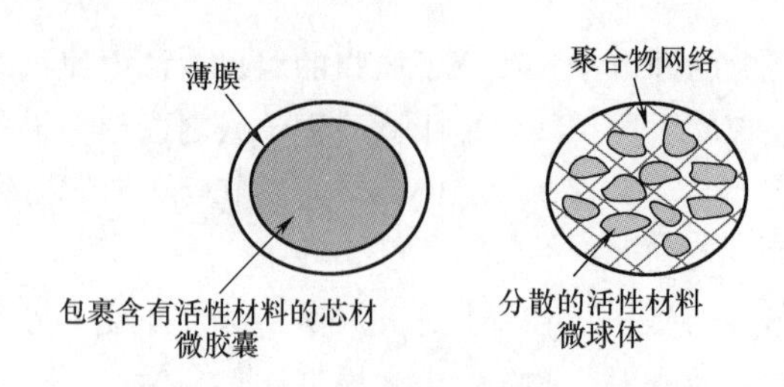

图 9-1 风味胶囊化的示意图

食品行业，对风味物质进行胶囊化，可以解决各种由于风味物质本身的化学特性以及其跟周围环境相互作用所产生的多种问题，包括：

（1）降低风味物质和外界环境的反应活性，如氧、pH 和水；

（2）减少风味物质的蒸发速率，控制释放速率，保持持续释放；

（3）防止风味物质结块；

（4）增加风味物质和其他成分的兼容性；

（5）将气态或液态风味物质转变成固态；

（6）稀释主要风味物质使其在产品中均匀分散；

（7）贮藏期间能稳定和保护风味物质；

（8）减少反复打开包装（前味）的香味损失；

（9）增加使用层次而不影响溶解度和分散性；

（10）延长保质期。

胶囊化产品按照其粒径的大小大致可分为 3 种类型：①尺寸>0.1mm 的宏胶囊；②尺寸在 0.1~100μm 的基质微粒或微胶囊；③尺寸<0.1μm 的纳米粒子或纳米胶囊。

一个胶囊化体系的主要参数包括壁材的性能、芯材的化学特性（相对分子质量、化学功能、极性和相对挥发性等）、芯材和壁材的比例、胶囊化技术的性质和参数、贮藏条件等。胶囊化体系的合理设计可保证胶囊的完整性以及使芯材得到有效的控释。根据胶囊化过程的不同，胶囊可呈现出不同的形状（如薄膜、球体、不规则颗粒等）、不同的结构（如多孔的或致密的）和不同的物理结构（如无定形的、晶型的、橡胶态或玻璃质的）。这些不同的形状或结构会影响风味或外部物质（氧气或溶剂）的扩散，也会影响食品在贮藏期间的稳定性。

本节的以下部分将介绍胶囊化技术、壁材的材料以及胶囊化产品的控释机制。

一、胶囊化技术

高附加值成分有效的胶囊化可提高功能性食品行业的利益，例如多不饱和脂肪酸、风味、维生素等。食品风味的胶囊化领域正不断发展。适合的胶囊化技术的选择取决于风味化合物的性质、贮藏和加工期间所需的稳定程度、食物成分的性质、具体释放性能的要求、粉末中风味最大装载量以及生产成本等。每种不同的胶囊化过程通常用来解决产品研究中产生的特定问题，表现出各有优点和缺点。

胶囊化产品可做成各种各样的形状，如球形、椭圆形或不规则形状，可以是单片的或聚集的，可以是单层的或多层的。图 9-2 为一些典型的胶囊形态。

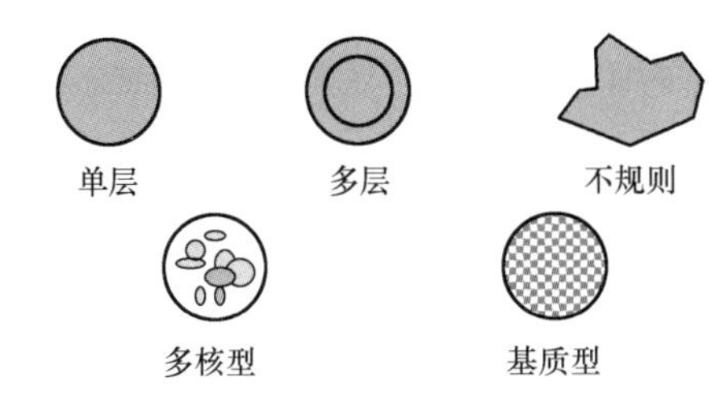

图 9-2　典型的胶囊形态

胶囊化技术按照本质大致可分为化学技术和机械技术两大类。表 9-1 列举了一些胶囊化技术的特征。

表 9-1　各种胶囊化技术的特征

胶囊化技术	胶囊化方法	颗粒大小/μm	最大装载量/%
化学技术	简凝聚法	20~200	<60
机械技术	复凝聚法	5~200	70~90
	分子包含	5~50	5~10
	喷雾干燥	1~50	<40
	喷雾冷冻	20~200	10~20
	挤压法	200~2000	6~20
	流化床	>100	60~90

工业上应用得比较多的两种方法是喷雾干燥和挤压法，其次就是冷冻干燥、凝聚法和吸附法。表 9-2 列举了食品工业中不同胶囊化技术的主要应用。

表 9-2　食品工业中不同胶囊化技术的主要应用

胶囊化技术	胶囊的形式	应用领域
凝聚法	膏、粉末、胶囊	口香糖，牙膏，焙烤食品
喷雾干燥	粉末	糕点糖果，乳粉，即食甜点，食品调味，即食饮料
流化床干燥	粉末、颗粒	精制菜肴，糕点糖果
喷雾冷却/冷冻	粉末	即食饮料，糕点糖果，茶
挤压法	粉末、颗粒	糕点糖果，即冲饮料
分子包含	粉末	挤压小吃

（一）化学技术

1. 凝聚法

凝聚法被认为是最早的胶囊化方法。凝聚法是一种发生在胶体溶液中的现象，该法主要包括下面几步：

（1）将油相（活性成分）分散在胶体水溶液中；

（2）降低水胶体的溶解度（加入非溶剂或改变温度）使水胶体在油相上聚集沉淀；

（3）添加配位水胶体诱导高分子聚合络合物形成；

（4）可选择性地添加一种交联剂来稳定或提高微胶囊的屏障性能；

（5）干燥，形成10~250μm大小的微胶囊。

一般来说，凝聚法中使用的芯材必须要与受体聚合物兼容并且不溶于（或微溶）凝聚介质。例如，用蛋白质包埋固体颗粒的凝聚法工艺，使蛋白质溶液里的添加物与多糖混合，并且使pH保持大于蛋白质的等电点。这样就能形成一种两相的混合物，其中相对密度较大的相就包含胶囊化材料。

凝聚法可分为单凝聚法和复凝聚法。单凝聚法只涉及一种聚合物，在胶体水溶液中添加强亲水性试剂；而复凝聚法会使用两种或多种聚合物。最简单形式的凝聚法，可制备明胶溶液（1%~10%），然后保持在40~60℃，向溶液中逐滴加入乙醇形成两相，其中一相含有浓度较高的明胶。两性水胶体明胶会和阴离子多糖（像结冷胶）形成复合团聚体。当pH逐渐降到4.5时，凝聚层物质（带正电荷的明胶和带负电荷的结冷胶）会沉淀在油滴周围而形成微胶囊。复凝聚法以两种带相反电荷的壁材物质做包埋物，芯材分散于其中后，通过改变体系的pH、温度或水溶液的浓度，使两种壁材相互作用形成一种复合物，从而导致溶解度下降而凝聚析出，形成微胶囊。复凝聚法常用明胶、阿拉伯胶为壁材。明胶为蛋白质，在水溶液中，分子链上含有—NH_2和—COOH及其相应解离基团—NH_3^+与—COO^-，但含有—NH_3^+与—COO^-离子的多少，受介质pH的影响。当pH低于明胶的等电点时，—NH_3^+数目多于—COO^-，溶液带正电；当溶液pH高于明胶的等电点时，—COO^-数目多于—NH_3^+，溶液带负电。明胶溶液在pH 4.0左右时，其正电荷最多。阿拉伯胶为多聚糖，在水溶液中，分子链上含有—COOH和—COO^-，具有负电荷。因此在明胶与阿拉伯胶混合的水溶液中，调节pH约为4.0时，明胶和阿拉伯胶因电荷相反而中和形成复合物，其溶解度降低，自体系中凝聚成囊析出。

图9-3为复凝聚法的原理。风味物质应该在凝聚的过程中出现在混合物中，随后凝聚晶核吸附在易挥发性化合物的表面。然而，风味也可以在相分离之间或之后添加。但无论是哪种情况，都必须对凝聚混合物不断地搅拌。加入几滴合适的稳定剂可以避免所得到的微胶囊发生凝固。凝聚法的优点是活性物胶囊化的效率可以达到90%以上，适用于精油和鱼油的胶囊化。主要缺点是在乳化和凝聚过程中壁材浓度的优化是一大问题，因为获得良好的乳化液

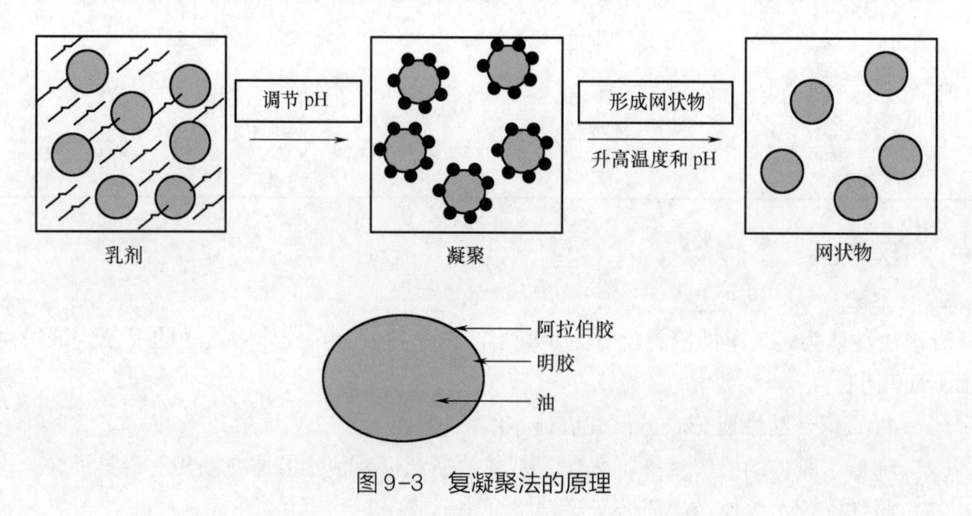

图9-3 复凝聚法的原理

所需的浓度有异于增加微胶囊产量所需的浓度。采用凝聚法进行风味胶囊化还有一些局限，例如挥发物的蒸发、活性物溶于加工溶剂以及产品的氧化作用，因为残余的芯材有时会粘在胶囊的外部。另外，复凝聚法产品很不稳定，要稳定它们，必须要使用有毒的化学试剂如丙二醛。在风味的胶囊化中，单凝聚或复凝聚都还没有普遍应用，主要是由于该技术较复杂并且成本很高。对于食品添加剂来说，只有少量可利用的食品级的聚合物包衣，如阿拉伯胶和明胶。

2. 分子包含

分子包含是一个活性分子包含在另一个分子内。最著名的体系是环糊精。利用环糊精的特殊结构特点可以做成分子包含的胶囊化材料。环糊精是酶解变性淀粉分子，是由环糊精葡萄糖基转移酶作用淀粉得到的。淀粉在酶的作用下裂解后，分子的尾端部分会通过α-1，4糖苷键形成一个环状分子。该环形分子的内腔是疏水的，其分子尺寸可以全部或部分包埋大多数的风味物质，分子外部具有亲水性。这种独特的构象使得环糊精广泛用于食品工业中进行风味包埋，保护对热、光或氧敏感的物质和具有高附加值的风味化合物，用来增加疏水性物质的溶解性和减少芳香化合物的挥发性。图 9-4 为β-环糊精的分子结构。

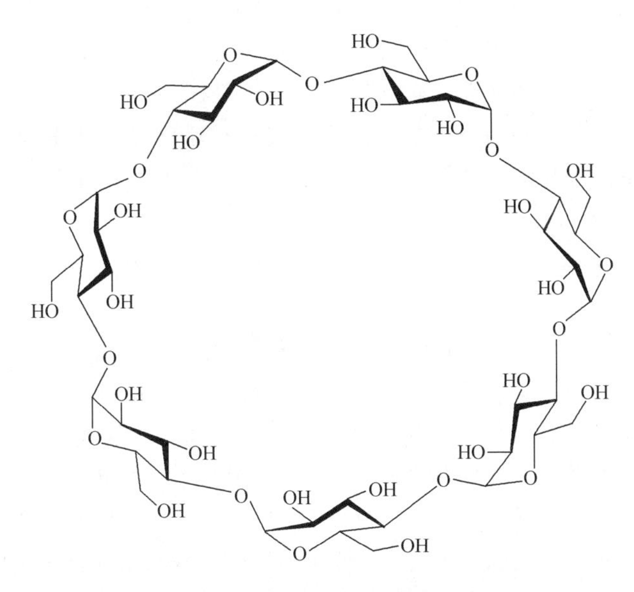

图 9-4　β-环糊精的分子结构

据研究表明，分子质量大小和形状、空间位阻、化学功能、芯材的极性和挥发性或多或少会影响风味成分的保留。例如，如果活性挥发性分子比内腔尺径小，只有一部分分子表面能接触到内腔壁，这样活性分子与环糊精就不是完全相互作用。为了从包含复合体中释放活性分子，就需要加入水或提高温度。

以下是将β-环糊精和风味物质络合的一些常用方法：

（1）在水溶液中搅拌或摇荡环糊精和风味物质的混合物，过滤掉沉淀的络合物；

（2）用强力混合器将固体环糊精和风味分子混合，通过环糊精溶液使风味物质形成气泡；

（3）捏合风味物质和环糊精的水浆糊。

分子包含法很昂贵，因为干燥成本高和环糊精的价格高。

原则上直链淀粉也能被用来形成包含复合体，但是它的应用不是很广泛，主要是因为直链淀粉溶解度低、纯直链淀粉价格高以及直链淀粉的特异性低。

3. 共结晶法

共结晶胶囊化技术是一种简单、经济、灵活的风味胶囊化技术，已有不少产品采取此法进行风味缓释，包括果汁、香精油、调味品和红糖等。共结晶法比较简单，例如在120℃以上高温以及糖度95~97°Bx时可得到过饱和蔗糖糖浆的自发结晶。在自发结晶时可加入风味成分，可相应调整蔗糖的晶体结构并且通过晶体内包含或包封的形式形成包含风味物质的小晶体聚集体。通过共结晶法得到的颗粒状产品具有很好的流动性和分散性，并且吸湿性低，同时还能提高风味的稳定性。糖会形成一个氧气阻隔，从而可以延长风味物质的保质期。该方法步骤简单、便宜，因为能使用到相对便宜的胶囊化基质，如蔗糖。该法的一个主要问题是：在共结晶过程中，液体颗粒被转换成固态颗粒，一些热敏性化合物会发生降解；另外，尽管产品具有流散性能，但也必须添加强抗氧化剂来减缓储存期间氧化气味的出现。

4. 乳化和界面聚合

微胶囊可以通过水包油或油包水乳化体系（或多相乳化液）制备。活性分子被包埋在单体或聚合物基质里，可以发生聚合和交联。在破乳后，微胶囊可以通过溶剂蒸发或其他干燥方法干燥。有表面活性的单体或聚合物或在聚合和交联反应中变得不溶的聚合物会发生界面聚合。聚合反应发生在油水界面。该方法的使用受到一些限制，主要是首选的基质或包衣材料不可再生或者不是食品级的，如聚酯、聚酰胺、聚氨酯、丙烯酸或聚脲等，这些材料经常会留下有毒的单体物质。

（二）机械技术

1. 喷雾干燥

喷雾干燥法进行胶囊化主要步骤包括以载体物质分散被包埋物质，然后雾化，并将混合物喷射到高温室内，最后用旋风分离器来回收产生的微胶囊。喷雾干燥的原理主要是通过机械作用，将物料分散成雾状的微粒（可增大水分蒸发面积从而加速干燥过程）与热空气接触，瞬间除去大部分水分，使物料中的固体物质干燥成粉末。喷雾干燥法具有多种优点，包括设备利用率高、生产成本低、可选择固相载体、挥发成分保留良好、成品稳定性高以及能连续大规模生产等。值得一提的是，喷雾干燥可很好地保留香味成分，并且由于胶囊化过程中芯材经受的温度较低，可用于大多数不耐热（沸点低）的物质的胶囊化。目前为止，此技术已广泛用于商业化的风味和挥发性成分胶囊化的大规模生产。喷雾干燥制备的微胶囊是食品行业包埋风味成分最经济、灵活、有效的方法。

在喷雾干燥法胶囊化中，挥发性芯材保留的实现依靠于壁材和芯材的物化性质、干燥剂中固形物的含量、加工温度、封装支持的性质和性能，包括乳化-稳定性能、成膜性能、高浓度下低黏度等。适合于喷雾干燥的壁材的功能属性包括好的水溶性、高浓度下低黏度、有效的乳化和成膜特性以及高效的干燥特性。典型的壁材是阿拉伯胶、麦芽糊精和变性淀粉。其他多糖和蛋白质的使用一般比较单一和昂贵。当水溶性有限的芯材采用喷雾干燥法胶囊化时，得到的胶囊是基质型结构。在这种情况下，芯材会构成小液滴，被嵌入囊壁基质的壁材包裹。喷雾干燥胶囊的微结构受壁材组成和性能、风味与壁材比例、雾化和干燥参数、干燥早期不均匀收缩、表面张力驱动滞流的作用和贮藏条件等的影响。一般来说，物料中的含水率越高，加工中蒸发水的能量消耗就越高。

2. 冷冻干燥

冷冻干燥技术又称冻干法，是用于干燥在水溶液不稳定的热敏性物质最有效的方法之一。在水结晶的过程中，非冻结溶液是黏的，这时风味物质的扩散很缓慢。当冷冻干燥开始时，溶液的表面会变成非晶固体，使得选择性扩散变得可能。冷冻干燥技术的优点包括：运用该法得到的干燥粉末的性能比喷雾干燥、托盘干燥、滚筒干燥得到的都要好；冷冻干燥所得产品的抗氧化能力较好；由于冷冻的固定作用，冷冻干燥过程可以更好地保持微胶囊的形状。冷冻干燥技术的主要缺点是成本太高，大约是喷雾干燥的 50 倍。正因为如此，冷冻干燥法的商业应用受到了很大限制。

3. 喷雾冷却/喷雾冷冻

喷雾冷却和喷雾冷冻与喷雾干燥相似，芯材分散在液化的包衣或壁材中然后被雾化。一般来说喷雾冷却和喷雾冷冻没有水分蒸发。风味化合物乳化后进入溶化的壁材中，随后原料被雾化分散成液滴，之后液滴会立即和冷却介质混合，最后凝固成粉末状。基质材料通常是常规的、氢化的或分馏的植物油。喷雾冷却和喷雾冷冻被认为是最便宜的胶囊化方法，经常用于风味成分的胶囊化来提高热稳定性，在潮湿环境中延迟释放和/或将液态风味转换为散粒的粉末。这项技术的主要缺点是大量的活性物质位于表面使得挥发性物质的胶囊化效率降低；所得的产品需要特殊的处理和储存条件。曾有尝试将喷雾干燥和喷雾冷却技术结合，但结合技术成本更高。

（1）喷雾冷冻　在喷雾冷冻技术中，包衣材料溶化后通过气动式喷口雾化进入带有二氧化碳冰浴的容器（温度-50℃）。液滴黏附在颗粒上，然后凝固形成包衣膜。不少水溶性物质在热处理过程中可能会挥发或受损，喷雾冷冻技术可适用于保护这些物质。代表性的胶囊化材料是分馏或氢化植物油，熔点范围在 32~42℃。喷雾冷冻多用于焙烤产品、干汤混合物和含有大量脂肪的食品。

（2）喷雾冷却　这项技术类似于喷雾冷冻，唯一不同处是包衣材料雾化时反应器的温度。一个包含芯材小液滴的熔融基质材料可以被喷雾冷却，也可以使用植物油，标准熔点是 45~122℃。

4. 挤压法

挤压法多用于玻璃态碳水化合物基质中的易挥发和不稳定风味的胶囊化。玻璃化碳水化合物，如淀粉和麦芽糊精，在高温和低含水率下溶化，与活性分子在挤压筒中充分地混合。挤压法胶囊化的主要优点是风味物质对氧化的稳定性高；和喷雾干燥所得产品 1 年的保质期相比，风味油脂的保质期能从几个月延长至 5 年。该技术的主要缺点是成本较高和大颗粒（500~1000μm）的形成。挤压法可分为简单挤压法、双毛细管挤压法、离心挤压法、循环离心挤压法。

（1）简单挤压法　常用的简单挤压法，在 110℃ 温度下，将挥发性化合物分散在母体聚合物中。然后，混合物被压入一个钢模中。将得到的细丝快速地投入干燥液中硬化从而包裹活性化合物。脱水和硬化过程中最常用的液体是异丙醇。已硬化的细丝被分成小碎片，然后分离、干燥。

（2）双毛细管挤压法　芯材和载体物质分别从同轴双毛细管的内部和外部入口进入。芯材一般是液体，可以用聚合物作溶剂或溶化物（芯材和壁材液体必须是不互溶的）。在同轴喷嘴的尖端，这两种液体会形成一致的喷射流，分散后形成相应的微滴。

（3）离心挤压　离心挤压利用位于旋转圆筒外周的喷嘴。液态风味物质通过内孔口泵进，而液态的壳材料通过外孔口进入，形成一股由壁材包围风味成分的共挤压条。当设备旋转时，挤压条会变成液滴形成胶囊。

（4）循环离心挤压法　循环离心挤压法结合了转盘挤压技术和添加了用于回收多余包衣液体的装置。芯材分散在载体材料中形成悬浮液。利用循环离心挤压法可把悬浮液从转盘挤压出来，而多余的包衣流体被雾化并从涂层颗粒中分离出来。多余的包衣流体被回收，而产生的微胶囊进行冷却或溶剂萃取。优化蒸煮温度、压力、乳化水平、停留时间、挤压容器的巴氏杀菌可生产高装载量的风味胶囊化产品。然而，一些结构缺陷如裂缝、薄壁材或加工中或加工后形成的气孔会增加挤压碳水化合物中风味物质的扩散。对循环离心挤压法影响最大的是乳化稳定性，一些非常黏稠的碳水化合物溶化物的乳化稳定性不佳，限制了应用。

5. 流化床

流化床胶囊化技术主要是在高温环境中利用喷嘴将包衣材料喷洒在风味颗粒的流化床中。流化床法包括三个步骤：首先，将需要包衣的颗粒悬浮在喷涂室的热空气中；然后，包衣材料通过喷嘴喷洒在颗粒上，表面开始形成薄膜，接下来是连续的湿润和干燥过程。喷雾液的小水滴覆盖在颗粒表面并融合在一起。随后利用热空气蒸发溶剂或混合物，包衣材料就黏附在颗粒上。方法所得胶囊的粒径大小为0.3~10mm。

流化床技术用于食品工业包埋风味物质有以下优点：①干燥速率高，由于气体和颗粒接触良好可以达到最佳的传质与传热速率；②流动面积小；③投资和维修成本低；④热效率高；⑤良好的可控性。随着食品行业风味粉末大规模的生产，流化床技术也成为有前途的包埋技术。

二、壁材的材料

微胶囊的粒径从几个微米到小于1μm不等。受保护的风味化合物被锁在膜里面与外部物质隔离。最简单的微胶囊是由壁材包埋芯材组成，壁材的厚度可以是均匀的或不均匀的，芯材可以是一种或几种不同类型的成分，载体可以是单层或多层的。由于微胶囊一般作为添加剂应用于一个更大的体系，所以它的各种性能必须要能适应这个体系。多种不同的材料可作为壁材进行胶囊化，主要包括碳水化合物、蛋白质、脂质和胶等。每种材料都有其优缺点，因而实际应用中常常选用两种或以上材料的复合配方。壁材的选择取决于多种因素，包括：预期产品的目标和需求；芯材的性质；胶囊化的过程；成本的考虑等。

作为风味化合物胶囊化的载体材料，要符合几点要求：①必须与芯材没有反应活性；②存在形式易处理，如高浓度下黏度低；③在任何一个需要去溶合作用的阶段能够完全除去溶剂；④最大程度地保护活性成分不受外界因素的影响；⑤能确保良好的乳化-稳定性能和有效的再分散性能，以便在期望的时点和位置释放风味。因此，要进行食品风味控释，需要对芳香化合物和食物主要成分之间（如脂质、多糖、蛋白质）发生的物理化学作用有很好的了解。

常用的基质材料（壁材）包括有：

（1）多聚糖和糖　胶、淀粉、纤维素、环糊精、葡萄糖等。

（2）蛋白质　明胶、酪蛋白、大豆蛋白等。

（3）脂质　蜡质、石蜡、油脂、脂肪等。

（4）无机物　硅酸盐、黏土、硫酸钙等。

（5）合成材料　丙烯酸聚合物、聚乙烯（乙烯吡咯烷酮）等。

生物降解聚合物，包括合成的和天然的。它们的优点是生物兼容性和可降解性以及对环境影响小。生物降解聚合物有合成聚合物如聚酯、聚乙烯（原酸酯）、聚酸酐、聚磷腈，天然聚合物如多糖、壳聚糖、玻尿酸、海藻酸盐。表 9-3 介绍了风味胶囊化中常用壁材的特征。

表 9-3　风味胶囊化中常用壁材的特征

壁材	特征	壁材	特征
麦芽糊精（DE<20）	形成薄膜	玉米糖浆固体（DE>20）	形成薄膜
变性淀粉	很好的乳化剂	阿拉伯胶	乳化剂，形成薄膜
变性纤维素	形成薄膜	明胶	乳化剂，形成薄膜
环糊精	胶囊密封材料，乳化剂	磷脂酰胆碱	乳化剂
乳清蛋白	很好的乳化剂	氢化脂肪	屏障氧气和水

（一）碳水化合物

碳水化合物作为壁材或载体广泛应用于食品组分的喷雾干燥胶囊化。由于碳水化合物（如淀粉、麦芽糊精、玉米糖浆、阿拉伯胶等）的多样性、低成本和在食品领域的广泛运用，使它们成为了可结合风味进行胶囊化的良好材料。此外，这些材料在固体含量高时具有黏度低和溶解性好的性能，这是胶囊化试剂应具备的性能。淀粉及其衍生物，例如麦芽糊精和环糊精可用于包埋芳香化合物。下面我们将介绍几种较重要的碳水化合物。

1. 淀粉

淀粉和淀粉质原料（变性淀粉、麦芽糊精、环糊精）在食品行业被广泛用来保留和保护易挥发成分。它们可以作为芳香胶囊化的载体、脂肪替代品和乳化稳定剂。现在已出现了一些新的微孔淀粉材料，可以改善香气的保留。一些品种的淀粉颗粒可以很自然地形成直径1~3μm 的表面气孔。当喷雾干燥时有少量的键合剂（如蛋白质或各种水溶性多糖）时，小淀粉颗粒可以结合到多孔球体里面。用淀粉酶处理淀粉颗粒能形成更多孔的结构。挥发性化合物和淀粉的结合可分为两种类型：一方面，通过疏水键被淀粉酶螺旋结构包围的风味化合物被称为包含复合体；另一方面，是涉及淀粉羟基和风味化合物之间氢键的极性作用。研究表明，直链淀粉能和大多数的配体分子，比如风味成分形成包含复合体。

2. 麦芽糊精

麦芽糊精是用酸或酶部分水解玉米淀粉得到的，以葡萄糖等同物的形式提供（DEs），DE 值表示淀粉的水解程度。它们具有形成基体的能力，这在形成囊壁体系中起着很重要的作用。在选择胶囊化壁材时，麦芽糊精在成本和效能之间是一个很好的折中选择，因为它没什么味道，在高固含率时具有低黏度，并且各种不同相对分子质量的都有。麦芽糊精的缺点是乳化能力较低，以及对易挥发成分保持力不够高。

有研究指出，12 种风味成分的保留取决于麦芽糊精的 DE。DE 为 10 的麦芽糊精的保留能力最好，随着 DE 增加（DE15，DE20，DE25 和 DE36.5），风味的保留会减少。贮藏期间风味的保留会随着麦芽糊精 DE 增大而增加。另外，高 DE 的麦芽糊精可以避免胶囊化的橙皮油氧化，说明 DE 对囊壁体系功能的影响。除了 DE 之外，相对分子质量分布和一些其他因素也可预测麦芽糊精的基本性质。

3. 树胶

胶和增稠剂一般是无味的，但是它们对食物的味道和风味有显著的影响。一般来说，凝胶会降低甜度，主要原因是黏度和扩散受阻。

阿拉伯胶是经常作为风味胶囊化材料使用的胶体。它的溶解度、低黏度、乳化性质和对挥发成分良好的保留作用使得它可以用于大部分的胶囊化方法。此外，阿拉伯胶较适合于脂质液滴的胶囊化，因为它既是表面活性剂又是干燥基质，可以阻止易挥发成分与大气接触引起的损失。然而，阿拉伯胶比麦芽糊精贵，因而在食品工业的应用受到一定限制。

阿拉伯胶和麦芽糊精的混合物具有符合要求的黏度，可作为高固相载体用在喷雾干燥制备油的微胶囊。有研究表明，当丙酸乙酯、丁酸乙酯、橙油、肉桂醛和苯甲醛的混合物被包埋在阿拉伯胶和麦芽糊精的混合体中，阿拉伯胶比例增加时，风味保留总的趋势会增加。阿拉伯胶和麦芽糊精混合形成的喷雾干燥颗粒直径为 10~200μm，挥发性物质的保留一般在 80%以上，这取决于大量的参数包括喷雾干燥的入口温度、乳剂浓度和黏度以及阿拉伯胶和麦芽糊精的比例。例如，有研究指出，以麦芽糊精与阿拉伯胶作为壁材，通过喷雾干燥胶囊化 2-乙酰-1-吡咯啉时，阿拉伯胶与麦芽糊精比例为 70∶30 时能达到最好的效果。

（二）蛋白质

食物蛋白质，如酪蛋白酸钠、乳清蛋白和大豆分离蛋白已开始广泛应用于风味胶囊化。由于它们具有不同的化学基团、两性性质、自交联性、与各种各样不同类型物质相互作用的特性、大相对分子质量以及分子链的可变性，这些蛋白质都具有良好的溶解性、黏度、乳化性和成膜性能，适合于胶囊化。在乳液形成期间，蛋白质分子迅速吸附在新形成的油水界面上，产生的空间稳定层能避免油滴再聚集，因而使所得的乳化液在其后的加工和贮藏期间具有良好的物理稳定性。

1. 乳清蛋白

乳清蛋白显示出理想的功能特性。在国际市场上，乳清蛋白主要有乳清分离蛋白（蛋白质含量 95%~96%）或乳清蛋白浓缩粉（WPC-50，WPC-70）2 种形式。

乳清分离蛋白能保护微胶囊化的油脂不受氧化的影响，蛋白质含量为 70%的浓缩型乳清蛋白能提供必需的表面性能来稳定乳液，然而，研究指出浓缩乳清蛋白的包埋能力不如酪蛋白酸钠。有结合乳清蛋白与碳水化合物作为载体材料进行挥发成分的胶囊化。在这个体系中，乳清蛋白作为乳化剂和成膜剂，而碳水化合物（麦芽糊精或玉米糖浆干粉）充当基体形成材料。β-乳球蛋白是最重要的乳清蛋白，具有良好的乳化和起泡性能，在食品工业上应用很广泛。

2. 其他蛋白质

以蛋白质为基础的材料，例如蛋白胨、大豆蛋白或明胶衍生物，都能与挥发成分形成稳定的乳液。然而，它们在冷水中的溶解度、和羧基发生反应的可能性，以及昂贵的价格，这些都限制了其应用。

明胶（胶原蛋白水解的产物）在复凝聚法中广泛使用。它是水溶性材料，当挥发性风味化合物、水和壁材的混合物进行喷雾干燥时，能形成囊壁。这些风味明胶胶囊可以用于包埋各种不同的材料，包括调味粉和一些风味原料。明胶和羧甲基纤维素凝聚可获得运载挥发性成分的微胶囊。有研究指出，在麦芽糊精和阿拉伯胶载体混合物中添加明胶（1%）能增加喷雾干燥中丁酸乙酯的保留，并且提供更好的控释能力。这意味着明胶可以促进液滴表面外壳的形成。

酪蛋白酸钠的两性性质和乳化性能适用于作为包埋油脂材料的有效壁材。如对橙油的包埋，以酪蛋白酸钠和乳糖作为壁材，首先采用三重乳化体系 O/W/O 来包埋橙油，然后通过喷雾干燥蒸发外部连续的水相。结果表明在包埋液态油脂时酪蛋白酸钠比乳清蛋白更有效。酪蛋白和碳水化合物的混合物（例如糊精和玉米糖浆干粉）也是一种有潜力的、经济而且功能强大的包埋材料。

三、 风味控释机制

控释是一种方法，使一种或多种活性剂或风味原料在要求的时点和位置，以特定的速率释放出来。对于包埋挥发性化合物的基质系统，风味释放依赖于各种物理化学因素以及一些相互依赖的过程，包括挥发性化合物在基体中的扩散，颗粒的类型和几何形状，从基质到环境的转移，基体材料的降解与溶解等。风味物质进行控释具有多种优点：活性成分能在一段持续的时间内以一定速率控制释放；避免或减少加工或烹饪过程中原料成分的损失；相溶的或不相溶的化合物能得到分离。

De Roos 在 2000 年提出了控制食品风味释放速率的 2 个因素，即在平衡条件下食品芳香化合物在基体中和在空气相中的相对挥发性（热力学因素）以及芳香化合物从产品到空气的传质阻抗（动力学因素）。胶囊的释放机制也受溶剂效应的影响，例如溶化、扩散、降解或颗粒破裂。

表 9-4 列出的是 Richard 和 Benoît 归纳总结的风味控释机制。

表 9-4　　风味控释机制

胶囊化技术	风味控释机制
单凝聚法	持续释放
复凝聚法	持续释放（扩散）和启动释放（pH、脱水、机械作用、溶解或酶作用）
喷雾干燥	持续释放和启动释放
流化床干燥	启动释放（pH 或加热）
挤压法	持续释放

基质内风味的保留很大程度上取决于食品原料的类型和风味化合物的理化特性。风味保留会明显地引起风味感知的降低。一般来说，增加食品基体中脂质含量可以减少风味释放，除了 lg *P*（*P* 代表挥发性渗透率）接近或低于 0 的亲水性化合物。盐的存在会增加芳香化合物的挥发性；这与盐对其他小分子的作用相反，例如咖啡因或柚皮苷，它们会引起增溶效应。有人研究了明胶、淀粉和果胶中 11 种香味成分的释放，结果指出凝胶的质构显著影响风味的释放：明胶在唾液存在时会增加风味的保留，而相同条件下淀粉和果胶会减少风味保留。下面介绍风味控释的几种机制，包括扩散、降解、膨胀、融化。

（一）风味扩散释放

风味扩散释放机制是胶囊化基质控释的主导机制。扩散是由基质中化合物的溶解度（能在基质中建立一个驱动分配的浓度）和化合物对基质的渗透性所共同控制的。挥发物质在基质内每一侧的蒸气压是影响扩散的主要驱动力。风味物质从基质系统中释放的主要步骤是：挥发性物质向基质表面扩散；挥发性物质在基质及其周围的食品之间分配；挥发性物质远离基质表面。在不考虑基质孔径大小的情况下，很明显如果食品成分不溶于基质，它就不会进入到基质，也就不会发生扩散。

可以采用两种不同的机制来解释。一种机制是分子扩散或静态扩散，这是由停滞流体中分子的随机运动引起的。随着风味类型的不同分子扩散速率会有轻微的变化。第二种机制是涡流或对流扩散，带着溶解的溶质将流体的成分从一个位置运输到另一个位置。涡流扩散的速率通常要高于分子扩散速率并且和风味类型无关。

（二）风味降解释放

活性物从基质传递系统释放可能由扩散、侵蚀或两者的结合所控制。均一的和不均一的侵蚀都是可察觉的。当降解仅限于传递系统表面的薄层时，会发生不均一的侵蚀，而均一的侵蚀是在聚合物基质内部以均匀速率发生降解的结果。

（三）风味膨胀释放

在由膨胀控释的系统中，溶解或分散于聚合物基质中的风味不会在基质中有明显的扩散。当基质聚合物处于热力学兼容介质时，聚合物由于会从介质吸收流体而发生膨胀，因而位于基质膨胀部分的风味会扩散出去。膨胀的程度受吸水性能或一些溶剂存在的影响，例如甘油或丙烯甘油。

（四）风味融化释放

风味融化释放的机制通过壁囊的融化来释放活性物质。由于在食品工业有大量可用于食品的可融化材料（脂质、变性脂质或蜡质），这使得风味融化释放很容易实现。在融化释放中，包膜颗粒储存的温度要低于包膜的熔点，然后在制备和蒸煮中加热到超过这个温度，风味物质就可以释放。

第三节　风味物质的脂质体技术

脂质体（Liposome）又称微脂粒。脂质体包封主要应用于制药和化妆品方面，食品工业中应用脂质体可以对香料、抗氧化剂、色素、维生素及风味物质进行包封。对风味物质的脂质体包封，既可以起到保护、防变质、延长货架期的作用，又可按要求的时间把风味物质释放出来，达到控释的作用。脂质体还可作为多肽、蛋白质类生物活性物质的包封载体，保护其生物活性，提高稳定性，延长半衰期，延缓释放。

脂质体是（最常见的是磷脂）分散在水中形成的一种定向排列的脂类双层膜结构物质。图 9-5 显示了脂质体的结构特征。脂质体形成的类似膜的囊泡，直径可在 25nm～10μm 范围内，对小分子具有选择渗透性。脂质体既可以作油溶性分子，也可作水溶性分子的包封载体。磷脂是含磷的脂类物质，是构成脂质体的主要化学成分，主要有卵磷脂和脑磷脂两类。

最具有代表性的是卵磷脂，卵磷脂属于中性磷脂，主要来自蛋黄和大豆，成本低，性质稳定。磷脂酰胆碱是形成许多细胞膜的主要成分，也是制备脂质体的主要原料。另外，胆固醇也是脂质体的一个重要组成成分，它本身虽不形成膜结构，但能够以（1∶1）~（2∶1）（摩尔比）插入磷脂膜中。加入胆固醇可以改变脂膜的相变温度，从而影响膜的通透性和流动性。因此胆固醇具有稳定磷脂双分子膜的作用。

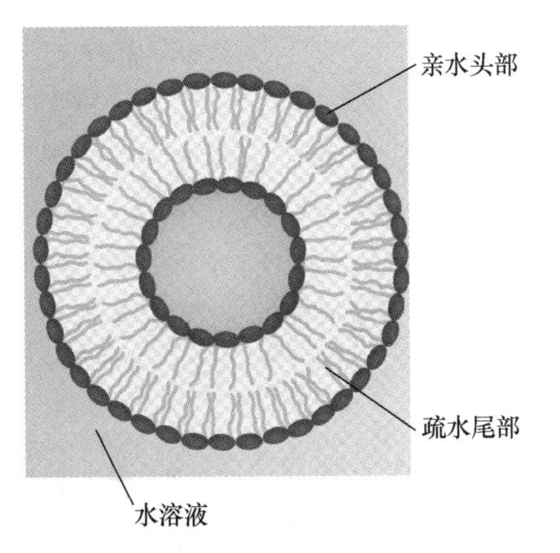

图9-5 脂质体的结构

脂质体的制备方法很多，根据被包封的风味物质分散于有机相或水相，制备方法有不同。制备脂溶性风味物质的脂质体，制备方法包括薄膜分散法、注入法、前体脂质体法、超声分散法等；制备水溶性风味物质的脂质体，制备方法包括反相蒸发法、复乳法、熔融法、冻融法、冷冻干燥法、表面活性剂处理法、钙融合法、离心法等。食品上应用的比较多的方法主要是薄膜分散法和复乳化法。

采用不同方法制备出的脂质体主要有三种基本结构，即多层大囊（MLV）、单层大囊（LUV）和单层小囊（SUV）。多层大囊是由多个双分子磷脂链组成，其直径可达几个微米；单层大囊是由一个大的双分子链脂链形成的圆形结构组成，它的直径在0.1~1μm；而单层小囊是由较短的一个双分子磷脂链组成，其直径只有20~50nm。按照脂质体的性能，可分为一般脂质体和特殊性能脂质体，包括温度感应型脂质体、pH感应型脂质体、免疫脂质体、磁性脂质体等。风味智能控释中常用的脂质体主要是温度感应型脂质体和pH感应型脂质体。按照脂质体电荷性，可分为中性、负电性和正电性脂质体。

脂质体包封虽显示出其优点和特点，但目前的应用上还存在一定的局限性。首先是制备成本较高，因为磷脂质价格高。另外，制备技术的大规模工业化有一定难度。此外，对于某些水溶性目标物包封率较低，易从脂质体中渗漏；稳定性差也是脂质体的一个比较大的问题。

第四节 风味控释的水凝胶包埋技术

水凝胶是一种以水为分散介质的凝胶，是水溶性高分子通过物理或化学的方法引入一部分疏水残基和亲水残基，形成交联的空间网状结构，可控制风味物质的转运，从而达到对风味物质的控释效果。水凝胶包埋技术，将风味物质局限于包埋基质内，不仅可满足新型食品配方对机械性及物理性能的提升要求，还能克服传统包埋方式（如喷雾干燥等）在环境水分方面的局限，具有独特的风味控释特性。因而，近年关于使用水凝胶对食品风味进行控释的研究和应用越来越多。目前，水凝胶包埋技术可作为冰淇淋、饮料及酱料中的增稠剂、稳定剂和胶凝剂等，可改变食品的物化性质和生理性质，进而能够捕获、吸附或结合风味物质。另外，水凝胶技术也可用于不良风味的控释，以防止不良风味对食物风味产生影响。例如，可采用水凝胶颗粒包埋呈现涩味的多酚类物质，不但能避免它们的涩味，还能起到保护其生理活性的作用；用多肽水凝胶包埋大蒜精油，几乎可以完全掩盖大蒜精油的不良气味。

应用水凝胶包埋技术对食品风味物质的控释的应用前景广阔，它不仅解决了风味物质在水中溶解性差、易降解等问题，同时还能对风味物质在贮藏过程中的化学降解及热的影响提供较好的保护效果。水凝胶的包埋运输功能克服了多不饱和脂肪酸易氧化的难题，防止其与空气接触产生异味及对人体有害的反应产物。尽管水凝胶并不能完全阻止加工贮藏中风味物质的扩散，但它对风味物质的保留效果可有效减少风味物质的添加量。目前，水凝胶包埋技术控释风味物质还未大规模应用，包埋后的稳定性尚待提高，对风味物质的包载量的工艺尚需进一步优化。

一、 水凝胶包埋风味物质的机制

风味物质是由多种多样的挥发性小分子组成，其中一部分具有良好的水溶性和稳定性，而其余的多是油溶的和不稳定的，但可以将后者从油相转移到乳液的水相中，通过制造传递体系将其溶解，保留用于掺入不同的风味产品中，并在给定条件下控制风味物质的释放。通过凝胶基质之间或基质与风味物质之间的相互作用，将风味物质包裹在凝胶网状结构中，从而使其与外界环境隔离。

水凝胶的形成方式多种多样，在合适的温度、pH、离子强度、酶、物理场、交联剂等的促进下都可以通过某些蛋白质和多糖发生交联反应而形成凝胶。其中风味控释中常用的是微凝胶，也称水凝胶珠。微凝胶的形成分为两步：颗粒形成和凝胶形成（图 9-6）；不溶于水的风味物质预先溶于脂滴中，再与生物聚合物混合。

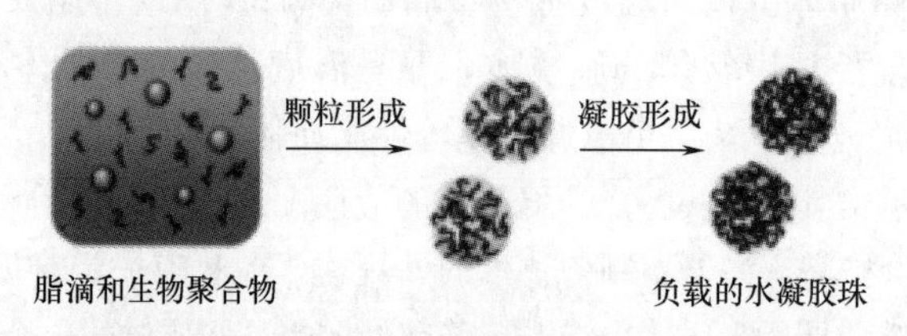

图 9-6　微凝胶的形成

注：引自中国调味品，2019，44（3）：176。

微凝胶的形成方式有多种，包括注射法、乳液模板法、热力学不相容法、反溶剂沉淀法和乳液填充法等（表 9-5）。

表 9-5　微凝胶的形成方式

形成方式	说明
注射法	将风味物质与生物聚合物混合后注入含有离子、酸、碱或酶的促凝溶液中达到凝胶形成的目的
乳液模板法	先将风味物质和生物聚合物的混合水溶液与油相均质成油包水（W/O）乳液，通过交联生物聚合物使其在水相中形成凝胶，再通过离心、过滤及溶剂萃取等方法将油相分离

续表

形成方式	说明
热力学不相容法	将溶有相互排斥作用的两种物质的溶液经剪切后形成水包水（W/W）乳液，再通过化学交联剂或改变温度使颗粒凝胶化
反溶剂沉淀法	将风味物质和生物聚合物混合物注入反溶剂中，可使生物聚合物分子彼此缔合并形成具有相对小尺寸的、可以将风味物质分子捕获在内的小颗粒
乳液填充法	通过蛋白质和多糖等带相反电荷的生物聚合物形成嵌入含有风味物质的乳液的网络结构

风味物质与食品基质之间的相互作用类型取决于这两者的物化性质。水凝胶对风味物质的控释主要依赖于：①食品基质对风味物质的物理截留，基质中的聚合物具有缠结的网状结构，抑制了小分子风味物质的转运，如凝胶体系内的香味物质挥发到体系表面的过程；②风味物质分子和凝胶组分之间的相互作用，主要包括不可逆的共价键，如醛或酮与蛋白质的氨基酸的相互作用；发生在极性或挥发性醇和食物组分杂原子间的氢键；疏水键。

二、 水凝胶释放风味物质的形式

食品在食用时，其风味物质从中释放受多种因素影响，如咀嚼、与唾液混合、温度变化和 pH 等。食物在咀嚼过程中食物基质被分解，使可用于挥发物质扩散的表面积增加，因此增加了挥发性风味物质的释放。水凝胶自身的结构及其理化性质也因周围环境的变化而转化并产生明显的膨胀收缩，进而释放风味物质。当与唾液混合时，某些对 pH 敏感的凝胶，在唾液引起的环境变化影响下，其网状结构裂解，导致风味物质的释放和感知。唾液中丰富的酶类也会造成凝胶网状结构的破坏，满足风味物质控释的需要。此外，热力学因素决定了在平衡状态下，食品和空气间挥发物的分配；动力学因素影响平衡达到的速率，决定了风味物质从食品扩散到空气中的速率。

水凝胶控释风味物质的形式可分为简单扩散、膨胀扩散和崩解扩散（化学或酶作用下）3 种（图 9-7）。简单扩散是最常见且应用最广的形式，被包埋物的释放通常可通过经验确定或通过自由体积、流体动力学或障碍理论估计释放的结果。膨胀扩散是当包埋物扩散快于水凝胶时的主要控释形式，即主要通过凝胶的膨胀对风味物质进行控释，风味物质在溶胀的水凝胶橡胶相及玻璃相界面处释放；崩解扩散是因凝胶基质内发生反应而造成的风味物质释

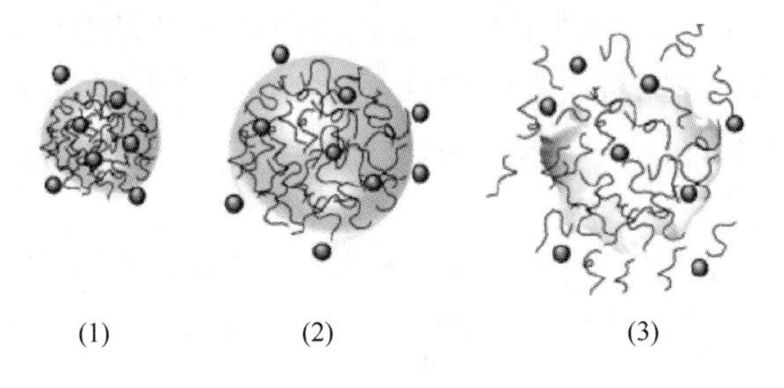

图 9-7　水凝胶控释风味物质的形式

（1）简单扩散（2）膨胀扩散（3）崩解扩散

注：引自中国调味品，2019，44（3）：177。

放。常见的反应是通过水解或酶促降解或在聚合物网络和包埋物质间发生可逆或不可逆反应来切割聚合物链，某些条件下，水凝胶表面或整体的侵蚀将控制包埋物的释放速率。

三、水凝胶控释风味物质影响因素

基于基质与风味物质的相互作用，风味物质的释放受基质质地的影响较为明显。此外，凝胶的硬度、体系黏度、使用的特定风味物质等都是一些影响风味物质释放速率和程度的重要因素。

（一）凝胶质地

凝胶质地（或流变特性）取决于构成凝胶的生物聚合物的含量及分子间形成交联的强度，它直接影响风味物质的释放速率。不同制备条件及凝胶材料的差异导致凝胶质地有差异，从而导致对风味物质的控释效果差异。研究表明，刚性较小的水凝胶对风味物质具有更好的控制效果；软凝胶比硬凝胶有更高的 I_{max}（释放的最大浓度）和更低的 T_{max}（释放持续的最长时间）。

（二）风味物质的种类

由于基质与风味物质相互作用的综合效应，相同的控释基质对不同风味物质的控释效果存在差异。风味物质的挥发性、极性、官能团、形状、链长及相对分子质量大小等都会影响其控释的效果。例如，对于与多糖的相互作用，醇类往往作用最明显，其次是酮类、酯类、醛类和酸类，分子极性越大，碳链越长，则更易于多糖基质吸附。

（三）包埋壁材

用于形成水凝胶的材料的性质会影响风味物质的释放机制。在明胶分子中，淀粉与挥发性风味物质的相互作用主要是直链淀粉螺旋通过疏水键将风味物质包合成为包合物，以及淀粉的羟基和风味化合物之间形成氢键两种方式；而果胶分子在形成凝胶的过程中，分子伸展并与其他果胶分子形成果胶胶束，随着分子间氢键代替结合水，使疏水风味物质被捕获于果胶溶液的疏水部分。因此，淀粉与亲水性风味物质之间形成的氢键，疏水化合物与果胶分子之间的相互作用分别促进了亲水性或疏水性风味物质在凝胶中的保留。研究表明，明胶和果胶这两种不同的包埋壁材对风味物质的释放具有直接影响，明胶凝胶具有更强的硬度和脆性，其形成的凝胶体系具有更好的风味束缚能力。

（四）食品基质中的成分

食品基质中的某些成分会影响风味物质的释放。有研究表明，在低 pH 环境下，提高柠檬酸的含量，体系中存在大量解离形式的柠檬酸，将会导致样品中酯类物质的释放减少，因而解离形式的柠檬酸与未解离形式相比于风味挥发物相互作用的倾向更大，但某些酯类风味物质可能与柠檬酸相互作用，从而增强控释效果。

（五）环境 pH

环境 pH 会影响包裹乳滴的聚合物的网状结构，从而影响风味物质的分配系数。有研究利用人造唾液处理包埋了风味物质的水凝胶，发现人造唾液通过改变水凝胶环境的 pH 造成凝胶结构的崩解并释放出风味物质。

（六）水凝胶结构

水凝胶的三维网状结构决定了被包埋物质的释放方式。凝胶内部结构或致密含有小孔，或结构松散开放具有大孔，孔径的性质将影响填料的保留、保护及释放。如果被包埋物质远小于孔径，该物质将很容易通过凝胶区域扩散，易发生降解或被扩散进入凝胶内的化学物质降解，从而保留效果较差；相反，当被包埋物质远大于凝胶孔径，其将得到很好的保护，当其到达特定的释放位点时，则需要凝胶受该位点特定环境（pH、离子强度、温度等）的影响而增大孔径或改变结构，从而达到释放填料的目的。

第五节 风味控释的其他技术及材料发展

一、 风味控释的其他技术

（一）超临界溶液技术

超临界溶液可以看作是稠密的溶剂气体或低黏度低密度液体。最为大家所熟悉的是以二氧化碳为基础的超临界溶液。超临界二氧化碳可以被视为有机溶剂。早期的方法只能使用可溶于二氧化碳的壳材料，后期通过对方法过程进行了改良，拓宽了适用的壳材料的范围，使得在超临界流体中膨胀的材料都可以应用，包括蛋白质和多聚糖等材料。利用二氧化碳的超临界方法，可不再需要使用有机溶剂，更加有利于环保，并且更加适应在食品行业使用。

（二）超分子控释技术

超分子（Supramolecule）是指由两种或两种以上分子依靠分子间非共价相互作用结合在一起，组装成复杂的、有组织的聚集体，并保持一定的完整性，使其具有明确的微观结构和宏观特性。两种分子非共价相互作用时，如果其中一个分子的全部或部分被另一个分子包含或包围，即形成超分子包合物。被包含的分子称为客体分子，包含客体分子的分子称为主体分子。超分子包合物可以是一个主体分子包含一个或若干个客体分子，也可以是若干个主体分子包含一个客体分子。超分子包合物指的是分子水平上的包合行为，其特征是主客体分子间存在非共价相互作用，这种相互作用是超分子包合物形成和稳定的重要动力。食品工业中常用的超分子控释方法主要有环糊精包结法、蛋白质结合法、尿素络合法、直链淀粉络合法等。

（三）胶体体技术

胶体体（Colloidosomes）是最近发展的一种胶囊化方法，是将活性物质包封在胶体体中。该方法和脂质体包封类似。该技术发展的早期常用的是合成聚合物微粒，最近已开始使用各种天然替代品，如一些小淀粉颗粒物。经过喷雾干燥之后，胶体体能形成再分散性乳胶。

（四）高压凝胶技术

高压凝胶是一个引人关注的新方法。研究表明天然淀粉在高压处理下能形成胶状。相比起低压凝胶，高压凝胶能更好地控制产品颗粒的分解度。蛋白质在高压下也可以胶凝，这种方法显示出良好的微胶囊性能。

（五）溶胶-凝胶处理技术

溶胶-凝胶处理过程源于陶瓷工业，它被认为是界面聚合物胶囊化的无机聚合物。在溶胶-凝胶胶囊中，溶胶（一种胶态悬浮体）的凝胶作用会形成无机凝胶网络。最常用的前体是金属醇盐。

（六）纳米胶囊技术

纳米胶囊（Nanocapsule）是具有纳米尺寸的新型微胶囊。通常微胶囊的粒径在5~2000μm，而纳米胶囊的粒径在10~1000nm。纳米胶囊的粒径对于纳米胶囊来说是很重要的指标，是区分一般微胶囊和纳米胶囊的最重要因素。由于纳米材料较大的比表面积使得其表面结合能和化学活性显著提高，而相对于微胶囊，其具有良好的靶向性和缓释作用，因而在香料及食品调味品领域能利用纳米胶囊的特性作为一个很好的风味控释手段。纳米胶囊颗粒微小，易于分散和悬浮在水中，形成胶体溶液，外观是清澈透明的液体。

纳米胶囊的制备方法主要包括乳液聚合法、界面聚合法、单凝聚法以及干燥浴法等。食品领域制备纳米胶囊主要以单凝聚法和干燥浴法为主。常用的材料有明胶、白蛋白、淀粉等。纳米胶囊芯材的负载量一般为10%~70%。

二、风味控释的材料发展

新胶囊化方法或者新的控释方法的发展是耗时耗力的，而相比之下，发展新的材料作为基质材料显得容易得多了。新的合成基质正在不断被开发。良好的典型的新基质材料，会更能引起研究者的兴趣，如果它们可以兼容目前发展成熟的技术，如喷雾干燥法、挤压法等等，或者它们毒性更小、生物相容性更好，如一些多糖或其他生物聚合物等。新材料可以单用，也常常会混合使用，在改善控释性能方面有更好的效果。

第十章

CHAPTER 10

食品异味及调控

第一节　概述

各种不同的食品通常含有其独特的气味，然而某些特殊气味可能使人感觉异常甚至不愉快、讨厌，这些被称为食品异味，也被称为不良气味或怪味。引起食品异味的来源大体可以分为两类：一种是来自食品外部的，另一种是来自食品本身的。

来自食品外部的异味，主要是从环境中（例如空气，水或包装材料）而来的食品的偶然污染物引起的异味，即污染所产生的异味。引起食品异味的外部污染源主要有：①空气传播源。空气是把污染传给食物产品的重要途径。空气污染物可以在生产、加工、贮藏和分发过程中进入食品。不仅近距离的污染源能污染食品，而且远距离（方圆几公里内）的污染源也能使食品受到污染。未包装的食品或在包装前必须要经过冷却的食品（如焙烤食品）特别容易受到空气污染的影响。来自空气的污染通常极难被定义为食品污染的源头，其中一部分原因是这种污染重现性很低。空气源产生的异味可能随机出现，与污染源出现的时间、风向和风速、食品加工厂的生产时间有关。另外，所产生的这些令人不愉快气味的化合物通常都具有非常低的感知阈值，利用现有技术很难对它们建立有效的分析鉴定和分离。②水传播源。水传播源污染可以通过直接或间接的方式污染食品。一般食品加工中会大量使用水，如水中含有一定量的污染成分，食品被污染的可能性就会上升。如果水在加工中仅作为清洗用，除非水的污染相当厉害，不然由水引起的直接污染通常都不会引起太大的问题。而有些食品，水是其中的重要组成部分，例如液体饮料，这时如果水受到污染，产品就会受到直接污染。另外，水污染也可能会通过非直接方式进入食物中，例如，鱼或贝类在栖息地水域中吸收到污染物。③包装物污染源。食品包装纸、塑料等都会引起食品的污染从而带来食品异味。④杀虫剂、洗涤剂和消毒剂污染源。杀虫剂、洗涤剂和消毒剂使用不当，也可能会导致食品异味。有研究显示，在乳粉和水果罐头中出现的猫样异味或氯代苯酚异味，就是由杀虫剂引起的。

来自于食品本身的异味，产生的原因有多种：①食品本身与生俱来的异味，由动、植物的基因引起的。这是引起食品异味的根源，尤其对于动、植物初级农产品。②饲料引起的异味，主要指用受到污染的饲料喂养动物，经过动物自身的消化系统吸收以后所产生的异味。众所周知，基因和日常饮食对植物和动物的味道都有很大影响。正常情况下，各种水果、蔬菜或禽肉等由于它们的基因不同而呈现不同的味道，这是我们大家都接受并喜爱的。我们认为所有来自同一种动物的肉尝起来味道相同。例如，如果一种牛排尝起来和另一种不同，我们就认为它有异味。因而，如果由于基因或喂养不同饲料导致同一种动物的味道不同，就会引起我们的反感。③在食品加工、贮藏过程中，食品自身某些成分变质所产生的异味，如脂质氧化、非酶褐变、酶的作用、微生物的作用等。④食品本身特有风味的缺失导致食品产生不完美的风味，被视为该食品的异味。如食品中的特殊风味物质在加工或贮藏过程中由于挥发、脱水干燥或与食品其他组分反应等而缺失。

从食品异味产生的环节来看，食品加工过程是异味产生的重要一环。食品加工方式主要有热加工和非热加工，这两种方式都会诱发食品基质发生复杂的风味相关化学变化，生成一些令人不愉快的挥发性异味物质。表10-1列出了一些食品经热处理产生的异味物质。

表10-1　　食品热处理产生的异味物质

食品名称	异味物质
番木瓜	壬醛、辛酸、苯乙腈、4-乙烯基愈创木酚
甜瓜汁	二甲基二硫、二甲基三硫、二甲基硫醚、3-甲硫基丙醛
黑莓汁	α-萜品醇
刺梨汁	甲硫醇、二甲基硫醚
冬瓜汁	二甲基二硫、二甲基三硫、甲硫醇、二甲基硫醚
蟠桃汁	丙酮、二氯甲烷、戊醛、4-甲基-5-羟乙基噻唑
枣浆	吡嗪、吡咯、噻唑、戊酸
锥栗	2-呋喃甲醇、丙酮、乙醛、壬醛
燕麦	二甲基三硫醚、1-辛烯-3-醇、2-甲基-3-巯基呋喃
牛乳	甲硫醇、二甲基硫醚、2-乙酰基-2-噻唑啉
豆乳	壬醛、己醇、1-辛烯-3-醇、反-2-己烯醛
花生油	2，4-庚二烯醛、辛醛、*E*-2-辛烯醛、癸醛
菜籽油	1-戊烯-3-酮、1-辛烯-3-酮、(*E*，*Z*) -2，6壬二烯醛

非热加工方式，包括超高压、辐照处理和冷冻处理等虽然对食品风味的破坏程度相对较少，但仍不能完全避免异味物质的产生。超高压处理的黄瓜，与非处理的黄瓜相比，呈现异味的己醛含量显著增加；辐照猪肉火腿，会导致二甲基二硫醚、2-甲基丙醛、3-甲基丁醛、己醛、甲苯等的含量增加而产生异味；冷冻处理的食品也由于温度、微生物衰败等影响而产生异味，如冷冻草莓汁因产生具有臭鸡蛋气味的硫化氢和特殊刺激气味的异辛醇而产生异味。

同样地，食品在贮藏的环节中也产生异味，通常是受到温度、水分、各种品质酶的影响。例如，玉米自身含有较高含量的水分和脂肪，贮藏期间极易发生脂类水解、氧化和蛋白质降解等化学反应而导致异味。

总的来说，食品产生异味的途径主要可归为化学物质变化引起的和微生物变化引起的。食品加工贮藏过程中异味物质的产生主要源于脂质氧化、美拉德反应和微生物代谢等生物化学反应。这将在第三节和第四节详细介绍。

第二节 遗传或饲料引起的异味

一、 遗传引起的异味

有些食物的异味是由基因造成的。以猪和绵羊作例子就能很好地说明基因对异味的产生的重要影响。早在 1936 年 Lerche 就描述过猪肉会偶尔含有类似于汗味或洋葱味的一种异味，一些感官研究更指出，这种异味因不同的动物个体而不同，异味的感官特征包括有汗味、化学药品味、不新鲜味、松节油味、内脏味、猪/动物味、肥料味和樟脑味等。这种异味后来被发现主要出现在性成熟的未阉割的公猪上。未阉割的公猪比阉公猪和小母猪（没有异味）长得快，因此这种异味的存在对猪肉生产经济有很重大的影响。研究表明，女性对这种异味最为敏感，92%以上的女性都能闻出这种异味。这异味是由 5-α-雄甾-16-烯-2-酮、(3A，5A)-16-烯-3-固醇、吲哚、3-甲基吲哚和 4-苯基-3-丁烯 2-酮混合引起的。对这种异味进行调控，目前的主要方法是接种疫苗或调整饲养计划，而研究的方向还是集中在寻找能阻止异味在雄性动物中产生的方法。

与猪类似，成熟的绵羊也带有一种异味，称为羊膻味。然而，这不是一种真正的异味，因为这种气味是所有成熟绵羊的特质。这是由成年的羊身上含有特殊的 4-甲基辛酸和 4-甲基壬酸所致。公羊肉的膻味比母羊肉和阉割羊肉更重，并且随着羊龄的增长，羊的皮下脂肪、支链脂肪酸的含量以及脂质氧化产物均会增加，导致羊肉的膻味也会更重。对于羊肉的这种异味，并没有太多的从基因方面改造的研究，因为不少人并不认为羊肉的这种特殊的膻味是一种异味，而是羊肉独特的风味。所以，对于羊肉及羊乳的去膻味处理，多集中在羊肉或羊乳的成品上，利用物理法、包埋法、化学法、微生物法和药材或佐料掩蔽法进行除膻。物理法主要是通过高温加热产生的蒸汽直接喷射到羊肉上或羊乳中，使挥发性膻味物质挥发除去。包埋法主要是利用β-环糊精的疏水笼状结构，将腥味物质包埋除去。化学法是利用膻味物质中游离脂肪酸与所加入化合物发生酯化反应，产生新的不具有膻味的化合物，以达到去膻目的，如：用鞣酸、杏仁酸对山羊乳有良好脱膻作用。微生物法是利用微生物发酵产生的酶能够改变膻味物质的构型与存在形式，使膻味物质含量减少或阈值降低，如：用纯乳酸菌或植物乳杆菌与乳脂链球菌的混合发酵剂处理羊肉香肠使膻味减轻。药材或佐料掩蔽法是利用一些药材的独特味道或例如葱姜蒜等烹调佐料掩蔽羊肉的膻味，例如：利用生姜（姜汁）对羊肉进行脱膻，生姜中的蛋白酶能够将蛋白质降解为小分子物质，它们在加热条件下可以与 4-甲基壬酸和 4-甲基辛酸结合并形成稳定化合物。

二、 饲料引起的异味

动物饲料对肉的风味品质有明显的影响，特别是非反刍类动物，它们能直接或间接引起食品的异味。用较高水平（>2%）的高度不饱和脂肪喂养家禽会造成家禽肉的风味污染。例如，在喂养火鸡的饲料中添加 2%的金枪鱼油，火鸡在烹调过程中会产生鱼腥味，主要原因是来自于金枪鱼油的高不饱和脂肪酸在烹调中发生了氧化反应生成了气味强烈的醛类、酮类及其他化合物。禽肉非常容易沉积饮食脂肪，戈登堡和马西森报道了给公猪喂鱼油时存在类似问题，因而他们推荐动物饲料中不应超过1%的鱼油。此外，在饲养猪的时候，如果饲料蛋白质消化率较低时，大量未消化的蛋白质进入大肠后被降解为色氨酸，从而增加粪臭素含量和不良气味。如果长期对猪饲喂油渣饼、鱼粉、蚕蛹等带有浓厚气味的动物性或植物性饲料，猪肉也会带有浓烈的不良味道。

用野豌豆喂养羊，羊肉有更甜更强烈的肉味。其原因是羊身上的亚油酸生成内酯，如图10-1所示。当羊长期摄食苜蓿、白三叶草、燕麦、玉米和油菜植株后，羊肉中会产生不良风味物质。有研究指出，用油菜喂养小羊，羊肉会产生一种令人厌恶的异味，这可能是由于油菜在小羊体内引起硫代葡萄糖苷酯的降解，生成脂肪硫代物、二硫化物和硫醇的缘故。因而，在饲养羊的过程中，应当深入研究如何通过调控饲料因素来降低羊肉中膻味物质的含量。

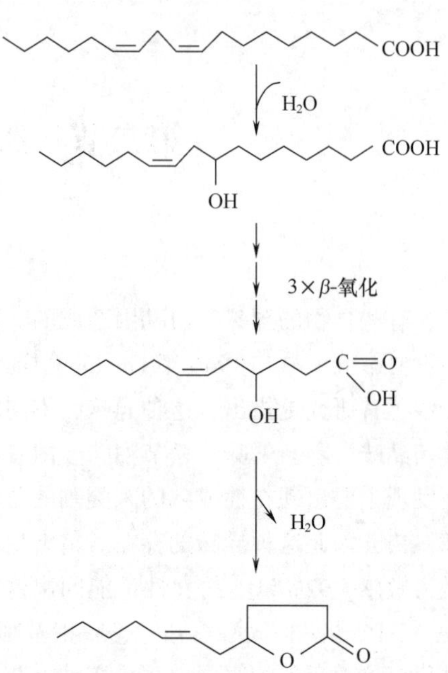

图10-1 亚油酸变成6-十二碳烯-4-交酯的降解

研究表明，喂养豆科牧草的牛肉中异味物质2-戊基呋喃的含量显著低于喂养其他饲料的牛肉。乔恩总结了牧草引起牛乳的污染：陆生水芹（污染化合物为苯甲基硫醇）、小水芹（也叫法国草或曼陀罗，污染化合物为异硫氰酸烯丙酯）、薄荷（污染化合物为长叶薄荷酮）、胡椒草（污染化合物为吲哚）和洋葱/大蒜（污染化合物为二正丙醚硫化物，异丙基硫醇等）与牛乳的风味污染有关。

第三节 食品中化学物质变化引起的异味

本节主要介绍由食品中化学物质变化而引起的异味。引起异味的主要反应包括脂类氧化、非酶褐变、光催化反应和酶催化反应。

一、脂类氧化

大多数情况下，非酶催化的脂类氧化（自动氧化）是食品在贮藏过程中产生异味最常见的原因。由脂类氧化而来的异味被人们描述为纸板味、豆味、金属味、油腻味、腥臭味、肥皂味、油漆味、腐臭味、氧化味等。最常见的描述是不新鲜的（反应还没到可以辨别出的程度）、纸板味（轻微氧化时）、油腻的（中等氧化时）、金属味、油漆味和鱼腥味（严重氧化时）。

脂类氧化发生时，空气中的氧气与不饱和脂肪酸发生反应，产生一些微量的挥发性物质，其中有些发出令人愉快的气味（符合需要的气味），另外一些发出令人不愉快的气味

(不符合需要的气味)。脂类氧化是一个复杂的自由基链反应，与分子氧和不饱和脂肪酸反应有关。反应主要包括链引发、链增长和链终止。反应原理如下：

链引发：
$$R_1H \longrightarrow R_1\cdot + H\cdot$$
$$R_1H + O_2 \longrightarrow R_1OO\cdot + H\cdot$$

链增长：
$$R\cdot + O_2 \longrightarrow R_1OO\cdot$$
$$R_1OO\cdot + R_2H \longrightarrow R_1OOH + R_2\cdot$$

链终止：
$$ROO\cdot + R\cdot \longrightarrow ROOR$$
$$R\cdot + R\cdot \longrightarrow RR$$
$$ROO\cdot + ROO\cdot \longrightarrow ROOR + O_2$$

其中，RH 是饱和脂肪酸；R·是脂肪酸基；ROO·是脂质过氧化基。

另外，脂类氧化可由光引发（光敏氧化）。反应过程如下：

$$Sens \rightarrow {}^1Sens^* \rightarrow {}^3Sens^*$$

$${}^3Sens^* + {}^3O_2 \rightarrow {}^1O_2^* + {}^1Sens \quad {}^1O_2^* + RH \rightarrow ROOH \rightarrow$$ 分解形成自由基，自动氧化连续发生

其中，Sens 是一种光敏剂，它的作用是将光的能量转移给氧气，实质上是激活氧气使它能够直接轰击不饱和脂肪酸。

光敏剂通常是叶绿素、脱镁叶绿素、血色素或四碘荧光素。被激活的单线态氧很活泼，能与甲基亚油酸酯反应，速度比普通氧快了 $10^3 \sim 10^4$ 倍。所得的氢过氧化物将会分解形成自由基，使自动氧化能连续发生。因此，光在食品脂类氧化中作为一种很好的引发剂。也有人提出光敏氧化的不同的机制，在这种机制中，光敏剂与氧气形成一种活性复合体，然后撞击脂肪酸，反应过程如下：

$${}^3Sens + {}^3O_2 \longrightarrow {}^1[Sens\text{-}O_2]$$
$${}^1[Sens\text{-}O_2] + RH \longrightarrow ROOH + {}^1Sens$$

这是一个自增长反应，即一旦开始便会自发地持续下去。这样，从一个自由基开始，在反应结束前可产生大概 100 个氢过氧化物。

脂类氧化产生的异味通常通过次级反应产物引起。由脂类氧化开始产生的氢过氧化物是无味无臭的，而在继发反应形成的物质才有较强的味道，即使浓度很低对食品的风味也会产生较大的影响。氢过氧化物非常不稳定，会分解产生短链不稳定的风味化合物，主要反应如下。

（1）
$$R\text{—}\underset{\cdot O\text{—}OH}{\underset{|}{CH}}\text{—}R \longrightarrow R\text{—}\underset{O\cdot}{\underset{|}{CH}}\text{—}R + \cdot OH$$

（2）
$$R\text{—}\underset{O\cdot}{\underset{|}{CH}}\text{—}R \longrightarrow R\text{—}\underset{O}{\underset{\|}{CH}} + R\cdot$$

（3）
$$R\text{—}\underset{O\cdot}{\underset{|}{CH}}\text{—}R + R_1H \longrightarrow R\text{—}\underset{O}{\underset{\|}{C}}\text{—}R + R_1\cdot$$

（4）
$$R\text{—}\underset{O\cdot}{\underset{|}{CH}}\text{—}R + R_1\cdot \longrightarrow R\text{—}\underset{O}{\underset{\|}{C}}\text{—}R + R_1H$$

（5）
$$R\text{—}\underset{O\cdot}{\underset{|}{CH}}\text{—}R + R_1O\cdot \longrightarrow R\text{—}\underset{O}{\underset{\|}{C}}\text{—}R + ROH$$

步骤（2）~（5）产生短链的饱和或不饱和醛、酮和醇类。这些初级反应产物如果是不饱和的，就可能进行进一步氧化或发生二级反应，产生大量的不良风味化合物，包括醛类、酮类、酸类、醇类、烃类、内酯或酯类。不饱和醛和酮具有最低的感官阈值，因此被认为是氧化味道产生的原因。

表 10-2 所示物质是从大量挥发性羰基化合物中筛选出来的，主要由油酸、亚油酸和亚麻酸自动氧化生成。

表 10-2　油酸、亚油酸和亚麻酸自动氧化形成的挥发性羰基化合物和呋喃衍生物

脂肪酸	羰基化合物	香气特点	香气阈值/（μg/L）	
			石蜡油中	水中
亚麻酸	丙醛			
亚油酸	戊醛	刺鼻臭	100	10
亚油酸	己醛	板油气息，青气	150	20
油酸、亚油酸	庚醛	油气，脂肪气味	45	30
油酸、亚油酸	辛醛	油气，脂肪气味	50	40
油酸	壬醛	板油气味	250	40
油酸	癸醛	橘皮香	900	5
亚麻酸	反式-2-丁烯醛	油气，脂肪气味，青气	700	
亚麻酸	反式-2-戊烯醛			
亚麻酸	顺式-2-戊烯醛	油气，脂肪气味，青气	1500	320
亚麻酸	反式-2-己烯醛			
亚麻酸	反式-3-己烯醛		100	0. 3
亚麻酸	顺式-3-己烯醛	青气	400	50
亚油酸、亚麻酸	反式-2-庚烯醛	油气，脂肪气味	50	
亚麻酸	反式-2-顺式-4-庚二烯醛	油气，脂肪气味，炸脂肪味	200	
亚麻酸	反式-2-反式-4-庚二烯醛	油气，脂肪气味	600	4
亚油酸	顺式-3-辛烯醛	油气，脂肪气味		
亚油酸	反式-2-辛烯醛			
亚麻酸	顺式-2-反式-5-辛二烯醛		200	5
亚油酸	顺式-3-壬烯醛		2	0. 1
亚油酸	反式-3-壬烯醛	板油气味，黄瓜味	460	90
亚油酸	反式-2-壬烯醛	黄瓜味		
亚麻酸	反式-2-顺式-6-壬二烯醛	油气，脂肪气味		
亚油酸	反式-2-反式-4-壬二烯醛		20	
油酸	反式-2-癸烯醛		200	
亚油酸	顺式-2-癸醛	炸脂肪味		
亚油酸	反式-2-顺式-4-癸二烯醛	炸脂肪味		

续表

脂肪酸	羰基化合物	香气特点	香气阈值/（μg/L）	
			石蜡油中	水中
亚油酸	反式-2-反式-4-癸二烯醛	鱼油气味	3	1
亚麻酸	反式-2-顺式-7-癸三烯醛		0.1	0.1
油酸	反式-2-十一烯醛	鱼油气味		
亚麻酸	1-戊烯-3-酮	金属气味		
亚油酸	1-辛烯-3-酮			
亚麻酸	3，5-辛二烯-2-酮	甘草气味		
亚油酸	2-*n*-戊基呋喃	草香黄油气味		
亚麻酸	2-（顺式-2′-戊烯基）-呋喃	油性涂料气，金属气味		
亚麻酸	2-（反式-2′-戊烯基）-呋喃	甘草气味		
亚麻酸	5-（戊烯基）-2-呋喃醛			

表 10-3 所示为食品经自动氧化产生异味的实例。

表 10-3　　食品经自动氧化产生异味的实例

异味	食品	原因
哈喇味	氧化的大豆和亚麻籽油	反式-6-壬烯醛
青豆类气味①	豆油	呋喃衍生物
金属气息	奶油（黄油）	1-辛烯-3-酮②
金属气息	黄油牛乳	反式-2-顺式-6-壬二烯醇
金属气息	牛乳脂肪	辛 1-顺式-5-二烯-3-酮
重新热过的味③	煮过的牛肉、猪肉、鸡肉	主要是己醛和反式-4，5-环氧基-反式-癸烯醛以及 1-辛烯-3-酮和某些醛类

注：①这种异味经转制可除去，但如果贮藏不良还会再度发生。

②黄油脂肪的香气阈值：1μg/L；脱脂乳：10μg/L。

③重新热过的味（Warmed-over flavor，WOF）是一种与预先烹调肉类有关的异味，这种异味通常被认为是因为肌肉和磷脂脂肪酸氧化引起的。

一些因素会极大地促进脂类氧化的进程，这些可以解释食品快速发生氧化产生异味的原因。主要的因素包括：脂肪酸中双键的数量和种类、重金属离子、温度、水分活度、光以及其他因素。

（1）脂肪酸中双键的数量和种类　双键数量超过 3 个的脂肪酸特别容易发生自动氧化，如亚麻酸、花生四烯酸和二十碳五烯酸。花生四烯酸、亚麻酸、亚油酸和油酸的相对氧化率是 40∶20∶10∶1。在一些食品中，高度不饱和脂肪酸必须经过有选择性的氢化才能获得满意的保存期，例如亚麻酸。

（2）重金属离子　微量的金属，特别是铜、钴和铁能大大提高脂类氧化率并且会影响过氧化物分解的趋势。这些金属通过分解氢过氧化物从而减少诱发时间和增加反应率，起到催化的作用，反应如下所示。

$$Me^{n+}+ROOH \longrightarrow RO^{\cdot}+Me^{(n+1)+}+OH^{-}$$

$$Me^{(n+1)+}+ROOH \longrightarrow ROO^{\cdot}+Me^{n+}+H^{+}$$

作为催化剂的这些金属的微量水平很低（铁：0.3mg/kg 或铜：0.01mg/kg），就会有氧化强化剂的效果。铁在食品中以自由形态或作为酶（包括血红素 Fe^{2+} 或血晶素的 Fe^{3+}）的一部分存在。含正铁血红素化合物的酶类包括过氧化氢酶和过氧化物酶（植物组织）、血红蛋白、肌红蛋白和细胞色素 C（动物组织）。加热处理虽会使酶类变性，却释放铁成分大大增加了它的催化性。这与熟肉类“过热味”的产生有关。

（3）温度　脂类氧化率随温度而变化。尽管有时脂类氧化可由酶引发（如脂肪氧合酶），但它通常是对反应温度作出响应的纯化学反应。温度越高，脂类氧化率越高。当酶催化脂类氧化，反应通常在 30~45℃时具有最高的反应率，而当酶变性后反应率相应下降。

（4）水分活度　水分活度（A_w）对脂质氧化反应的影响关系如图 10-2 所示。非常干燥的产品（A_w<0.2）或中等湿度（A_w为 0.5~0.7）的产品非常易受脂类氧化的影响。像乳粉、马铃薯、马铃薯片和干谷物这样的干燥食品特别容易受脂质氧化的影响，因为它们有大量的部位暴露在氧气中，可以渗透氧气，可能有单分子层水的活动，因而氧化率很高。

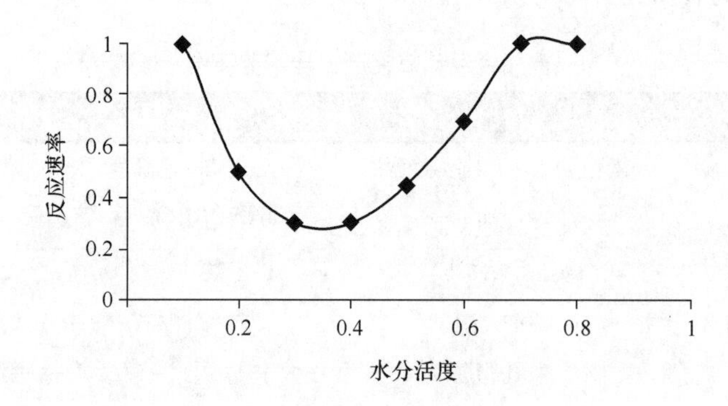

图 10-2　脂质氧化与水分活度之间的关系

（5）光　光是脂质氧化的有效引发剂。波长越短的光，能量越高，因此更能提高脂质氧化率。

（6）抗氧化剂　决定脂质氧化率的决定性因素是抗氧化剂。大部分植物油中都含有维生素 E 和类黄酮这些相当有效的抗氧化剂。抗氧化剂（自然或添加合成的）的含量会大大影响脂质氧化率。

考虑影响脂类氧化率的因素，我们会发现含多不饱和脂肪酸且非常干的食品最易因脂类氧化而产生异味。而事实上所有含有脂质的食品都会因脂质氧化而产生异味，或迟或早，也可能在脂质氧化之前因其他途径而产生异味。一般观念认为脂肪含量低（或不含脂肪）的食品不容易受脂质氧化而产生异味，而实际上这些产品更容易受到脂质氧化引起异味的影响，因为油脂的香气在一定程度上可以成为异味的掩盖剂，而这些产品油脂含量少，相应的异味掩盖效果低，消费者更容易觉察到异味。

抑制脂质氧化产生异味，一般可以采用使用金属螯合剂、主抗氧化剂和辅抗氧化剂（包括天然香料提取物）、亚硝酸盐、美拉德反应产物和真空包装等方法。

食品中脂质氧化是异味产生的主要因素，除此之外，食品中其他成分也可能会发生氧化变质而产生异味，如类胡萝卜素、橙汁等。

二、非酶褐变

非酶褐变（抗坏血酸褐变和美拉德反应）是食品异味的来源之一。美拉德反应一方面可以形成产品的期望香气（如烤肉、焙烤咖啡）以及在食品香料工业用以生产反应性食用香料，同时，它也是食品异味的来源之一。抗坏血酸褐变无益，只有害处。

美拉德反应是具有氨基基团的物质（如蛋白质、氨基酸）和还原糖的反应。有趣的是，贮藏过程中出现的美拉德反应（如面包的褐变）是不受欢迎的，而加热过程中的美拉德反应（焙烤食品）则是我们希望的。几乎所有食品都含有足够的美拉德反应所需的前体物质，当加热处理时它们会形成受欢迎的或不受欢迎的气味。不受欢迎的气味可能是加工过程中或随后的贮藏过程中多余的美拉德反应的结果。罐头食品尝起来不像它们在新鲜时的那样，主要原因是装罐处理过程发生美拉德反应。

美拉德反应的途径很多，并与多种因素有关，包括水分活度、反应物、温度和 pH 等。通过美拉德反应产生期望的风味和贮藏过程中产生异味之间的主要不同在于温度。在贮藏温度下，并不利于美拉德反应产生烘烤味、坚果味和肉类风味，只有在加热温度下，这些风味才会产生，但美拉德反应引起的腐败酸败味、硫黄味等却能够在通常的贮藏温度下产生。

三、光催化反应产生的异味

食品中的一些非常独特的异味是通过光催化反应引起的。我们熟知的例子是牛乳和啤酒出现的“日晒”味道。乳制品中的异味可以看成有两种完全不同的异味，一种是由典型的脂质氧化引起的；另一种是由于牛乳中的甲硫氨酸在核黄素作为增感剂的情况下光氧化生成甲硫氨醛引起的（光激活味）。光激活味在最初 2h 光照内占优势地位，而在更长时间曝光之后牛乳会呈现典型的脂质氧化风味。

光和核黄素催化的氨基酸分解如下：

$$\text{氨基酸}\xrightarrow[\text{核黄素}]{h\nu}\text{挥发性化合物}+NH_3+CO_2$$

所有的氨基酸都可发生光分解，而含硫的氨基酸（特别是甲硫氨酸）产生的分解物有极低的感官阈值，因此认为其对风味的破坏作用最大。

与乳制品类似，香槟酒中的光诱导变化与核黄素催化的甲硫氨酸分解有关。啤酒风味中的光诱导变化是更加复杂反应的结果，这些反应包括脂质的光氧化（后期的异味），光催化的氨基酸脱羧基作用和脱氨基作用，以及异葎草酮的光降解。而啤酒的“日晒”味道则主要是异葎草酮的光分解所致，其产物之一与硫化氢反应生成 3-甲基-2-丁烯-硫醇。该硫醇在水中和啤酒中的阈值分别是 0.005μg/L 和 0.05μg/L。用不透光的瓶子或罐子包装啤酒能够控制此异味。另外可以选择使用啤酒花，啤酒花中的异-α-酸（异葎草酮）已被还原成相应的饱和化合物，从而不能形成有恶臭的硫醇。

植物油也会因光照射而产生异味。如棉籽油，用棉籽油炸过的马铃薯片如果暴露在光中会产生一种很特殊的称作“光袭”的异味。这与形成了 1-癸炔有关。1-癸炔是棉籽油中的苹婆酸（一种环状脂肪酸）光诱导氧化产生的。如大豆油，会由于光照而引起类似豆子和稻草的异味。这种气味是由3-甲基-2，4-壬二酮所致，后者很可能是存在于豆油中痕量的类似呋喃脂肪酸经光氧化形成的，如图10-3所示。

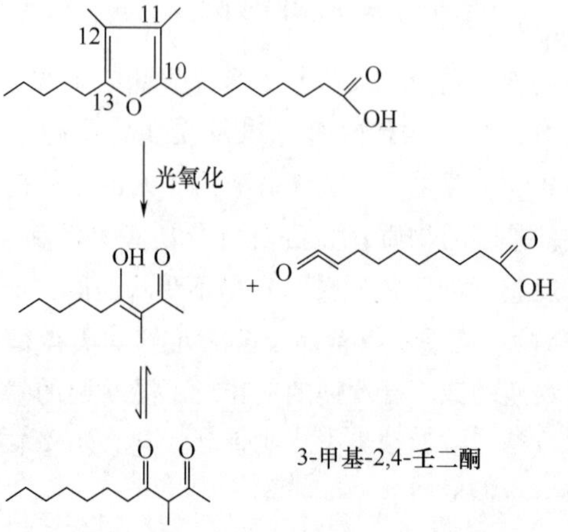

光氧化

3-甲基-2,4-壬二酮

图10-3　豆油中3-甲基-2，4-壬二酮的形成过程

四、酶催化反应引起的异味

食品原材料中含有各种各样的酶。很多酶会因为加工的原因或因处于不合适的条件（如水分活度、温度和pH）而失活，但仍然有些活性酶存在而引起食品异味。3种与食品中异味最为相关的酶是脂肪氧合酶、脂肪酶和蛋白酶。

（一）脂肪氧合酶

脂肪氧合酶是植物组织中常见的酶，尤其在大豆类产品中含量较为丰富。大豆的“豆腥味”就是豆类组织被破坏时由脂肪氧合酶活动引起的。大豆油的“返腥味”也被认为是脂肪氧合酶在油中的活动生成一些醛类和醇类引起的。脂肪氧合酶也与冷冻蔬菜的变质有关。很多蔬菜必须在冷冻贮藏前先热烫以使脂肪氧合酶失活，不然在贮藏过程中会产生氧化异味。

脂肪氧合酶是一种专一的能特定使含有1-顺式-4-顺式戊二烯体系的脂肪酸过氧化的酶，最常见的作用底物是亚油酸和亚麻酸以及花生四烯酸。该酶首先提取底物脂肪酸的亚甲基中的氢原子启动脂质氧化，如图10-4所示。一旦脂质氧化被启动，氧化过程会伴随着典型的自动氧化过程（可参考“脂类氧化”）引起异味。所生成的氢过氧化物可进一步反应，通过醇脱氢酶或氧化物分解酶的催化，生成挥发性的醛类和醇类。

（二）脂肪酶

食物中脂肪酶的活动也会引起异味。脂解异味来自于甘油三酯中的脂肪酸水解。脂肪酶非常广泛地存在于食品中，而实际上脂解异味并不常见，主要原因是食物中的大部分脂类只含有中长链脂肪酸。这些脂肪酸（碳原子>12个）太大，对气味或味道都影响不大。因此，脂解异味仅在那些含有短链脂肪酸的食品（如乳制品或椰油产品）中出现。表10-4所示为在一些介质中游离脂肪酸的风味特征和阈值。

牛乳脂肪酶比较特别，因为它们需要被激活（奶牛自然而然地产出变味牛乳的例外情况非常少）才具有活性。一般情况下，冷却、加热再冷却这样的温度波动会使脂肪酶被激活；

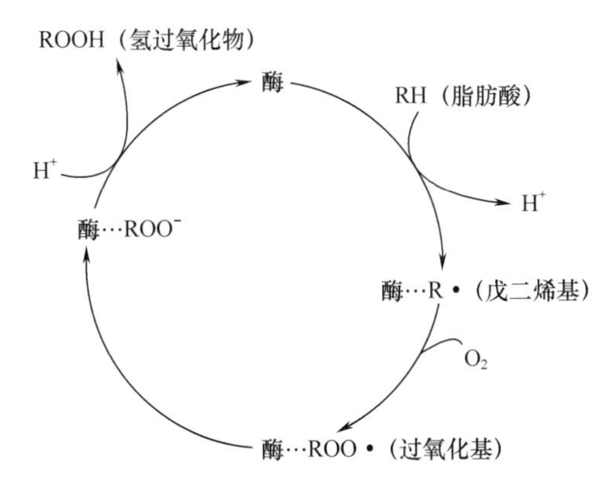

图 10-4 脂肪氧合酶的催化

机械搅动或发泡也会激活脂肪酶系统。一些特定的化学物质会影响脂肪酶的活性。例如，金霉素、青霉素、链霉素和土霉素能抑制脂肪酶 7.6%~49.8%的活性。

表 10-4 介质中游离脂肪酸的风味特征和阈值

脂肪酸	风味特征	阈值/（mg/kg）	
		乳制品	油
丁酸	坏奶油味	25	0.6
己酸	牛膻味（羊膻味）	14	2.5
辛酸	牛膻味（羊膻味）	—	350
辛酸	腐败的苦肥皂味	7	200
月桂酸	腐败的苦肥皂味	8	700

不同的脂肪酶（不同源）对脂肪酸分解作用不同。牛乳脂肪酶和其他源自反刍动物的脂肪酶趋向于优先溶解甘油三酯中的丁酸。荧光假单酵母的脂肪酶和所有的猪脂肪酶对短链脂肪酸作用不大。霉菌和青紫色素杆菌的脂肪酶产生较少的丁酸，而产生更多的山羊酸。优先裂解短链脂肪酸的脂肪酶比优先裂解较长链脂肪酸的脂肪酶对产品的异味影响更大。

另一种较易产生脂溶异味的产品是椰油。椰油中含有游离态的呈肥皂味的月桂酸（C_{12}）。虽然椰油中仅含为数不多的脂肪酶，但椰油经常与其他含有脂肪酶的原料一起使用，这样就使得最终的产品很容易被肥皂异味影响。例如，一种名为 Pina colada 的饮料，是含有椰子和菠萝汁的酒精饮料，菠萝中含有大量的热稳定性高的脂肪酶，这种饮料较易受到肥皂异味的影响。

（三）蛋白酶

食品中的苦味是一种可能因酶的活动而出现的异味。一般情况下，我们认为蛋白质的水解产生了苦味。在热处理过程中，有机体（产生对苦味负责的酶）可能已经失活，但是蛋白水解酶却能在这种情况下存活下来并引起食物的变质。

人们发现苦味肽可以在大豆产品、玉米蛋白中产生异味。这些肽类大多数都是以亮氨酸作为碳尾端。除此以外，这些肽类在结构上几乎没有相似性，如表 10-5 所示。

表 10-5　　蛋白质水解产物和切达乳酪产品中鉴定到的苦味肽

样品	蛋白质水解片段
胃蛋白酶水解的大豆球蛋白	Arg-Leu，Gly-Leu，Leu-Lys，Phe-Leu，Gln-Tyr-Phe-Leu，Ser-Lys-Gly-Leu
胃蛋白酶水解的玉米蛋白	Ala-Ile-Ala，Gly-Ala-Leu，Leu-Val-Leu，Leu-Pro-Phe-Ser-Gln-Leu
胰蛋白酶水解的酪蛋白	Gly-Pro-Phe-Pro-Ile-Ile-Val，Phe-Ala-Leu-Pro-Gln-Tyr-Leu-Lys
切达乳酪	Pro-Phe-Pro-Gly-Ile-Pro，Pro-Phe-Pro-Gly-Pro-Ile-Pro-Asn-Ser，Leu-Val-Tyr-Pro-Phe-Pro-Gly-Pro-Ile-Pro

第四节　微生物引起的异味

微生物是食品异味的常见来源。如果食品没有消毒（通过加热或辐射）或没有在抗菌媒质（如保湿剂或化学防腐剂）中保存，微生物可能在食品中生长并引起异味。微生物引起的异味主要有 3 类：发酵不良；来自微生物的酶接触到食物的基质；微生物在食品表面和食品内部生长以及微生物代谢产物污染食品。

（1）发酵不良　菌种的起始培养失败会引起异味。乳酪桶中的起始培养失败就是一个例子。实际上通过发酵生产的所有食品都存在发酵不良的可能。只有非常严格地控制培养和发酵条件才能将此问题降至最小。发酵不良可导致酸味产物的产生以及提供了杂菌生长的机会。腊肠的不良发酵会产生酸味，这是由于乳酸菌选择性生长造成的。乳制品中的麦芽异味是由于苯丙氨酸受乳链球菌（*Var maltigenes*）的作用生成苯乙醛和 2-苯乙醇。酒中由于发酵不良产生的异味及原因如表 10-6 所示。

表 10-6　　酒中由于发酵不良产生的异味及原因

异味	原因
硫醇味	酵母还原亚硫酸盐（由于硫化）成为硫化氢，然后再与乙醇反应生成乙基硫醇
醋酸风味	乙酸菌
乳酸风味	乳酸菌
苦味（在红酒中）	来自甘油微生物生成二乙烯乙二醇

（2）来自微生物的酶接触到食物的基质　这种产生异味的方法是间接的。来自微生物裂解的酶能够催化食品中的反应而导致异味。微生物酶通常比较耐热，能够在巴氏消毒法等灭菌处理中存活下来。因此，加热处理可能杀灭了微生物但留下了活力酶（如脂肪酶或蛋白酶），这些酶在贮藏过程中能够导致产品异味。例如，由草莓假单胞菌造成牛乳带有果香异味就是因为脂肪酶从牛乳脂肪中释放出短链脂肪酸，后者逐步酯化成相应的乙酯（如丁酸乙

酯或己酸乙酯）造成的。

（3）微生物在食品表面和食品内部生长以及微生物代谢产物污染食品　新鲜鱼肉和乳制品是两种非常容易因微生物引起异味的食品。一般情况下，新鲜鱼肉只有很淡的气味。然而，如果在高于零度的环境中贮藏，鱼肉一开始会产生“鱼腥味”，然后随着时间的延长，气味就越发难闻。因为鱼的肌肉具有大量的可溶物质而且细胞在鱼被杀死的时候就开始溶解，所以鱼肉特别容易受微生物影响。鱼的肌肉为微生物提供了一种相当理想的生长环境。微生物活动产生的氧化三甲胺是鱼腥味的主要原因。氧化三甲胺是由三甲胺氧化物还原而成，而三甲胺氧化物是鱼肉中的天然成分。鱼肉腐化的后期阶段与多种含氮和含硫化合物的产物有关。这些化合物在鱼肉中产生腐臭味和硫黄味。

不同的微生物在食品中引起异味的能力并不相同。在假单胞菌属，无色菌属和弧菌属的革兰氏阴性细菌中，只有很少的种类（少于10%）能够引起腐败气味。

在广泛应用巴氏消毒法和冷冻之前，乳链球菌的生长是牛乳变酸的最常见原因。巴氏消毒法杀灭乳链球菌相当有效，在冷冻温度下乳链球菌的生长也受到限制。现在，牛乳的异味通常由嗜冷菌引起。这些微生物能够在7℃或以下繁殖，所以它们可以在典型的冷冻温度下生长。嗜冷菌引起的异味经常被描述为不干净的、发酵的或苦的。在牛乳中偶然发现水果味和麦芽味两种异味。水果异味是由于莓实假单胞菌存在的结果。莓实假单胞菌能够分泌一种酶，这种酶首先水解牛乳脂肪中的短链脂肪酸，然后将这些酸进行酯化形成它们的乙基酯类。乙基丁酸酯和乙基己酸酯被发现是对水果异味作贡献的化合物。牛乳中的麦芽异味，是因为贮藏温度不合适（贮藏在10℃或以上的环境中），乳链球菌或乳酸菌的活动引起的。从亮氨酸而来的3-甲基丁醛产物是导致麦芽异味的主要物质。

有趣的是，食品中的苯乙烯通常被认为是从包装污染而来（聚苯乙烯），但研究却发现它也可能从微生物活动而来。有研究指出酵母在肉桂调味品上（主要成分为肉桂乙醛）生长产生苯乙烯，是由于肉桂乙醛去碳酸基产生苯乙烯。

本章第二、三、四节分别讲述了可能导致食品异味的几种主要因素，具体的一些实例如表10-7所示。

表10-7　可能导致食品异味的因素

原因	实例
（1）环境污染	
①来自大气	石油臭气
②来自水	含氯水
③生物杀菌剂	杀虫剂、消毒剂
（2）包装材料	
①纸和卡板	残留溶剂
②塑料	单体聚合物残留物
③涂膜金属	残留溶剂
（3）基因因素　猪肉	雄烯酮
（4）动物饲料　家禽饲料	鱼腥味

续表

原因	实例
（5）食品内的化学变化	
①脂肪氧化（非酶催化）	有香气的醛类、酮类、酸类、醇类、烃类
②其他氧化（非酶催化）	萜类气味，由苎烯氧化产生
③非酶褐变（美拉德反应）	陈腐的气味
④光引起的反应	啤酒、牛乳在太阳光照射下产生的口味
⑤其他的非酶催化反应	陈腐的和腐败的气味
⑥酶催化反应（脂质氧化酶）	
⑦酶催化反应（脂肪酶）	活性香气和活性味道的脂肪酸
⑧酶催化反应（蛋白酶）	苦味
（6）微生物	
①不完善的发酵	啤酒中苯酚类气味
②酶通过微生物接触到食品	肥皂的怪味
③污染的原因	由于甲基酮引起的日化香料陈腐气

第五节　水产品的异味及调控

一、水产品异味产生的机制和物质基础

水产品中异味物质的形成受多种因素的影响，是多种特征成分共同作用的结果。异味的形成机制可以归纳为以下方面：内源酶的降解作用、脂质氧化、微生物的生长、饲养或环境污染等。不同形成机制产生的成分物质也各不相同。

由于水产品在饲养过程中的特殊性，水产品中出现的很多异味都是由饲养或环境污染因素造成的。在野生或养殖的鱼种群中都普遍存在发霉味、泥土味、土腥味和霉烂味等气味。环境水体中的一些污染物和合成异味的有机体通过食物链被鱼类摄食而进入鱼体，从而导致水产品产生异味。鱼生活水体中的一些异味物质，主要是藻菌等微生物群落过盛生长产生的各种次级代谢产物，这些代谢产物通过鳃和皮肤渗透进入鱼体，从而导致鱼体产生特有的腥味和臭味。这些异味物质主要包括土臭味素（Geosmin）、2-甲基异冰片（MIB）、2-异丙基-3-甲氧基吡嗪（IPMP）、2-异丁基-3-甲氧基吡嗪（IBMP）和2，4，6-三氯代茴香醚（TCA）等，它们在室温下呈半挥发性。如鱼类食用了某种藻类（淡水藻、角甲藻和盘星藻）而导致产生泥味，泥味被发现与消耗某种放线菌有一定关系；以学名为 *Limacina helicina* 的这种植物作为主要食物的鱼体内会有石油味污染；鱼除了食用某种藻类而产生污染外，食用火鸡肝或谷类也可能会出现污染，给池养的鲶鱼喂火鸡肝 19d 后发现火鸡味污染，给它们喂养谷类 33d 后出现谷类污染。

到目前为止，土臭味素和 MIB 是其中研究得最多的两种化合物，并被认为是造成鱼腥味

的两种主要物质。它们均为饱和环叔醇类物质，在水中的溶解度不高，是微极性脂溶性化合物，在含量高时有樟脑味和药味，而在含量低时则分别为泥味和霉味，人的嗅觉对其极为敏感。在纯水中，人对土臭味素和 MIB 的阈值分别为 1~10ng/L 和 5~10ng/L。

溴酚类物质对水产品味道也有很重要的影响。溴酚是海藻和一些海生生物（如蠕虫）的天然成分。当含量很低时，溴酚对海产品独特而吸引人的味道贡献很大。然而，高含量的溴酚就会引起异味。研究发现，海产品中的正常溴酚含量是 3μg/kg。然而，人们发现如果在鲱鱼内含量达 38μg/kg 或者在大马哈鱼内达 30μg/kg、在虾内达 100μg/kg，海产品就被认为是被污染或产生异味了。

溴酚被认为是黑鲸（产于澳大利亚）中异味污染的主要原因。澳大利亚对虾常常有吲哚类异味，一些研究认为这是由一些天然形成的溴苯酚引起的，它们在高浓度时会产生类似农药的气味。在甲壳类鱼肉中鉴定出的挥发性酚类有 2-甲酚、2，3-二甲酚、2，6-二甲酚和乙基酚等。2，6-二溴酚是对虾污染的首要源头，而 2-和 4-溴酚、2，4-二溴酚及 2，4，6-三溴酚次之。

鱼体内的一些氨基酸（主要是碱性氨基酸）在酶的催化和转化作用下可生成带有异味的 δ-2-氨基戊酸、δ-2-氨基戊醛和六氢吡啶等特征成分。此外，鱼贝类肉中也能被检出含有甲胺、丙胺、丁胺等直链胺和吡啶、吡嗪、吲哚等环状胺成分。吡嗪类可能是由美拉德反应和 Strecker 反应产生，其前体物质经由蛋白酶解在加热过程中产生。

淡水鱼中的特征气味成分由体内脂肪氧合酶降解多不饱和脂肪酸产生。在氧化鱼油的鱼腥异味中，其成分部分来自 ω-2 不饱和脂肪酸自动氧化生成的碳化物，如 2，4-癸二烯醛、2，4，7-癸三烯醛等，后者是由鱼脂质中含量丰富的长链多不饱和 ω-3 脂肪酸的烷氧基 β 键断裂产生。另外，一些化合物本身对鱼类的特殊风味没有贡献，但它能够加强由 2，4，7-癸三烯醛产生的陈腐味，如（Z）-4-庚稀醛，该物质和鳕鱼的异味有关。

在鱼的贮藏过程中，由于微生物、酶的作用或脂质自动氧化也会产生鱼的腐败异味。鱼由于它们本身的不饱和脂肪酸含量很高而非常容易受脂质氧化影响。新鲜鲻鱼经过 3d 贮藏和蓝鱼经过 5d 贮藏后，都会发生很明显的氧化。然而，大部分新鲜鱼肉在氧化作用变得重要之前就已经由微生物作用而变质。而冷藏的鱼肉，它们的贮藏时间足够长，因而使得脂质氧化作用成为了变质的主要形式。鱼体内含有的氧化三甲胺可在微生物和酶的共同作用下降解成三甲胺和二甲胺。纯净的三甲胺仅有氨味，在很新鲜的鱼中并不存在，当它与 δ-2-氨基戊酸、六氢吡啶等共存时则增强了异味的嗅感。在鱼肉贮藏过程中会形成各种挥发性酸，如甲酸、乙酸、丙酸、正和异丁酸以及正和异戊酸，尽管丁酸和戊酸的浓度非常低，但它们的感官阈值也很低，使得它们比其他酸对特征气味的贡献更大。另外，在鱼的贮藏过程中由于含硫、含氮前体物质的酶催化转化，还会产生硫化氢异味。硫化氢、甲基硫醇和二甲基硫这些挥发性硫化物是鱼肌肉中游离的半胱氨酸和甲硫氨酸经微生物降解的结果，研究发现这些异味会在冷藏鳕鱼的腐败后期阶段产生。

二、 水产品异味调控的方法

水产品异味调控的方法主要分为池塘养殖异味调控和鱼制品加工异味调控两大类。池塘养殖异味调控主要从抑制蓝藻类生长进行调控，包括采取各种有效方法控制或抑制水体中藻类的生长，使产生异味物质的有害藻类的生长受到抑制，从而降低异味化合物在鱼体内的富集。池塘养殖异味调控的方法主要有水体营养比例调控法、食物链生物调控法、利用杀藻剂和清水暂养法等。例如，有研究表明，采用鱼菜共生系统或循环水养殖系统可有效降低水体中土臭味素和二甲基异莰醇等腥味物质的含量，从而减轻鱼肉土腥味；虹鳟鱼经清水暂养法养后，其鱼肉土腥味显著减轻。

（一）物理法

物理法包括包埋法、吸附法、掩盖法和微胶囊法等。包埋法主要是利用β-环糊精脱腥，β-环糊精的梯形笼状结构可将腥味物质包合配位，阻断腥味释放途径。吸附法就是利用吸附剂如活性炭或沸石，有选择地除去异味。活性炭虽然可以有效地除去异味，但是费用较高，口感较特殊，营养物质流失而使其受到应用上的限制，不适合大规模生产。有研究用活性炭吸附罗非鱼鱼皮明胶溶液考查脱腥效果，发现以溶液质量 1.5% 的活性炭在 40℃ 下吸附 30min 能取得较好脱腥效果。用天然沸石能较好去除沙丁鱼片中的腥味物质。掩蔽法是采用食物烹饪学方面的原理，利用其他的香辛味成分来掩盖水产食品的异味，达到去除异味的作用。微胶囊是利用高分子物质作为壁材将异味物质包在一微小封闭的胶囊内，达到掩盖异味的效果。该法多用于鱼油产品的保存和食用中，将鱼油包裹在聚合物薄膜中，阻断鱼腥味的生成途径。

（二）化学法

化学法是利用鱼制品中的异味物质与其他物质发生化学反应，生成无异味的物质。常用的化学方法有美拉德反应脱除异味法，酸碱盐处理和加入抗氧化剂的方法。美拉德反应是利用酶解液中小分子肽、氨基酸和单糖反应醇醛缩合、醛氨基聚合生成有焙烤香气的吡咯类、吡啶类、吡嗪类和噁啉等风味化合物，反应后酶解液的风味发生了根本变化，异味消失，风味物质增加，酶解反应液呈现浓郁、圆润的酱香风味。酸碱盐处理主要是利用水产品中异味成分与酸碱发生化学反应生成无异味的物质，而盐的作用一般认为主要是促进水产品中异味成分的析出。抗氧化剂脱腥法主要是加入生物活性物质如黄酮类物质，这类物质可以消除甲基硫醇化合物，并可与氨基酸结合，具有一定的脱苦脱异味的作用。臭氧也是处理土腥味物质较为有效的氧化剂，且安全性高，但成本较高。

（三）生物法

生物法是通过微生物的新陈代谢作用，小分子的异味物质参与代谢或在微生物酶的作用下发生分子结构的修饰转变成无异味的物质，从而达到脱除异味的目的。通过发酵技术也可以去除水产品中的异味。酵母脱除异味可能是由于酵母疏松的结构对异味物质的吸附作用，酵母和部分异味物质合成大分子物质被除去或酵母含有的多种酶把异味物质转化为无异味物质，同时发酵过程中产生一些中间代谢产物，对异味有一定的掩蔽作用。有研究表明，通过对比漂洗、包埋和微生物发酵处理对鲶鱼肉的脱腥效果，得出酵母粉发酵对鱼肉脱腥效果最佳的结论。

很多时候单一的异味调控技术不能完全或很好地脱除水产品中的异味成分，结合两种或多种方法，可达到更好的效果。有研究采用活性炭和酵母粉联合处理鳕鱼碎肉酶解液，加入质量分数 1%的酵母粉在 35℃ 条件下发酵 1h，然后加入质量分数 0.5%的活性炭，在 40℃、pH 为 5.0 条件下吸附 40min，制得的酶解液基本上无苦腥异味，且活性炭回收率可达 91.81%。对罗非鱼的鱼肉酶解液进行脱腥研究，以酵母发酵再用β-环糊精包埋，具有协同脱腥效果。

第六节　食品包装引起的异味及调控

在发现的食品污染中，食品包装材料往往是主要原因。玻璃被认为是唯一不会引起潜在食品污染的包装材料。常用的纸盒或者塑料包装，都会引起食品的污染，从而使食品带有异味。通常来说，微量的残余溶剂、未预料到的污染物或一些包装成分的分解会引起污染。

所谓包装食品的“异味”有多种表现形式，产生“异味”的原因也是多种多样，在食品的生产、运输、贮藏、销售、消费的各个环节，包括包装材料的生产、印刷、挤出复合、干法复合等过程都有可能导致产生“异味”，这些情况具体如下。

（1）溶剂残留　在塑料复合材料的凹版印刷和溶剂型干法复合工序中需要使用大量的有机溶剂，如甲苯、乙酸乙酯、丁酮等。按工艺要求，这些溶剂在生产过程中都应被挥发掉，但在实际生产中，由于各种原因总会有或多或少的溶剂没有被完全挥发，即所谓的“残留溶剂”。“残留溶剂”通常是几种溶剂的混合体。当“残留溶剂”的含量低于某一数值时，人的嗅觉不会感觉到它的存在，也就不会对包装后的食品的味道产生影响；当“残留溶剂”的含量高于某一数值时，人的嗅觉就能感觉到它的存在，当消费者打开用这种高“残留溶剂”的包装材料包装的食品后，就可能闻到有别于食品发霉、腐烂味道的“异味”。

（2）树脂氧化产生臭味　挤出复合是复合软包装材料的另一种复合工艺。在此工艺中，需要将粒状的塑料树脂在高温下融化，并通过模头涂布在其他基材上然后冷却成型。如果温度过高，塑料树脂就会氧化分解，产生所谓的“树脂氧化臭味”。如果用这种材料包装了食品，食品的香味也会发生一些变化。这种“异味”可通过严格控制生产工艺条件予以消除。

（3）包装过程混入异味　在食品的包装阶段，生产车间中的其他味道有可能会被混入包装内，尤其是一些充气包装的食品，如薯片、蛋黄派等。按正常要求采用充气包装的食品，所充入的气体应当是瓶装的纯氮气或氮气与二氧化碳的混合气体。但很多企业为了降低生产成本，充入的是普通空气。而为了减少空气压缩机的噪声对操作工人的影响，往往将空气压缩机放在远离包装生产线的地方，这样就不可避免地将其他区域的其他味道的空气灌入食品袋中。充填空气是否合法暂且不提，其中的氧气会导致食品中某些成分的氧化则是不言而喻的。

（4）包装后处理阶段产生的异味　食品包装后的后处理阶段，如果温度、时间等工艺条件不符合要求也会导致“异味”的产生。为了延长食品包装的保质期，在完成包装工序后，还要对包装好的食品进行灭菌，100℃以下水煮、121℃、135℃或150℃高温蒸煮、微波灭菌、放射线辐射等。上述灭菌方法都需要在一定的温度或强度条件下持续一定的时间才能达到预定的灭菌效果，并需要根据内容物的质量、体积调整灭菌条件。如果处理不当，其结果为灭菌不完全，造成微生物污染而产生异味。

（5）食品运输及贮藏阶段产生的异味　运输及贮藏阶段，包装破裂导致内容物霉变产生异味；运输及贮藏的温度过高，使未经严格灭菌的内容物中的细菌迅速繁殖，食物变质而产生异味；包装材料的阻气、阻湿、遮光性不足，不能有效地保护内容物，导致内容物失去原有的香味，受潮、变色；包装工艺不良，造成封口不严或封口破损，致使内充的气体外泄及外部空气、细菌进入包装袋内部；包装食品未能及时销售或消费，过期变质而产生异味。

因此，要调控由包装引起的食品“异味”，必须从生产的各个相关环节都要加强管理，企业应严格按照规范，消费者应进行监督，有关管理部门应加强对相关企业的管理，从源头上消除包装食品“异味”的可能性。

纸质包装有几种被污染的方式。纸一般包含各种定型剂、填充剂、消泡剂和除黏菌剂。同时，纸可能经过化学漂白，纸的表面可能涂有嵌入合成树脂（例如，苯乙烯/丁二烯聚合物或苯乙烯/丙烯酸酯聚合物）的陶瓷黏土或碳酸钙以获得有吸引力的外观、印刷表面或耐久性，含有多层包装的纸（如牛乳盒）使用到黏合剂，并且包装材料上可能涂有清漆以获得要求的表面性质。这样，纸质包装的产品就存在很多污染的可能，而这污染物会到达食品当中。例如，液态乳制品（塑料/纸板混合），早餐谷类食品（各种内层阻挡层但是有外部纸板），面粉（牛皮纸袋），黄油和相关产品（防油纸），巧克力（薄玻璃纸），饼干（牛皮纸包），各种干的混合食品（内阻挡层加外纸板）及冷冻食品（外纸箱）不是直接接触纸质包装就是形成次包装。即使受污染的纸制品是作为次包装或外层包装，食品污染仍然有可能，因为主包装或食品直接接触包装并非是对有机挥发物质的有效屏蔽。值得注意的是，纸质材料在贮藏过程中会不断产生气味，这与纸中的树脂或脂质氧化有关。

近年来，有呼吁要从食品生产中淘汰有机溶剂。使用水基系统或少溶剂系统的包装成分使得由传统的挥发性物质引起的食品污染减少，然而会引起其他多种新污染。因为新的水基包装材料（例如涂料、油墨、涂层和黏合剂）不溶于有机溶剂但分散于水系统，所以需要新的化学物质来使包装成分保持分散。少溶剂系统使用紫外线固化和聚合树脂成分（树脂中包含光引发剂），但它们使用了也会引起污染的新材料（单体和光敏化剂）。

塑料食品包装的使用在快速地增长，塑料已经取代纸、玻璃和金属包装在食品包装中的霸主地位。然而，经常会出现消费者打开塑料食品包装时，闻到包装袋内有怪味甚至臭味的情况。塑料通常由单体材料聚合。通常会有非常少量的单体材料残留在聚合体中，因此，除非这些单体材料的感官阈值非常低，不然它们都能很容易地被作为异物检出（例如苯乙烯）。

除此之外，聚合物中还含有抗氧化剂、稳定剂、润滑剂、抗静电剂和着色剂等添加剂，这些成分都可能给食品带来污染。

在食品包装中使用的聚合物包括：PVC（聚氯乙烯），PET（聚对苯二甲酸乙二醇酯），PC（聚碳酸酯），PS（聚苯乙烯）和PE（聚乙烯——高或低密度）。PET广泛应用于包装的液体（矿泉水、碳酸饮料、苹果汁和啤酒）和耐热食品托盘。PET是由对苯二甲酸或二甲基对苯二甲酸和乙二醇聚合而成。本来这些单体气味很微小，不足以引起太大的污染问题，而在生产或处理PET过程中使用到的大量乙醛却会进入最终的包装而引起严重的气味污染问题。

聚烯烃（各种低和高密度产品）是所有食品包装中最常见的聚合物。与聚烯烃有关的气味很少是因为残留的单体形成的，因为这些碳氢化合物具有较高的感官阈值，除非它们是由于聚合物氧化而形成的。例如，加热后，1-壬烯和2-乙基己醇这两种低密度聚乙烯分别迅速氧化成2-壬烯醛和1-庚烯-3-酮。这些氧化产物都具有很低的感官阈值，并已被认定为覆盖低密度聚乙烯纸板中的污染化合物。

与食品污染最为相关的包装是聚苯乙烯。苯乙烯可以因不完全聚合或热降解而存在于聚合物中。苯乙烯单体很容易转移到食品中并引起非常典型的、容易辨认的塑料污染。

第七节　食品异味的检测与评定

目前对异味的检测和评定方法主要有感官鉴定法和仪器分析法。这里只作简单介绍，详细的方法内容可参见“第十一章”。

一、感官鉴定法

不同的个体对风味（或刺激）的敏感程度有很大差异，对异味的描述也很难达到一致。很多时候，一些个体对某种异味可能感觉很强烈，而另外一些个体却毫无感觉。图 10-5 直观地显示了风味物质的浓度和敏感人数百分比之间的关系。

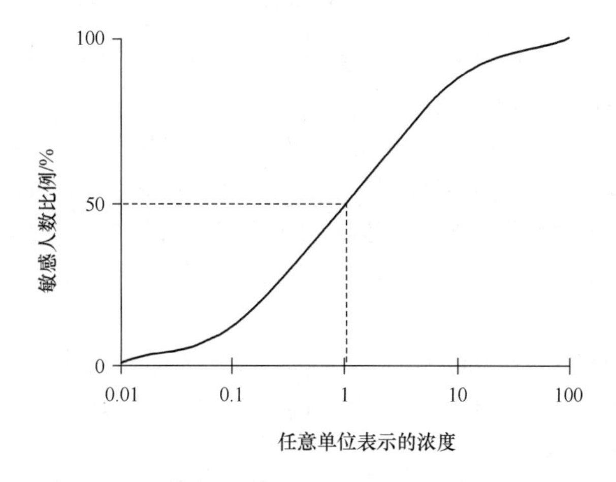

图 10-5　风味物质的浓度和敏感人数比例之间的关系

感官阈值浓度就是指 50%的受试对象能够察觉到这种化学物质的浓度，这是察觉阈的标准定义。从图 10-5 中我们可发现，在浓度低于 1/10 的察觉阈时，只有大约 5%的人能察觉到该化学物质，95%的人对此没有感觉。因此，对于某种产品是否存在异味的描述，小部分人可能对此异味比较敏感，而大部分人却一点都没有察觉出来。如果异味是产品中的一般性问题（如油脂氧化），那么通过有经验的感官评价员的感官描述就足以判断异味的来源并能找到解决异味的办法。

异味多数情况下是呈复合异味形式存在，这使得感官鉴定法难以准确划分异味的类型及无法测定低于异味阈值的异味化合物，并且精密度也较差。因此，国内外研究者经过多年的研究，已发展出一些较好的定性技术，其中气味轮廓分析技术（Flavour Profile Analysis，FPA）是 20 世纪 80 年代从食品工业中发展起来，并广泛用于鉴定异味成分的一种新方法。FPA 技术是由 4 人以上成员组成一个气味感知小组，每人按照异味轮状图（图 10-6）划分的气味类型来对样品的气味特征和强度进行评价（根据参考标准打分），从而获得平均分值结果的方法。感官鉴定法检测时间短、操作容易，但是该方法主观性强、重复性差，而且人的感觉器官对气味具有一定的适应性，容易出现感觉疲劳而影响分析结果。

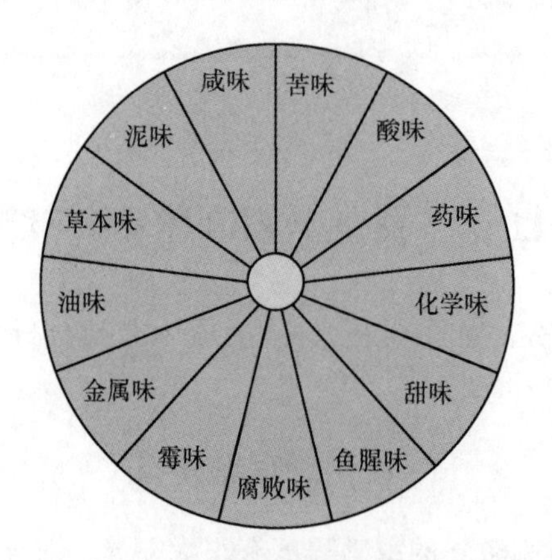

图 10-6　异味轮状图

二、仪器分析法

常用的仪器分析法主要有电子鼻、气相色谱分析法和气相色谱-质谱联用（Gas Chromatography-Mass Spectrometry，GC-MS）分析法。

其中最常用的 GC-MS，是食品异味化合物检测和评定最常用的技术手段。有研究通过 GC-MS 发现用天然软木塞密封的葡萄酒中的2-苯乙醛、3-甲基丁醛和3-甲硫基丙醛的浓度明显高于储存在玻璃壶中的葡萄酒。采用 GC-MS 在巴氏杀菌的冬瓜汁中，检测出乙醛、3-甲基丁醛、戊醛、已醛、苯甲醛，二甲基二硫、二甲基三硫、甲硫醇和二甲基硫醚对冬瓜汁的异味有贡献。

电子鼻是一种新颖的仪器分析法，它是模拟人的嗅觉来分析、识别和检测复杂气味和挥发性成分的仪器，可以快速、自动、客观地检测产品的风味物质成分。研究人员曾采用电子鼻测定发烟鲑鱼的主要挥发性成分，研究结果表明2-甲基-1-丁醇和3-羟基丁酮是发烟鲑鱼腐败变质的生物标志物。目前，国外已开发出专门用于检测鱼肉异味的电子鼻系统，其发展前景十分广阔。而电子鼻的缺点之一是它和人的感官鉴定一样会出现疲劳反应，尤其是在低温下的聚合物感官操作，气味诱导因子会不可逆的吸附在感官活性表面，导致信号飘移，从而影响检测结果。

气相色谱分析法常常与人的感官联合使用作为气相色谱嗅闻技术（Gas Chromatography - Olfactometry，GC-O），它是将气相色谱的分离技术与人类较高灵敏的鼻子相结合，用于各种食品异味来源的分析鉴定研究中。根据原理不同，GC-O 可分3种：频率检测法（Frequency Detection Analysis，FDA）、香气萃取物稀释分析法（Aroma Extract Dilution Analysis，AEDA）和直接强度法（Direct Intensity Analysis，DIA）。有研究采用 AEDA 法对酵母提取物异味来源进行鉴定，发现稀释因子较高的3-甲基丁醛、2-甲基吡嗪、辛烷、2，5（6）-二甲基吡嗪、二甲基三硫、3-（甲硫基）丙醛、苯乙醛、糠醛，苯甲醛和乙酸是其主要异味贡献组分。此外，还有采用气相色谱与紫外-离子迁移谱串联技术对异味进行检测。有研究用此技术成功检测到了啤酒发酵异味物质（丁二酮和2，3-戊二酮），该技术大大提高未知挥发性异味成分定性的准确性和可靠性。

第四篇

风味物质的分离鉴定与质控

第十一章

CHAPTER 11

风味物质的分离与鉴定

第一节　概述

食品风味是人的感官对食品的香味物质和呈味物质的综合感觉。研究食品风味，就要对风味物质进行成分分析，了解风味物质的性质，获得风味物质的组成、含量和结构。风味物质成分分析，即对风味成分进行提取、分离与鉴定。

提取分离是从原材料中获得芳香物质、活性成分的最常用技术手段之一。而风味物质大多以低浓度存在，种类复杂多样，挥发性高，不稳定，并且与食品其他组分之间存在着动态平衡。因而，对风味物质进行提取分离与鉴定需要特殊的分析技术。传统的提取分离方法包括溶剂萃取法和蒸馏法，随着科技的迅速发展，尤其是精密分析仪器的出现，风味物质的分析技术有了很大的发展，出现了超临界流体萃取法、顶空分析、分子蒸馏、固相微萃取等多种较为先进的方法。对风味物质进行分离鉴定，除了常用的液质联用（LC-MS）、气质联用（GC-MS）之外，还有气相色谱嗅闻技术（GC-O）、电子鼻/电子舌，以及这些技术之间的联用。虽然目前已有不少的风味物质分析方法，但每种方法都不可避免存在一定的局限性。因此，对于风味物质的成分分析研究，应根据实际分析目的，被测物的性质特点等，综合各种因素，合理选择适宜的分析方法和方法参数，以获得最佳的分析效果。

第二节　风味物质的提取分离方法

一、溶剂萃取法

传统的溶剂萃取法可以根据被提取物的状态分为固-液萃取和液-液萃取，是利用溶剂进行风味物质提取的最简单直接的方法。

（一）固-液萃取

固-液萃取的原理是：在固体样品中加入液体溶剂，利用液体溶剂的作用选择性的溶解某些成分，并将这些成分从固体样品中转移至溶剂中。例如，用石油醚从薄荷中提取薄荷油。在食品和香料工业中，许多风味物质都是从草本植物及其种子中得到的。固-液萃取的工业化应用常见的有从油料作物种子中提取油脂等。

固-液萃取的有效性很大程度取决于所选的萃取剂。选择萃取剂的原则是：萃取剂必须能够优先溶解目标化合物，形成溶质-溶剂混合物。一般萃取剂是利用相似相溶的原理获得目标溶质。另外，萃取剂最好具有较低的表面张力，以便润湿和渗透入固体样品，从而使提取更容易进行。

设定固-液萃取的操作参数，首先要考虑原料的性质（如原料种类和数量、水分含量、破碎程度等），然后再考虑操作环境条件，根据实际情况确定萃取剂的用量（固液比）、萃取的次数、萃取温度等。提取过程中所需的溶剂数量、提取率等相关数据，需要在实际操作中进行测量、计算。

提取率=［（原材料中的溶质-残渣中的溶质）/原材料中的溶质］×100%

固-液萃取根据具体的操作方式，主要分为浸提和逆流萃取两大类。

1. 浸提

样品与溶剂发生接触，就会发生浸提。浸提是实验室规模的试验中常用的操作。为了使浸提能够更好地进行，原材料通常需要进行预处理，一般是根据原材料的特点，采用破碎、切割、研磨、打粉等预处理工艺。需要采用能选择性的溶解目标溶质的合适溶剂。在浸提过程中加以搅拌能改善浸提效果。除了机械搅拌之外，超声波处理也是强化传质的一种方式。

微波辅助萃取的原理是：在微波场中，吸收微波能力的差异使得基体物质的某些区域或萃取体系中的某些组分被选择性加热，从而使得被萃取物质从基体或体系中分离，进入到介电常数较小、微波吸收能力相对较差的萃取剂中，从而被提取出来。应用微波萃取法可以从芫荽、茴香、龙蒿、薄荷、鼠尾草、百里香、丁香、大葱等中萃取香精油。

超声波辅助萃取的原理是：超声波在提取溶媒中产生的空化效应和机械作用可有效地使目标成分呈游离状态并溶入提取溶媒中，超声波可加速提取溶媒的分子运动，使得提取溶媒和有效成分快速接触，加速相互溶合、混合的过程。该法具有提取温度低、提取率高、提取时间短的独特优势，是高效、节能、环保式提取方式之一。

在浸提过程中，还要考虑温度对风味物质的影响（温度一般不超过50℃）、提取体系的pH对提取效果的影响等。

浸提是一种十分简单的方法，但是，它的主要缺点是提取不彻底，得到的溶质浓度较低。

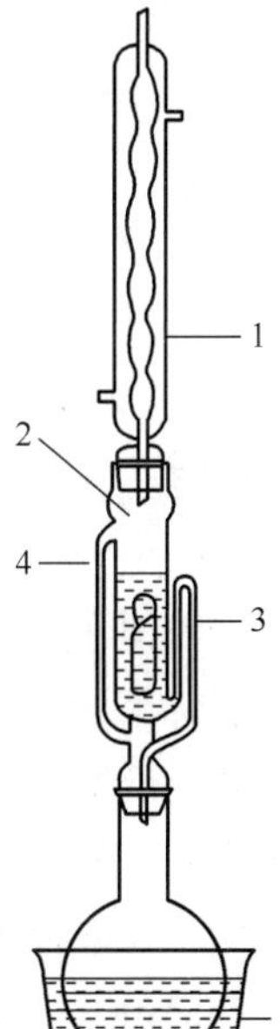

图 11-1 索氏提取器

1—冷凝管 2—提取管 3—虹吸管 4—连接管 5—提取瓶

2. 逆流萃取

逆流萃取过程中，固体样品反复地被新鲜溶剂所萃取，直至萃取完全。这种方法的优势在于可以获得较高浓度的目标溶质。目前，实验室与工业规模都有这种提取技术的应用。

实验室中进行的索氏提取（图 11-1），就是逆流萃取一种过程。样品浸泡在溶剂里，溶剂连续蒸发，冷凝后又进入原材料浸泡液里面。被提取物进入提取瓶里面。经过一段时间的提取，原料能被比较彻底地提取，目标溶质富集在提取瓶的溶剂里面。

在相对连续的逆流萃取中，溶剂朝着固定的物料逆流流动，提取过的物料又被新鲜的溶剂所提取，提取得到的溶剂溶质混合物又用于提取新的物料。与浸提操作不同的是，逆流萃取中溶剂和物料是以完全相反的方向连续的穿过对方。由于固体物料与溶剂的相对移动，部分物料会进入萃取液中，因此，所得到的萃取液需要过滤以除去其中的固体物质。

基于这种逆流萃取原理的萃取器有波耳曼萃取机（Bollmann extractor，又称立式吊篮萃取机）、洛特赛萃取机（Rotocel extractor，又称平转浸出器）、波诺多提取器（Bonotto extractor，又称复式萃取器）等。

其中，洛特赛萃取机是将几个隔间成圆环形固定在多孔平板上，向水平方向移动。其逆流萃取的示意图如图11-2所示：在倾倒残渣之前，新鲜的溶剂被喷洒在最后一个隔间的固体样品上。后面一个隔间流出的溶剂会喷洒在前一个隔间的固体物料中。为了减少固体物料进入提取液，新的原料装入隔间之前，高浓度的萃取液可以先从隔间流出。

对于固-液萃取，萃取液和原料分离以后，后面的工作首先是要去除萃取液中的固体及沉淀物质（过滤或者离心）；然后是去除萃取剂，使其不要残留在提取物中。一般而言，萃取剂都是可以回收再利用的，以达到节约成本的效果。最后，如果分析目的是获得目标提取物的话，之后可以对目标溶质进行结晶制备等操作，最终获得目标提取物。

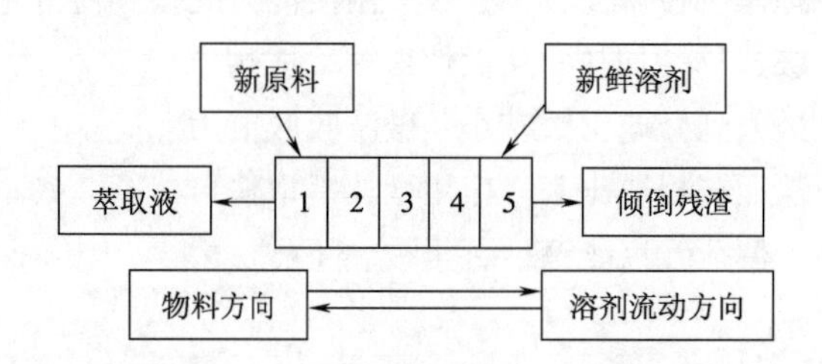

图11-2 洛特赛萃取机逆流萃取示意图

（二）液-液萃取

液-液萃取的过程是将萃取剂加入液态样品中，形成共存的、互不相溶的两种液相体系，根据溶质在两个液相中分配系数的不同，来选择性的转移目标溶质。所选用的萃取溶剂必须能优先溶解目标溶质，并且与原溶质载体不相溶或者只是部分相溶。在这两相中，含有目标溶质较多的称为萃取相，另一相则是提取后的残液称为萃余相。

液-液萃取是一种常用的分离技术，因为该技术能在以下体系的分离中具有优势：①稀溶液，由于溶质在混合液中浓度很低，如果采用精馏的方法，能耗过大；②混合物中各组分沸点接近，加热精馏难以分开；③待分离组分具有很高或很低的沸点；④热敏性物质，如果采用加热的分离方法会使物质受到破坏。

液-液萃取中，选择萃取溶剂的主要原则：①对目标溶质的溶解度高，选择性强；②与原载体溶液不相溶或仅仅部分相溶；③与原载体溶液有一定的密度差，利于分层；④具有一定的界面张力，使两相的接触面积尽量大；⑤具有合适的黏度，不影响溶质在两相中的转移。萃取后溶剂的回收也非常重要，这关系到对萃取成本的控制。一般回收萃取剂采用热分离的方法，因此，萃取剂还要尽量满足汽化热低、沸点差别大、无毒、无腐蚀性、难燃等要求。

二、 蒸馏法

蒸馏是最常用的物理分离方法，可用于实验室规模，也可用于工业规模，且已广泛应用于风味品工业。

（一）蒸馏

蒸馏是一种热力学的分离工艺，它利用混合液体或液-固体系中各组分沸点不同，使低沸点组分蒸发，再冷凝以分离整个组分的操作过程，是蒸发和冷凝两种单元操作的联合。与其他的分离手段，如萃取、吸附等相比，它的优点在于无须使用混合物组分以外的其他溶剂，从而不会引入新的杂质。蒸馏可分为简单蒸馏和精馏。简单蒸馏很常见，例如通过蒸馏去除水中的固体杂质制备蒸馏水、通过蒸馏以去除部分水分、浓缩酒精、收集蒸馏酒。实验室常用的蒸馏装置如图 11-3 所示。

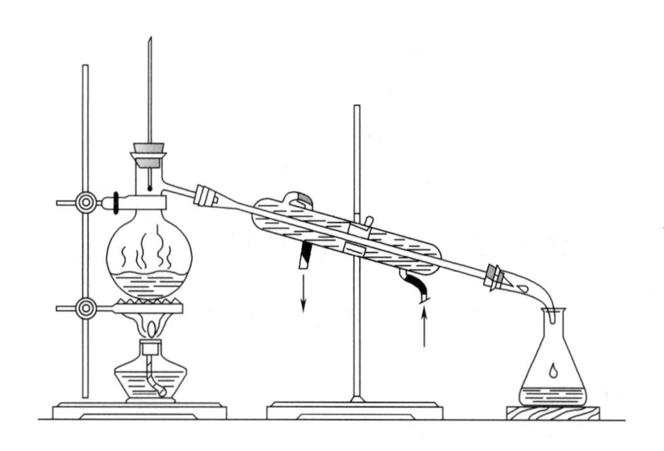

图 11-3　简单蒸馏装置

（二）精馏

精馏又称分馏，在一个设备中进行多次部分汽化和部分冷凝，利用回流使液体混合物得到高纯度分离的蒸馏方法，可以将混合物分成多种组分。精馏是分离几种不同沸点的挥发性物质的混合物的一种方法：通过对混合物进行加热，针对混合物中各成分的不同沸点进行冷却，最后分离成相对纯净的单一物质过程。精馏过程中没有新物质生成，只是将原来的物质分离，属于物理变化。精馏实际上是多次蒸馏，它更适合于分离提纯沸点相差不大的液体有机混合物。精馏根据操作方式，可分为连续精馏和间歇精馏；根据混合物的组分数，可分为二元精馏和多元精馏；根据是否在混合物中加入影响气液平衡的添加剂，可分为普通精馏和特殊精馏（包括萃取精馏、恒沸精馏和加盐精馏）。

典型的精馏设备是连续精馏装置（图 11-4），包括精馏塔、再沸器、冷凝器等。精馏塔供汽液两相接触进行相际传质，位于塔顶的冷凝器使蒸气得到部分冷凝，部分凝液作为回流液返回塔顶，其余馏出液是塔顶产品。位于塔底的再沸器使液体部分汽化，蒸气沿塔上升，余下的液体作为塔底产品。进料加在塔的中部，进料中的液体和上塔段来的液体一起沿塔下降，进料中的蒸气和下塔段来的蒸气一起沿塔上升。在整个精馏塔中，气液两相逆流接触，进行相际传质。液相中的易挥发组分进入气相，气相中的难挥发组分转入液相。对于不能形成恒沸物的体系，只要设计和操作得当，馏出液将是高纯度的易挥发组分，塔底产物将是高纯度的难挥发组分。进料口以上的塔段，把上升蒸气中易挥发组分进一步提浓，称为精馏段；进料口以下的塔段，从下降液体中提取易挥发组分，称为提馏段。两段操作的结合，使液体混合物中的两个组分较完全地分离，生产出所需纯度的两种产品。当使 n 组分混合液较完全地分离而取得 n 个高纯度单组分产品时，须有 $n-1$ 个塔。

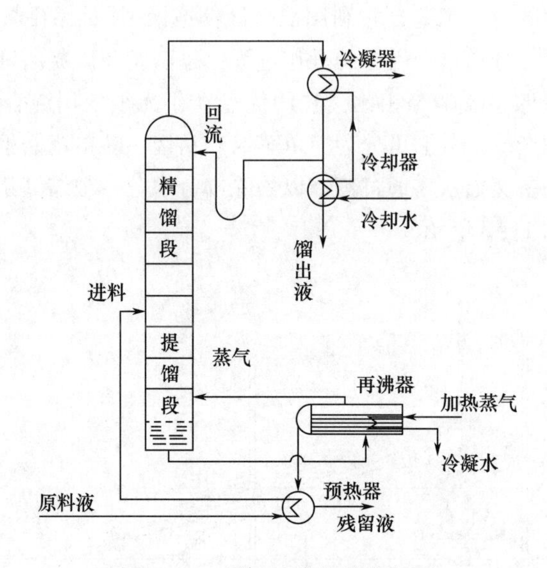

图 11-4　常见的连续精馏装置

（三）同时蒸馏萃取

同时蒸馏萃取法（Simultaneous Distillation and Solvent Extraction，SDE）是 Nickerson 和 Likens 在 1966 年发展起来的一种植物易挥发成分提取法，是将水蒸气蒸馏与有机溶剂萃取合二为一的方法。同时蒸馏萃取所用的装置如图 11-5 所示。

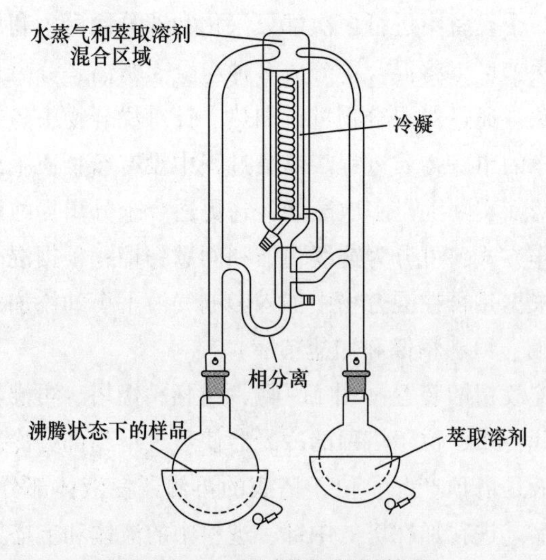

图 11-5　同时蒸馏萃取装置

将样品溶液与萃取溶剂分别同时加热至沸腾，水蒸气和萃取溶剂蒸气在顶部混合后，同时在仪器中被冷凝下来，水和溶剂不相混溶，在仪器U型管中被分层，分别流向两侧的烧瓶中，结果蒸馏和提取同时进行，如此连续循环来萃取样品中的微量香气物质。这种方法可把10^{-6}数量级的挥发性有机成分从脂质或水质介质中浓缩数千倍；同时，由于该法所获得的是挥发性物质在有机溶剂中的溶液，体积较大，便于操作，避免了通常液-液萃取提取挥发性物质时在器壁上吸附损失及转移时的操作困难，此外要使电热套和恒温水浴温度控制恰当，以确保样品和萃取溶剂产生大量蒸气进行充分混合接触，从而提高挥发性成分的萃取率。该法只需少量的试剂即可提取大量样品，且香气得以浓缩，具有较好的重复性和较高的萃取量，操作简便，定性定量效果好。但由于蒸馏时温度较高，可能会导致样品发生水解、氧化、酯化等化学反应，甚至导致食品风味的改变。同时，高沸点组分也难以分离。此外，除去溶剂的浓缩步骤又可能导致部分易挥发成分散失。

（四）溶剂辅助的香料蒸馏

常规的溶剂萃取方法得到的样品中通常含有大量的脂类化合物，如果需要无脂类的样品，则需要额外的分离步骤以除去脂类化合物。一些研究人员对低温、高真空度下从水溶液基质中用溶剂萃取挥发性香味成分进行了研究。溶剂辅助的香料蒸馏（Solvent-Assisted Flavor Evaporation，SAFE）就是1999年由德国W. Engel等发明的一种从复杂食品基质中直接、精细分离香气化合物的一种新型的方法。SAFE系统为蒸馏单元与高真空泵的紧凑结合，其优点为：与以前的高真空转移技术相比，具有高的挥发物收率；对极性高的风味物质有较高的收率，能从含有脂肪的食品基质中获得较高的气味物质收率；能直接蒸馏含水样品，如乳、啤酒、橙汁、果浆等；能得到真正、可靠的风味提取物，即用这种方法获得的风味提取物，在感官上与原被提取物几乎一样；与许多其他成熟的现代风味分离方法相比，对复杂食品基质中的极性化合物及痕量挥发物的定量测量更为可靠。该法提取的香气成分不会像同时蒸馏萃取法那样有受热产生的挥发物，最接近和代表原样品的香气轮廓。有研究表明，该法对挥发性较低和极性较高的香气组分，如4-羟基-2，5-二甲基-3（2H）-呋喃酮、4-羟基-5-甲基-3（2H）-呋喃酮和5-乙基-4-羟基-2-甲基-3（2H）-呋喃酮的萃取更为有效。

图11-6为这种新的蒸馏装置——溶剂辅助的香料蒸馏装置的示意图。在蒸馏过程中蒸馏瓶和接收瓶的温度都控制在20~30℃的较低温度，避免高沸点成分的带出；样品通过滴液漏斗分批加入，以减少萃取的时间。该法可使用除乙醚、二氯甲烷以外的其他溶剂，适用于含有大量脂肪的样品中挥发性成分的分离。该方法不足之处是需要使用有机溶剂，而且样品制备比较费时间。

（五）分子蒸馏

分子蒸馏也称短程蒸馏，是一种在高真空度下对高沸点、热敏性物料进行的特殊的液-液分离技术，它不同于传统蒸馏依靠沸点差分离原理，而是靠不同物质分子运动平均自由程的差别实现分离。因轻分子平均自由程大，从而达到物质分离的目的。分子蒸馏装置主要有3大类：降膜式、刮膜式和离心式。它具有如下一些特点：①真空度高、操作温度低、受热时间短（以s计）、分离效率高等，特别适宜于高沸点、热敏性、易氧化物质的分离；②可有效脱除低分子物质（脱臭）、重分子物质（脱色）及脱除混合物中杂质；③分离过程为物理分离过程，可很好地保护被分离物质不被污染，特别是可保持天然提取物的原来品质；④分离程度高，高于传统蒸馏及普通的薄膜蒸发器。在香料工业中用此种方法对香精油进行

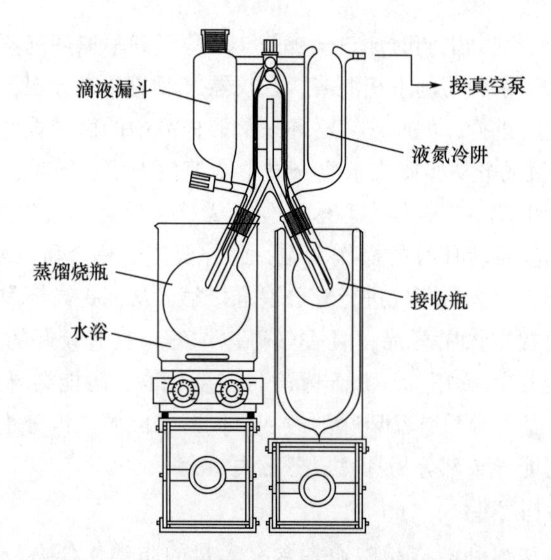

图 11-6　溶剂辅助的香料蒸馏装置示意图

提取，可使其品质和价格得到大幅度提高。如用分子蒸馏制备茉莉精油和大花茉莉精油，其主要香气成分含量高，品质好，香气非常浓郁、新鲜，其特征香尤为突出，应用不同的方法对四种发酵香肠中香气成分的分离发现，分子蒸馏技术萃取的香气成分的含量最高，并可得到 126 种挥发性组分。

三、 超亚临界流体萃取技术

（一）超临界流体萃取技术

超临界流体萃取（Supercritical fluid extraction，SCFE）是利用超临界流体的特性而发展起来的一门新兴提取技术。所谓超临界流体是处于临界温度和临界压力以上、介于气体和液体之间的流体。超临界流体兼有气体和液体的双重性质和优点，具有良好的溶解特性和传质特性。在临界点附近，温度和压力的微小变化可导致超临界流体物化性质的显著改变。因此，通过温度和压力的改变可以使超临界流体具有选择性溶解物质的能力。利用超临界流体的这些性质，从混合物中选择性地溶解其中某些组分，将其分离析出的化工分离手段即为超临界流体萃取。

选择超临界流体萃取剂，优先选择的是萃取能力强、容易达到临界条件的超临界流体萃取剂并应考虑其毒性、腐蚀性及是否易燃易爆物等因素。超临界流体主要包括二氧化碳、乙烯、正戊烷、乙烷、丁醇、乙醇、水等。目前，超临界流体中研究应用最多的体系是二氧化碳。以二氧化碳为例（图 11-7），其临界温度和临界压力分别为 31℃和 7.38MPa，当处于这个临界点以上时，二氧化碳同时具有气体和液体双重特性，能通过分子间的相互作用和扩散作用将许多物质溶解。二氧化碳提取的优点：无热降解；无水解；无溶剂残留；可得到高浓度的有效成分；优越的感官质量；产品安全性高、质量好。

水也是可以选用的超临界流体（图 11-8），其临界点为 647K、22MPa，在此临界点上，水就具备了超临界流体的性质特点。

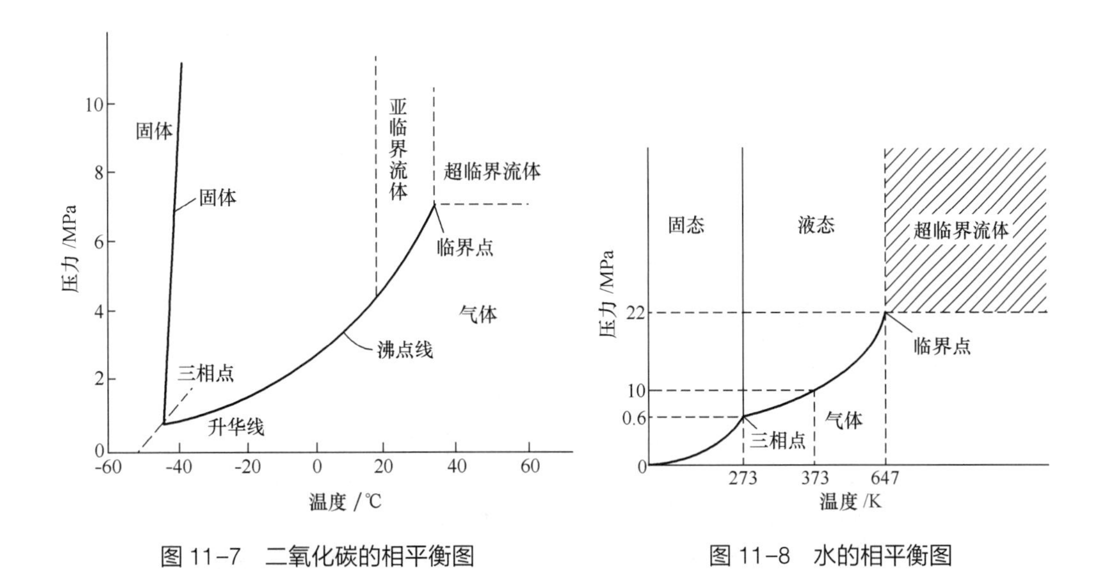

图 11-7　二氧化碳的相平衡图　　　　图 11-8　水的相平衡图

不同物质在超临界流体萃取剂中的溶解度不同，或同一物质在不同的压力和温度下溶解状况不同，因而可以有选择性地按照极性大小、沸点高低和相对分子质量大小的成分依次萃取出来。这种提取分离过程具有较高的选择性，提取过程温度低，有效防止了热敏性风味物质的氧化和逸散；使用二氧化碳或水作萃取剂时，无须添加有机试剂，保证提取产品的天然特性；提取时间短，效率高，操作易控，萃取剂可重复利用，成本低。工业上利用该法除去咖啡和茶叶中的咖啡因，或从很多天然产物中分离香料化合物。由于该方法条件温和，环境友好，尤其适合于从辛香料、鲜花、草本植物、叶子、根等提取精油。缺点在于该方法得到的萃取物在输送过程中易堵塞通道，极性物质收集较少。

图 11-9 和图 11-10 分别是超临界流体萃取的实验设备以及二氧化碳超临界流体萃取装置示意图。在使用方法分离的过程中，第一步是要在加热高压下将液体的二氧化碳转变为超临界二氧化碳流体；第二步是分析样品在加压室加热，然后与超临界二氧化碳流体混合。超临界二氧化碳萃取出有机化合物，形成分开的溶剂层，然后与水层分离。溶剂层减压降温后，超临界二氧化碳流体变为气态释放出去，剩下的即为萃取所得物质。最后除去溶剂收集样品。具体的流程图如图 11-11 所示。

图 11-9　超临界流体萃取的实验设备

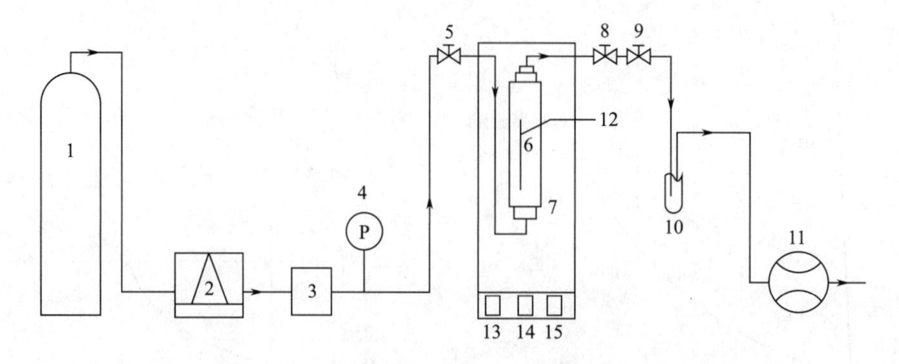

图 11-10　二氧化碳超临界流体萃取装置示意图

1—二氧化碳钢瓶　2—冷温槽　3—高压泵　4—压力表　5—进口阀　6—萃取柱　7—恒温箱
8—出口阀　9—微调节阀　10—接收瓶　11—流量计　12—热电偶
13—箱体温度控制显示　14—萃取柱温度控制显示　15—微调节阀温度控制显示

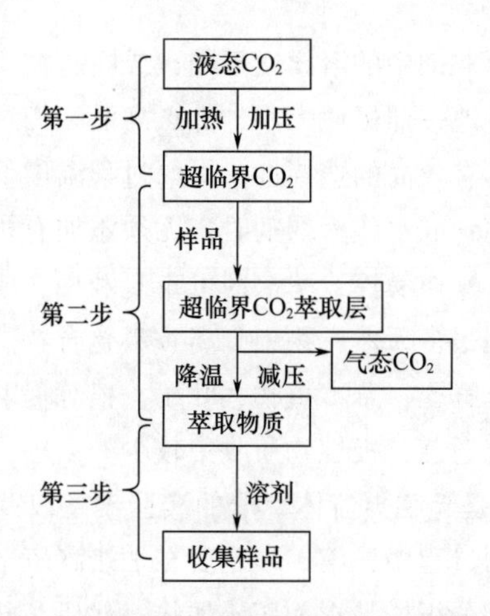

图 11-11　超临界流体萃取的工作流程图

（二）亚临界流体萃取技术

亚临界流体萃取（Subcritical fluid extraction technology）是利用亚临界流体作为萃取剂，在密闭、无氧、低压的压力容器内，依据有机物相似相溶的原理，通过萃取物料与萃取剂在浸泡过程中的分子扩散过程，使物料中的目标成分转移到萃取剂中，后续再通过一些方法将萃取剂与目标产物分离，最终得到目标产物的一种萃取技术。亚临界状态是指某些物质在温度高于其沸点但低于临界温度，以流体形式且压力低于其临界压力存在的物质。

亚临界流体萃取主要优点是工作压力相对低、流程简单。如二氧化碳亚临界萃取的工作压力为6~7MPa，工作温度为20~30℃。这就大大降低了设备投资，提高了安全性，并保持了超临界流体萃取的优点。与超临界流体萃取相比较，亚临界流体萃取具有以下优点：①条件相对更加温和，对高压设备的要求不再苛刻；②亚临界状态下的流体呈流态，对萃取物成浸泡状态，可避免料层短路和黏结现象；③亚临界流体的密度比超临界流体更大，对于待萃取物质的溶解度也更大。

亚临界流体萃取的过程为：在常温和一定压力下，以液化的亚临界溶剂对物料进行逆流萃取，萃取液在常温下减压蒸发，使溶剂汽化与萃取出的目标成分分离，得到产品。汽化的溶剂被再压缩液化后循环使用。整个萃取过程可以在室温或更低的温度下进行，所以不会对物料中的热敏性成分造成损害，这是亚临界萃取工艺的最大优点。溶剂从物料中汽化时，需要吸收热量（汽化潜热），所以蒸发脱溶时要向物料中补充热量。溶剂气体被压缩液化时，会放出热量（液化潜热），工艺中大部分热量可以通过汽化与液化溶剂的热交换达到节能的目的。

亚临界流体在温度高于其沸点时，本以气态形式存在，但可以施加一定的压力使其液化，在液态下利用相似相溶的性质，用作萃取剂。除二氧化碳以外，常用的亚临界流体溶剂有丙烷、丁烷、二甲醚、四氟乙烷和液氨等。亚临界流体溶剂及其性质如表 11-1 所示。

此外，水也是食品工业中可以选用的亚临界流体，亚临界水（Subcritical water，SCW）又称高温水、超加热水、高压热水或热液态水，是指在一定压力下，将水加热到 100℃ 以上临界温度以下的高温，水体仍然保持在液体状态。通过对亚临界水温度和压力的控制可以改变水的极性、表面张力和黏度。温度升高，极性降低，亚临界水对有机物的溶解能力大大增加。

表 11-1 亚临界流体物理性质及价格

亚临界流体	物理性质									性状	价格/（元/t）
	沸点/℃	20℃时蒸气压/MPa	临界温度/℃	临界压力/MPa	25℃液体密度/（kg/L）	25℃气体密度/（kg/m^3）	介电常数	30℃汽化潜热/（kJ/kg）	爆炸上限—下限/%		
丙烷	-42.07	0.83	96.8	4.25	0.49	20.15	1.69	329	9.5~2.3	无色有味	6200
丁烷	-0.50	0.23	152.8	3.60	0.57	6.18	1.78	358	8.5~1.9	无色有味	6200
二甲醚	-24.90	0.53	129.0	5.32	0.66	—	5.02	410	27~35	无色有味	3700
四氟乙烷	-26.20	0.60	101.1	4.07	1.20	—	—	213	—	无色无味	48000
液氨	-33.40	0.88	132.3	11.30	0.61	0.60	16.90	1369	25~16	无色有味	2500

四、顶空分析技术

顶空分析（Head space，HS）方法原理十分简单，即将待测样品放入密闭的容器中，样品中的挥发性成分便从食品基质中释放出来，进入容器的顶空，其在顶空中含量的多少由其基本的理化性质决定，再将一定量的顶空气体注入气相色谱中进行分析。该技术可分为静态顶空取样（Static headspace sampling，SHS）和动态顶空取样（Dynamic headspace sampling，DHS）两种。其中，SHS 是将样品置于密闭样品瓶中，当样品基质和周围顶空物之间达到平衡后，直接取顶空物进行取样，该平衡受容器温度、样品尺寸、平衡时间等因素的影响；优势在于不用其他试剂，避免假象现象的产生；缺点为仅适于高度挥发性或高含量组分的检测，挥发性不同，香气成分存在容器顶空中的含量也不同，挥发性越低，含量越少。DHS 是利用惰性气体流（如氮气）从热的恒温样品表面进行吹扫，将顶空挥发性风味物质连续地排出。当混合气体通过一个捕集物（如 Tenax 柱）时，就会被吸收。这样经过一段时间，Tenax

柱上就会聚集一定量的香气化合物，然后将 Tenax 柱加热，使得香气化合物挥发出来，进入气相色谱仪或气-质联机进行成分分析。具有取样量少、富集效率高、受基体干扰小、容易实现在线检测等优点，但是此系统在提取低挥发性组分时效率较低。

五、 固相微萃取技术

固相微萃取技术（Solid-phase microextraction，SPME）是一项新型吸附技术，摒弃了样品处理时传统的复杂操作步骤，将萃取、浓缩、解吸、进样等功能集于一体，灵敏度高且操作简便，一经问世便受到了分析化学工作者的青睐。随着该技术的日臻成熟，在包括食品分析在内的诸多领域中取得了广泛的应用。但尽管如此，该方法在定量分析过程中，样品如处理不当，就会导致结果重复性差，甚至结果的可靠性也会受到质疑；并且该方法仅局限于易挥发组分的萃取。固相微萃取装置最初是纤维针式固相微萃取（Fiber SPME），该装置结构简单，价格低廉，目前应用较多。后来为适应 SPME 与高效液相色谱仪（HPLC）联用而提出管内固相微萃取（In-tube SPME），该装置比 Fiber SPME 具有更大的萃取面积和更薄的萃取相膜，脱附较容易，在与 HPLC 联用时可自动完成定量。但实际应用中，该装置对流动相的耐受能力要求较高，在一定程度上限制了该方法的应用。搅拌棒吸附萃取（Stirbar sorptive extraction，SBSE）技术与固相微萃取一样具有简单高效、重现性好、灵敏度高、绿色无溶剂等优点。萃取过程中，吸附搅拌棒自身完成搅拌，避免了在 Fiber SPME 中搅拌子的竞争吸附，而且其萃取固定相的体积是 SPME 的 50~250 倍，富集倍数明显升高。但目前国内对 SBSE 的应用研究报道较为少见，原因在于若用该方法得到理想的色谱分析结果，还必需昂贵的配套装置以及种类过分单一的搅拌子涂布的固定相。

第三节 风味物质的鉴定方法

气相色谱-嗅觉测定法（GC-Olfactometry，GC-O）是将 GC 的分离能力与人类鼻子的灵敏性结合起来，可对气味活性成分进行有效分析的方法。GC-O 检测技术主要应用在酒类、肉制品、饮料、水果、食品企业环境的气体检测。GC-O 技术描述了被称为气相色谱运动最大值下的气味特征表。GC-MS/O（气相色谱-质谱/嗅觉技术）是运用于芳香研究的特有技术。在嗅觉测量法中，鼻子就像气相色谱侦探器一样。

电子鼻又称气味扫描仪，是 20 世纪 90 年代发展起来的一种新颖的分析、识别和检测复杂嗅味和挥发性成分的人工嗅觉装置。电子鼻的气味感知部分往往采用多个具有不同选择性的气敏传感器组成阵列，利用其对多种气体的交叉敏感性，将不同的气味分子在其表面的作用转化为方便计算的与时间相关的可测物理信号组，实现混合气体分析。因此，得到的不是被测样品中某种或某几种成分的定性或定量的结果，而是样品中挥发性成分的整体信息，也称“指纹信息”，它不仅可以根据各种不同的气味测到不同的信号，而且可以将这些信号与经训练后建立的数据库中的信号加以比较，进行判断识别，因而具有类似鼻子的功能。从而在生产实践中得到了广泛的应用。如 Taurino 等人用电子鼻分析了意大利干制腊肠，电子鼻采用的是金属氧化物 SnO_2 传感器，用它分析腊肠的挥发性成分，能测定其各个不同的贮期，从而得知它的新鲜程度。此外电子鼻在酒类方面的应用更为广泛，如鉴别各种葡萄酒的产地及酒中的各种组分，分析酒的挥发性特征性质的变化，研究啤酒的芳香气味等。另外，还可采用电子鼻对食用油是否变质及鱼、肉、蔬菜、水果等的新鲜度进行检测，并能通过气味检测得到的数据信号与产品各成熟度指标建立关系，做到在线检测水果或蔬菜的成熟度。电子鼻技术响应时间短、检测速度快、测定评估范围广、重复性好。不仅可检测种类繁多的食品，还能检测一些毒气或刺激性气体，在许多领域尤其是食品行业发挥着越来越重要的作用。但由于食品种类多样，其芳香成分不同，需采用多种模式识别与比较，以提高检测精度。其次，检测环境和检测过程中温度、湿度变化也会影响传感器的响应特性，这就要求对电子鼻和电子舌的传感器周围温湿度严格控制，或者在检测中至少允许进行温湿度补偿。

一、 气相色谱-质谱联用法

风味物质萃取之后要通过鉴定才能更清楚地了解物质的成分、结构以及性质，色谱法是物质分离分析与结构鉴定的常用方法，其中风味物质的结构鉴定最常用的是气相色谱-质谱联用法。

气相色谱法（Gas chromatography，GC）是色谱法的一种。色谱法中有两个相，一相是流动相，另一相是固定相。如果用液体作流动相，称液相色谱；用气体作流动相，称气相色谱。气相色谱法由于所用的固定相不同，可以分为两种，用固体吸附剂作固定相的称为气固色谱，用涂有固定液的担体作固定相的称为气液色谱。按色谱分离原理来分，气相色谱法也可分为吸附色谱和分配色谱两类，在气固色谱中，固定相为吸附剂，气固色谱属于吸附色谱，气液色谱属于分配色谱。

质谱法（Mass spectrometry，MS）是用电场和磁场将运动的离子（带电荷的原子、分子或分子碎片）按它们的质荷比分离后进行检测的方法，通过测出离子的准确质量，就可以确定离子的化合物组成。它的原理是使试样中各组分电离生成不同质荷比的离子，经加速电场的作用，形成离子束，进入质量分析器，利用电场和磁场使发生相反的速度色散——离子束中速度较慢的离子通过电场后偏转大，速度快的偏转小；在磁场中离子发生角速度矢量相反的偏转，即速度慢的离子依然偏转大，速度快的偏转小；当两个场的偏转作用彼此补偿时，它们的轨道便相交于一点。与此同时，在磁场中还能发生质量的分离，这样就使具有同一质荷比而速度不同的离子聚焦在同一点上，不同质荷比的离子聚焦在不同的点上，将它们分别聚焦而得到质谱图，从而确定其质量。

二、 固相微萃取-气相色谱-质谱联用法

固相微萃取（Solid-phase microextraction，SPME）是近年来国际上兴起的一项试样分析前处理新技术。固相萃取是目前最好的试样前处理方法之一，具有简单、费用少、易于自动化等一系列优点。而固相微萃取是在固相萃取基础上发展起来的，保留了其所有的优点，摒弃了其需要柱填充物和使用溶剂进行解吸的弊病，它只要一支类似进样器的固相微萃取装置即可完成全部前处理和进样工作。该装置针头内有一伸缩杆，上连有一根熔融石英纤维，其表面涂有色谱固定相，一般情况下熔融石英纤维隐藏于针头内，需要时可推动进样器推杆使石英纤维从针头内伸出。分析操作时先将试样放入带隔膜塞的固相微萃取专用容器中，如需

要同时加入无机盐、衍生剂或对 pH 进行调节，还可加热或磁力转子搅拌。固相微萃取分为两步：第一步是萃取，将针头插入试样容器中，推出石英纤维对试样中的分析组分进行萃取；第二步是在进样过程中将针头插入色谱进样器，推出石英纤维中完成解吸、色谱分析等步骤。固相微萃取的萃取方式有两种：一种是石英纤维直接插入试样中进行萃取，适用于气体与液体中的分析组分；另一种是顶空萃取，适用于所有基质的试样中挥发性、半挥发性分析组分。

由于以上优点，SPME 迅速在药品和生物样品分析、环境监测与分析、食品检测等方面有了一席之地，随着各种联用技术和新型涂层材料的发展和成熟，SPME 已不再局限于以上所说的几个方面，在医药、生物制药（如脂肪酸的分离测定，生物聚合物如蛋白质的吸附萃取）有了更大的发展，SPME 已经成为分析方法中重要的一个领域。此外，将 SPME 与 GC 和 MS 技术联合进行风味分析已非常普遍。

第四节　风味物质的回收

以果汁的风味物质回收为例，果香物质是构成果汁等风味的主体，但由于风味物质的热敏性和易挥发性，风味物质的逸散成为果汁加工过程中的一大难题，对果汁加工的品质造成严重影响。经研究，如杨桃、山楂、柠檬、杏子汁、葡萄汁、橙汁、荔枝汁、菠萝汁等水果的风味物质以游离态和键合态两种形式存在。键合态风味物质本身并没有呈香功能，但会在 β-葡萄糖苷酶的作用下裂解糖苷键释放出糖基（Glycone）和配基（Aglycone），产生游离态风味物质，起到自然增香的作用。风味物质回收的天然香料分为水溶性香料和油溶性香料。各类水果所含风味物质成分达 100 多种甚至几百种。苹果含有以酯类为主的 100 余种芳香成分。苹果的挥发成分中，含有沸点较低的醇、酯、羟基化合物类，易于从果汁中蒸发分离。经气相色谱分析，葡萄的风味物质主要成分为醇、酯、酮、醛类，这些易挥发的成分，可以通过蒸发冷凝的方式回收。其他水果如梨、桃、山楂等都含有醇、酯、酮、醛类易挥发的物质，当果汁加热到一定温度，低沸点风味物质与部分水一起被蒸发，与果汁分离，然后将水与风味物质冷凝成为水-风味物质的混合体，再进一步蒸发-冷凝，将香料进一步浓缩，即可得到一定浓缩倍数的香料。

有学者进行了葡萄汁主要芳香物回收工艺的研究，采用如图 11-12 所示的瑞士 Unipekth 公司生产的芳香物回收设备，研究在这一装置上从浓缩葡萄汁生产中回收芳香成分的最佳蒸发比、真空度和回流比，为葡萄浓缩汁的生产提供技术依据。减压蒸馏法回收玫瑰香葡萄汁芳香成分时，系统压力为 0.019MPa、温度是 60℃、蒸发比为 50%、回流比为 7∶1 时芳香回收物浓度最高，是该装置回收玫瑰香葡萄汁芳香物的适宜条件。从 60℃、50%蒸发比、7∶1 的回流比时 5 种组分在脱香果汁、精馏塔水、浓缩芳香物中的分布比例可看出，里那醇、组分 a（未知组分）大部分得到回收，但沸点较高的 α-萜品醇在脱香果汁中残留较高，大部分未能得到蒸发分离。精馏塔水中各组分残留较低，说明该装置从葡萄汁中回收芳香成分时冷凝系统可达到要求，若单效蒸发改成多效蒸发，提高蒸发效率，葡萄汁中芳香物就能够得到更充分的回收。

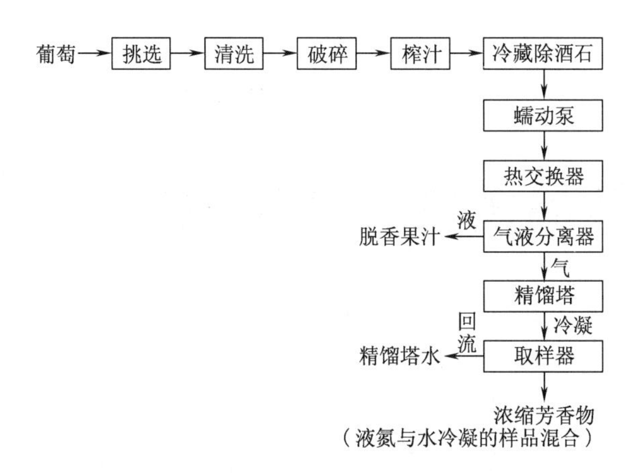

图 11-12　葡萄汁中芳香物回收的工艺流程

采用相同的芳香物回收设备，有学者利用 NoVoferm12 酶制剂研究了浓缩葡萄汁芳香物回收工艺中酶解增香调控的应用前景。气相色谱分析结果表明：酶解处理葡萄汁芳香物回收液中葡萄典型芳香物质总的含量比未酶解处理葡萄汁芳香物回收液增长了 3021.4μg/L，葡萄典型芳香物质总含量的浓缩倍数增长了 116.5%；酶解处理对葡萄汁芳香物质回收工艺具有明显的增香调控作用。

CHAPTER 12

第十二章 食品风味的质量控制

第一节 概述

食品的风味是一种食品区别于另一种食品的质量特征，食品风味的质量控制是食品生产过程中的关键环节。一种具有良好风味的食品应该是能够为消费者提供高品质享受的产品，其以维持或增强原有品质或风味为主要加工目的，同时必须确保产品及其配料达到现行国家食品质量安全标准要求，并通过食品质量体系认证。目前产品质量监控机构通过购入原料与配料检测、加工过程质量控制、产品营养学与毒理学评价及感官评价等手段或方法，实施食品风味的质量评估与控制。食品风味化学中所使用的方法一般为国际官方分析化学家协会（Association of Official Analytical Chemists，AOAC）、美国香料贸易协会（American Spice Trade Association，ASTA）、美国石油化学家协会（American Oil Chemists Association，AOCS）或者其他一些制定标准方法的组织制定的。本章将详细介绍食品风味产品中质量控制的各个方面，包括理化指标检测、微生物指标的测定、毒理学评估检测、感官评价和掺假检验等。

第二节 食品风味质量的分析检测

一、理化指标检测

在理化检测部分，我们将分别对不同风味原料和产品进行概述。

（一）天然植物原料

所选样本应该为初始原材料（选样应具有代表性），首先通过整体外观进行判断。一般情况下，样本应该在分析前进行适度的粉碎，再采用四分法对样品进行均一化取样后，采用表 12-1 所做的处理。

表 12-1　天然原料推荐的理化检测指标

测定种类	理化检测指标
常规指标测定	灰分：包括总灰分，酸不溶性和水溶性灰分 粗纤维：重量法 水分：干燥法（烘箱干燥、红外线干燥、卡尔费休法等） 挥发油含量：蒸馏法
限定指标测定	还原性铜、淀粉含量和淀粉粒的镜检、粒度分布、显微镜观察（包括观察是否混入的昆虫、变质部分和其他异物）
特定指标测定（不同国家针对不同风味物质测定指标）	辣椒：辣椒素含量和色素含量 香草豆：香兰素含量 红辣椒：颜色指数和辣椒油的碘值 胡椒（包括黑色和白色）：胡椒含量（凯氏定氮法）和胡椒淀粉含量

（二）精油

精油一般状态下为液体状态，也可能形成结晶或发生冷却而凝固。精油样品在进行测定前，应该对其进行温和加热，直至完全成为液体，对其外观进行评估（如颜色、纯净度等），其次对其在水或稀释糖浆中的气味和风味进行评价。表 12-2 列出了精油理化检测指标。

表 12-2　精油理化检测指标

测定种类	理化检测指标
常规指标测定	相对密度（25℃）、折射率（20℃）、旋光度（20℃） 特定稀释度酒精中的溶解度
限定指标测定	沸程、融点、冷凝点、闪点
仪器测定	气相色谱：检测掺假，确定成分的变化，生产质量控制 红外光谱、紫外分光光度测定、质谱
具体成分的测定	缩醛、酸价、醇类、醛和酮、含氯化合物、酯类、重金属和酚类等

（三）合成的化学物质

合成物质一般为液态或结晶态，对这类物质的测定可以判定其最终的用途。常规的理化检测对于控制产品的纯度非常重要，但是当这些合成的物质作为调味料或香料中组分时，其香味和风味评价更为重要。表 12-3 列出了合成物质的理化检测指标。

表 12-3　合成物质的理化检测指标

测定种类	理化检测指标
液态测定	相对密度（25℃）、折射率（20℃）、光密度（20℃） 沸点（特定压力）、凝点、闪点、可溶性（指定溶剂）
固态测定	融点、冷凝点、可溶性（指定溶剂）

（四）成品香料

成品香料一般有液态、乳液态和粉末态3种。样品首先应对其外观品质进行评估，包括颜色、透明度和浑浊度等，然后选用适当的介质稀释后，进行风味和气味的评定。表12-4列出了成品香料理化检测指标。

表12-4　成品香料理化检测指标

测定种类	理化检测指标
液态测定	相对密度（25℃）、酒精或其他特定溶剂含量、折射率（20℃）、闪点
乳液态测定	相对密度（25℃）、挥发油含量、粒度分布
粉末态测定	粒度分布、挥发油含量、水分含量

二、微生物指标检测

一般来说，天然提取的风味物质和类天然的风味料会抑制微生物的生长，这类物质通常含酒精和大量的精油类化合物，或者含有其他抗菌的化学物质，因此在质量控制方面很少涉及有关微生物的检测分析。但是针对喷雾干燥产品、乳剂、水果以及其他的一些天然香料的生产过程中则需要对微生物进行检测。这是因为微生物会导致食品风味发生改变甚至引起这类食品发生变质。喷雾干燥或一些相似的干燥方法并不能杀灭所有的微生物，当其再水化以后微生物可能又会重新生长；由孢子形成的细菌的休眠形式在酒精中也可能存活，当最终风味料产品使用量较小时，酒精含量不断地降低，使得微生物生长的条件被满足，孢子就会萌发。另一方面在软饮料工业中，所使用的基料一般为水果浓缩汁，含有天然风味成分，在某种程度上仅有霉菌、酵母菌、乳酸菌和醋酸菌可以生长，而对腐败微生物则会抑制其生长。如果仅保存饮料基料，微生物的生长会大大减缓甚至被杀死，然而在饮料终产品的生产过程中，由于基料的浓度下降微生物的生长重新活跃，最终导致饮料的变质。最后根据生产过程的不同，香料也可能受到微生物不同程度的污染，污染程度依赖于其保存的方法和选用的原料。因此风味料原料及产品的微生物检验尤为重要，通过控制微生物的生长可以避免风味食品出现质量问题。

微生物的种类众多，并非所有的微生物都需要检测。食品微生物检验主要包括菌落总数、大肠菌群以及沙门氏菌、志贺菌、金黄色葡萄球菌等病原微生物，此外还有酵母菌和霉菌，风味料中微生物检测与食品中大致相同，但不同的风味料其检测的内容会依赖于产品的组成、生产过程、使用习惯等方式方法的差异而不同，表12-5即为不同风味料和一些终产品推荐的微生物检验内容。

表12-5　不同风味料及产品微生物检测

风味料	菌落总数	大肠杆菌	酵母/霉菌	醋酸/乳酸菌	沙门氏菌	金黄色葡萄球菌	肠球菌
饮料基料和浓缩物①	（+）	−	+	+	−	−	−
基于天然产品风味料②	+	（+）	+	+	（+）	（+）	（+）
天然风味料（酒精≤5%）	+	+	+	+	−	−	−

续表

风味料	菌落总数	大肠杆菌	酵母/霉菌	醋酸/乳酸菌	沙门氏菌	金黄色葡萄球菌	肠球菌
纯植物粉末风味料③	+	+	(+)	(+)	-	-	-
含动物原料的粉状风味料④	+	+	(+)	(+)	+	(+)	(+)
香料	+	+	+	-	+	-	-
通过生物技术生产的风味料④	+	+	(+)	(+)	(+)	(+)	(+)

注：+需要检测、(+) 可能需要检测、-不需要检测。

①pH>4 的产品，菌落总数为需要检测的微生物指标。

②pH≥5 时需要检测大肠杆菌，在中性体系和基于动物原料的产品（蛋、乳制品）中需要检测沙门氏菌、金黄色葡萄球菌和肠球菌。

③若含水果成分只需检测酵母、霉菌、乳酸菌和醋酸菌。

④依赖于产品的生产和使用过程。

对于菌落总数和大肠杆菌等微生物检验的测定方法在此不再一一介绍。总之，微生物是食品检验的重要指标之一，食品风味的变化也与微生物有着至关重要的联系，食品风味质量控制离不开微生物检验。

另外，近年来微生物检测的仪器化、自动化也有了较快的发展，目前已经采用微生物自动鉴定系统（Auto Microbic System，AMS）对食品中的微生物进行了检测，该仪器是利用计算机监控微生物生长过程浓度或颜色变化来实现对微生物的检出、鉴别，并自动报告结果，基本上覆盖了临床和食品微生物常见种类。马勇等以常规法和仪器法对比了已知标准菌株和自然样品分离菌株的鉴定结果，对 14 株已知标准菌株和 36 株由自然样品分离的菌株以 AMS 进行了鉴定，已知标准菌株鉴定与其来源完全相符。AMS 对自然样品分离菌株的鉴定与常规法的结果一致，AMS 对革兰氏阴性杆菌鉴定率为 96%，对革兰氏阳性球菌鉴定率为 92%，说明 AMS 的鉴定结果是准确的，从鉴定时间来看，AMS 仅需 4～18h，绝大多数在 14h 内可报告结果（94.4%）。而对常规法而言，大肠杆菌的鉴定需 96h，金黄色葡萄球菌需 24h，沙门氏菌至少需 24h，说明 AMS 可以快速地对细菌进行鉴定。

三、 毒理学评估检测

对风味食品的毒理学评价是确保人群食用安全的前提，应严格按照 GB 15193. 1—2014《食品安全国家标准　食品安全性毒理学评价程序》进行，主要评价风味食品生产、加工、保藏、运输和销售过程中使用的化学和生物物质以及在这些过程中产生和污染的有害物质、食物新资源及其成分和新资源食品。对于风味食品必须进行《食品安全性毒理学评价程序和方法》中规定的第一、二阶段的毒理学试验，并依据评判结果决定是否进行第三、四阶段的毒理学试验。若风味食品的原料选自普通食品原料或已批准的药食两用原料则不再进行试验。

（一）食品安全性毒理学评价试验的四个阶段与试验原则

1. 试验的四个阶段

第一阶段：急性毒性试验，包括经口急性毒性（LD_{50}）和联合急性毒性。了解受试动物的毒性强度、性质和可能的靶器官，为进一步进行毒性试验的剂量和毒性判断指标的选择提供依据。

第二阶段：遗传毒性试验、传统致畸试验、短期喂养试验。遗传毒性试验的组合必须考虑原核细胞和真核细胞、生殖细胞与体细胞、体内和体外试验相结合的原则。具体试验项目如下。

（1）细菌致突变试验　鼠伤寒沙门氏菌、哺乳动物微粒体酶试验为首选项目，必要时可选其他试验。

（2）小鼠骨髓微核率　测定或进行骨髓细胞染色体畸变分析。

（3）小鼠精子畸形分析和睾丸染色体畸变分析。

（4）其他备选遗传毒性试验　V97/HGPTR 基因突变试验、显性致死试验、果蝇伴性隐性致死试验、程序外 DNA 修复合成试验。

（5）传统致畸试验。

（6）短期喂养试验　30d 喂养试验，进一步了解其毒性作用，并可初步估计最大无作用剂量。如受试动物需进行第三、四阶段毒性试验者，可不进行本实验。

第三阶段：亚慢性毒性试验（90d 喂养试验）、繁殖试验和代谢试验。观察受试动物以不同剂量经长期喂养后对动物的毒性作用性质和靶器官，并初步确定最大无作用剂量，了解受试物对动物繁殖及对子代的致畸作用，为慢性毒性和致癌试验的剂量选择提供依据。通过代谢试验可了解受试物在体内的吸收、分布和排泄速度以及蓄积性，寻找可能的靶器官，为选择慢性毒性试验的合适动物种系提供依据，了解有无毒性代谢产物的形成。

第四阶段：慢性毒性实验（包括致癌试验）。了解经长期接触受试物后出现的毒性作用，尤其是进行性或不可逆的毒性作用，以及致癌作用。最后确定最大无作用剂量，为判断受试物能否应用于食品的最终评价提供依据。

2. 试验原则

风味食品的毒理学评价可参照下列原则进行：

（1）凡属我国创新的物质一般要求进行四个阶段的试验。特别是对其中风味成分提示有慢性毒性、遗传毒性或致癌性可能者或产量大、使用范围广、摄入机会多者，必须进行全部 4 个阶段的毒性试验。

（2）凡属与已知物质（指经过安全性评价并允许使用者）的化学结构基本相同的衍生物或类似物，则根据第一、二、三阶段毒性试验结果判断是否需进行第四阶段的毒性试验。

（3）凡属已知的化学物质，世界卫生组织已公布每人每日容许摄入量（ADI），同时又有资料证明我国产品的质量规格与国外产品一致，则可先进行第一、二阶段毒性试验，若试验结果与国外产品的结果一致，一般不要求进行进一步的毒性试验，否则应进行第三阶段毒性试验。

（4）食品新资源及其食品原则上应进行第一、二、三个阶段的毒性试验，以及必要的人群流行病学调查。必要时应进行第四阶段试验。若根据有关文献资料及成分分析，未发现有或虽有但量甚少，不致构成对健康有害的物质，以及较大数量人群有长期食用历史而未发现有害作用的天然动植物（包括作为调料的天然动植物的粗提制品）可以先进行第一、二阶段毒性试验，经初步评价后，决定是否需要进行进一步的毒性试验。

（5）凡属毒理学资料比较完整，世界卫生组织已公布日许量或无须规定日许量者，要求进行急性毒性试验和一项致突变试验，首选 Ames 试验或小鼠骨髓微核试验。

(6) 凡属有一个国际组织或国家批准使用，但世界卫生组织未公布日许量，或资料不完整者，在进行第一、二阶段毒性试验后做初步评价，以决定是否需进行进一步的毒性试验。

(7) 对于由天然植物制取的单一组分、高纯度的添加剂，凡属新产品需先进行第一、二、三阶段毒性试验，凡属国外已批准使用的，则进行第一、二阶段毒性试验。

(8) 凡属尚无资料可查、国际组织未允许使用的，先进行第一、二阶段毒性试验，经初步评价后，决定是否需进行进一步试验。

(二) 食品毒理学试验结果的判定

1. 急性毒性试验

如 LD_{50}剂量小于人的可能摄入量的 10 倍，则放弃该受试物用于食品，不再继续其他毒理学试验。如大于 10 倍者，可进入下一阶段毒理学试验。凡 LD_{50}在人的可能摄入量的 10 倍左右时，应进行重复试验或用另一种方法进行验证。

2. 遗传毒性试验

根据受试物的化学结构、理化性质以及对遗传物质作用终点的不同，并兼顾体外和体内试验以及体细胞和生殖细胞的原则，在鼠伤寒沙门氏菌/哺乳动物微粒体酶试验（Ames 试验）、小鼠骨髓微核率测定、骨髓细胞染色体畸变分析、小鼠精子畸形分析和睾丸染色体畸变分析试验中选择四项试验，根据以下原则对结果进行判断。如其中三项试验为阳性，则表示该受试物很可能具有遗传毒性作用和致癌作用，一般应放弃该受试物应用于食品，无须进行其他项目的毒理学试验。如其中两项试验为阳性，而且短期喂养试验显示该受试物具有显著的毒性作用，一般应放弃该受试物用于食品；如短期喂养试验显示有可疑的毒性作用，则经初步评价后，根据受试物的重要性和可能摄入量等，综合权衡利弊再作出决定。如其中一项试验为阳性，则再选择 V79/HGPRT 基因突变试验、显性致死试验果蝇伴性隐性致死试验、程序外 DNA 修复合成（UDS）试验中的两项遗传毒性试验。如再选的两项试验均为阳性，则无论短期喂养试验和传统致畸试验是否显示有毒性与致畸作用，均应放弃该受试物用于食品；如有一项为阳性，而在短期喂养试验和传统致畸试验中未见有明显毒性与致畸作用，则可进入第三阶段毒性试验。如四项试验均为阴性，则可进入第三阶段毒性试验。

3. 短期喂养试验

在只要求进行两阶段毒性试验时，若短期喂养试验未发现有明显毒性作用，综合其他各项试验即可做出初步评价；若试验中发现有明显毒性作用，尤其是有剂量-反应关系时，则考虑进一步的毒性试验。

4. 90d 喂养试验、繁殖试验、传统致畸试验

根据三项试验中所采用的最敏感指标所得的最大无作用剂量进行评价，最大无作用剂量小于或等于人的可能摄入量的 100 倍者表示毒性较强，应放弃该受试物用于食品。最大无作用剂量大于 100 倍而小于 300 倍者，应进行毒性试验。大于或等于 300 倍者则不必进行慢性毒性试验，可进行安全性评价。

5. 慢性毒性（包括致癌）试验

根据慢性毒性试验所得的最大无作用剂量进行评价，最大无作用剂量小于或等于人的可能摄入量的 50 倍者，表示毒性较强，应放弃该受试物用于食品。最大无作用剂量大于 50 倍而小于 100 倍者，经安全性评价后，决定该受试物可否用于食品。最大无作用剂量大于或等

于100倍者，则可考虑允许使用于食品。

新资源食品、复合配方的饮料等在试验中，若试样的最大加入量（一般不超过饲料的5%）或液体试样最大可能的浓缩物加入量仍不能达到最大无作用剂量为人的可能摄入量的规定倍数时，则可以综合其他的毒性试验结果和实际食用或饮用量进行安全性评价。

四、感官检测

感官评定是对食品及其原料进行可接受性以及风味评判检验的重要指标。食品质量的优劣最直接地表现在它的感官性状上，通过感官指标来鉴定食品的优劣和真伪，不仅简单易行，而且灵敏度高，直观准确，可以克服化学分析和仪器分析方法的许多不足。所有原料和风味产品在进入市场进行消费之前必须进行感官检测。作为质量控制的一种方法，感官检测在不同的产品评定过程中可能会稍有不同，但是基本的原理是相同的。一旦结合感官评定与质量控制（QC）工作以提高生产水平，在感官评定项目中就会出现新的问题。在生产过程中，进行感官评定的生产环境会有许多变化，需要一个灵活而全面的系统，一个也可以用于进行原料检验、成品、包装材料和货架期检验的系统。总的来说，在产品的生产过程中感官检测是质量检测部门检验原料及其产品不可或缺的方法之一。

（一）原料的检验

在质量评定实验室中，将采集的样品（要求能够真实准确的反应原料）分成数份，其中一个样品用来感官检测，其余样品用于其他的分析测试。新产品应根据其外观、质地和风味对其进行分类后再进行评价，此方法只适用于小批量样品的感官分析。一般来说，在感官评定过程中，给定的样品需要进行适当的稀释后（通常为10^{-6}级，有些原料风味阈值较低需要稀释至10^{-9}级甚至更低）再进行评定。如果评定者认为新样品与保留样品存在一定的差别，就会由第三人来进行评定；如果两人都认为两个样品在某些方面存在差别，则会选取另一样品再次进行评定（样品的选择要求能够代表大多数新样品）。同时额外保留的样品也可能用来做比较，由此可看出样品保留的重要性。保留样品通常是将采集的原始样品封存保留一段时间（通常是1个月），以备有争议时再做验证。有时样品可能需要放置很长一段时间，对于此类样品，可将其装满置于有色瓶中，并放置在适宜温度（通常在20~25℃）的阴暗处。另一个重要的因素是邀请经验丰富的评定者对样品进行评定，他会对保留样品在一定的时间内发生的变化做出正确的评估。例如，柑橘油在储存一段时间后有可能会颜色变浅，黏度升高，呈现出萜烯物特征，属于正常现象。在这种情况下，感官评定师会根据经验对其进行评估，如果样品没有出现老化及异常现象，都不会认为产品出现问题。

（二）成品香精

成品风味料的感官分析的方法与原料评定的方法相似。一般来说，新样品和保留样本应该对其外观、质地和风味进行平行比较。企业通常会选择去评定那些能够加强风味的某种物质，但有些企业却会选择评定溶液中所有的风味物质。这就是说生产风味料的企业在对产品风味品评的过程中需要采用水、糖水以及加酸（柠檬酸）的水作为评价介质。通过水溶液可以对以下风味物质进行评定，如肉类、洋葱、大蒜、黄油、咖啡以及大部分香味化合物；通过糖水溶液可以品评诸如薄荷、胡椒薄荷、香兰素以及香蕉风味；加酸溶液可以用来评定水果风味。风味评估的水平取决于给定的风味强度，通常在0.1%~1%。

成品香料在贮藏期可能会有所变化，这种变化有可能与原材料发生相同的反应，也可能会与原材料中未发现的其他物质发生反应或与溶剂发生反应。例如，香料经常会与两种常见的风味料溶剂（乙醇及丙二醇）快速地发生乙醇反应和酸反应，生成乙缩醛和酯类等物质，改变了原有产品的风味，针对此种情况，不能直接对样品进行否定，在产品放置一定的时间后由有经验的风味评定师再次进行感官评定，以确保产品的质量。但是，如果产品放置一段时间后表现出某些颜色或风味改变的征兆，就可能是产品质量出现问题，应引起注意。

有些物质用于风味料中主要是为了提供颜色，如焦糖色素和一些天然物质的提取物。对这方面的质量控制可以通过感官和仪器来进行检验。感官评定是选用一个 50mL 的巢状管，加入 50mL 水及 0.1mL 焦糖色素，通过与保留样本颜色、亮度及透明度的比较，达到样本色泽检验的目的。天然提取物中，花青素的颜色与 pH 密切相关，对于此类物质，必须加入少量的柠檬酸来获得花青素的特征红色及紫色，检验方法与焦糖色素相同。

五、 掺假检测

食品掺假是指向食品中非法掺入外观、物理性状或形态相似的非同种类物质的行为，掺入的假物质基本在外观上难以鉴别。掺假物质可能是有意被加入以减少生产成本或因一些欺骗或恶意目的。掺假成分也可能是偶然或无意引入的物质。一般来说，如果一种产品中被添加一个具有贬值影响或损害它的物质，或者全部或部分被便宜或劣等物质取代，或者该产品任何有价值的全部或部分必要的组成已被抽掉，或者其外观用彩色或以其他方式处理得以改善，产品中包含任何对健康有害的附加物质，以上情况均可认为是掺假食品。对于风味食品来说，由于其特有的风味品质，为消费者所熟悉和喜爱，不法商贩通过不同的方式加强或者增添食品的风味谋取暴利，这就需要专门的部门进行监管。产品的质量一般由质检部门进行监控，其职责包括监控产品的风味质量，支持科研机构研究掺假分析的研究方法，监测可能引入成分的质量问题并同时进行掺假检测。质监部门拥有很多风味产品生产的相关数据，一旦终产品出现质量问题，很容易就能够根据这些数据找出具体原因所在。

掺假问题目前已经成为食品安全亟待解决的问题。目前市场上一些天然风味成分的售价很高，基本达到每千克上千元甚至上万元，高昂的价格促使企业通过掺入低价值的成分来降低成本，这种现象目前在企业中已经司空见惯了。目前检测原料的掺假问题的首选方法是进行仪器分析，对原料掺假的监控有时很复杂，有时又相对来说很容易。其复杂性是因为需要了解原料的成分并且确保每种成分的含量为所需水平，对原料的掺假监控说明如下：

掺假检测是一项极其富有挑战的工作，这是由于掺假通常是通过在原料中添加相同的化学成分完成的，这种成分来源于一些低价值的原料，如通过化学合成物质来代替天然物质，用低值的精油来代替高值精油。因此，对原料和产品，不能仅把它们看作一个独立的物质，而是应对其试着加以区分（包括纯度和质量水平）。

（一）风味食品掺假的常见方式

（1）掺兑　主要是在食品中掺入一定数量的外观类似的物质取代原食品成分的做法，一般大都是指液体（流体）食品的掺兑。例如，香油掺米汤、食醋掺游离矿酸、啤酒和白酒兑水、牛乳兑水等。

（2）混入　在固体食品中掺入一定数量外观类似的非同种物质，或虽种类相同但掺入食品质量低劣的物质称作混入。例如，面粉中混入石粉、藕粉中混入薯粉、味精中混入食盐、糯米粉中混入大米粉等。

（3）抽取　从食品中提取出部分营养成分后仍冒充成分完整，在市场进行销售的做法称为抽取。例如，小麦粉提取出面筋后，其余物质还充当小麦粉销售或掺入正常小麦粉中出售；从牛乳中提取出脂肪后，剩余部分制成乳粉，仍以全脂乳粉在市场出售。

（4）假冒　采取好的、漂亮的精制包装或夸大的标签说明与内装食品的种类、品质、营养成分名不副实的做法称作假冒。例如，假乳粉、假藕粉、假香油、假麦乳精、假糯米粉等。

（5）粉饰　以色素（或颜料）、香料及其他严禁使用的添加剂对质量低劣的或所含营养成分低的食品进行调味、调色处理后，充当正常食品出售，以此来掩盖低劣的产品质量的做法称为粉饰。例如，糕点中添加非食用色素、糖精等；将过期霉变的糕点下脚料粉碎后制作饼馅；将酸败的挂面断头、下脚料浸泡、粉碎后，与原料混合，再次制作成挂面出售等。

（二）风味食品掺假检验技术

在讨论新的同位素方法检测风味食品掺假问题时，Martin 等对风味产品掺假检测的方法进行了总结，如表 12-6 所示。

表 12-6　风味食品掺假检测仪器分析方法

项目	获得的信息	目标	局限性
气相色谱分析（Gas Chromatography）	色谱图中色谱峰的定量分析	监测原料的稳定性	不能区分天然香料和合成香料
气相色谱质谱联用分析（GC-MS）	色谱图中各种物质的鉴定及定量	更易监测产品的稳定性，可以检测出不符合要求的产品，区分天然和合成物质	尽管可以对不同组分进行鉴定，但是对于天然物质和本质上为天然物质（NI）无法区分
多维气质联用分析（Multidimensional GC-MS）	光学活性分子的对映体的分布	可以检测手性 NI 物质的添加；手性分析的鉴定	仅能对风味物质中具有光学活性成分进行分析；不能对生物合成风味进行归类分析
^{14}C 年代测定法（^{14}C Dating）	确定风味化合物中的放射性物质目前的水平	通过测量样品中的 ^{14}C 衰变的程度来计算出样品的年代	仅适用于数量较多或纯度较高的样品
气相色谱/同位素比值质谱分析（GC-IRMS）	色谱峰中主峰的 $^{13}C/^{12}C$ 同位素比值	核实分离出化合物的特性（NI 或天然）	运用同位素的比值具有一定的局限性，不能对所有天然物质和合成物质进行区分
特异性天然同位素分馏核磁共振技术（SNIF-NMR）	产品中提取出风味分子不同位点的 $^{13}C/^{12}C$（D/H）同位素比值	核实化合物的特性（NI 或天然）	通常需要提取出纯物质样品大于 100mg

下面就风味食品的掺假特点、方式和检测的方法加以描述。

1. 气相色谱/气质联用

气相色谱分析对于风味食品的掺假鉴定存在一定的局限性，仅能用于对原料稳定性进行监测，而对于鉴定各种有用的成分无法进行分析。对于一个样品来说，如果我们知道其中所含有的成分，并了解每种成分的具体含量，那么对于掺假的监测就变得较为容易了。通过对样品进行 GC-MS 分析，我们可以完成以上的要求。

GC-MS 分析方法最简单最可靠的应用是可以在一种风味物质中搜寻非天然的化合物。例如，乙基香兰素、己酸烯丙酯及乙基麦芽酚在天然风味物质中并不存在，那么如果在风味食品中出现了这些物质（如香草味中检出乙基香兰素，在菠萝味中检出己酸烯丙酯，在含甜味食品中检出乙基麦芽酚），则表明该风味料中采用合成的化合物替代天然物质，进行了掺假。同样的，通过对人工合成香精相关的溶剂的鉴定（如柠檬酸三乙酯、三醋精、丙二醇）可以追溯风味香精的起源或合成的途径。然而目前采用这些溶剂（通常是人工合成香精）进行的掺假已经非常普遍，这些溶剂的掺入使得风味食品的掺假变得更为复杂，因此对于风味食品的掺假鉴定工作也变得更为困难。

传统上的用低值精油来替代高值精油的掺假方式可以采用油脂的 GC-MS 图谱库进行检测，建立高值精油的指纹图谱，找出高值精油中的独有组分。例如芹菜油中的β-芹子烯，纯正的芹菜油中含有 7%~7.5%的β-芹子烯，一旦其低于 7%，就有可能掺入了其他物质。另外，还有在薄荷油中通过加入日本薄荷油来降低成本的，薄荷油中含有 1%的水合桧烯，而日本薄荷油不含有这种物质。因此，如果在薄荷油中发现水合桧烯的含量较低，就有可能被掺入了日本薄荷油。但是，这些标记在商业上更适用于纠正 GC 信息，所以这些鉴定的方法就失去了价值。同样的，目前在精油中通常掺入一些纯物质（如在橙花油中掺入合成芳樟醇，在桂油中掺入肉桂醛等），因此，在对掺假精油进行分析时，可能只会发现某种物质的含量较高，而对精油中的天然变化或者处理方法所导致的含量差异很难解释。

此外，不同的植物油其脂肪酸组成与含量不同。芝麻油掺伪后必然改变脂肪酸的组成与含量，用气相色谱法分析脂肪酸的构成比，可判断芝麻油是否掺伪并鉴别掺伪品种，同时计算掺伪量。我国林丽敏用标准加入法在芝麻油中添加其他植物油脂，再用 GC-MS 检测脂肪酸组成及含量的变化，结果显示芝麻油脂肪酸含量的变化与掺伪油脂加入量呈线性关系。通过对大量样品的检测，能够较为准确地测定芝麻油中掺入的大豆油、玉米油、葵花籽油等。

另外，还可以通过寻找与某种化学物质合成相关的痕量物质来确定是否掺假。在检测样品是否掺假时，期望找出非常独有的一系列物质，这些物质与有机合成途径有关，而不参与典型的天然物质的酶解过程。这里通过桂油中合成肉桂醛的检测予以说明。人工合成的肉桂醛中包含痕量的苯基戊二烯醛（400~500mg/kg），因此在疑似精油样本中检测出苯基戊二烯醛就表明该精油样品中被添加了人工合成的肉桂醛。

2. 手性化合物分析

对映选择性的 GC-MS 或者 MDGC-MS（多维气质联用）可以检测风味物质中手性成分，这种方法可以应用于掺假的检测。一般来说，通过酶解生成的天然芳香物质具有很强的手性。通过有机合成生成的化合物（至少是那些涉及手性中心的物质）会产生一种消旋混合物。我们可以通过这种方式，区分风味物质中某些成分的天然状态。这一过程会涉及采用对映体（手性）色谱柱的一个简单的色谱操作，如果样品较为复杂，就需要进行手性拆分后再进行色谱分析。应该注意的是，当样品在非酶反应（如光氧化或者自动氧化）或者在处理和贮藏期间会发生外消旋作用，因此，在加工过程中的风味产品的手性可能与起始原料的手性不同。

手性分析方法在许多风味物质分析中都有应用。例如，如果怀疑在橙花油或者佛手柑油中掺入了合成芳樟醇，那么可以通过对精油中的芳樟醇进行分离，然后通过手性气相色谱进行分析，佛手柑油中的天然芳樟醇具有一定的手性分布，而合成的则为外消旋的混合物。

3. 高效液相色谱法（HPLC）

在香精香料企业很少应用高效液相色谱法进行检测，典型的风味物质主要聚焦于挥发性物质，一般来说，气相色谱是首选的分析工具。但是，在研究中发现，在风味产品中也存在着一些非挥发性物质，如辣椒素、着色剂、鲜味增强剂（谷氨酸单钠或者5′-核苷酸）、盐类或者其他的一些风味附属物，这些可通过高效液相色谱来进行分析。另外，对于一些低挥发性、热不稳定性的风味化学物质，也可以通过高效液相色谱分析。

一些风味成分的掺假检验也可以应用高效液相色谱。McHale 和 Sheridan 采用高效液相色谱法对柠檬油中的掺假进行了检测。掺假实验采用低品质的蒸气分离精油掺入到柠檬油中，为了能让掺假精油通过紫外检测标准，在其中添加了各种紫外吸收物质，包括薄荷水杨酸、苯甲酸、冷压石灰和柚子油等。通过高效液相色谱分析，可以检测出这些掺假物质。

4. 稳定同位素比值分析

天然食品原料在生长过程中会发生某些同位素分馏作用，使得其中的这些稳定同位素比值与赝品中的相应比值差别较大。根据这一原理，Bricont 提出了利用稳定同位素分析（SIRA）技术来检验天然食品中掺假物质的设想，并首先用来检查天然果汁，成功地检出了用水冲稀的制品。由于这项新检验技术特征性强，灵敏度高，现已成为检验食品的一种重要方法。

许多天然食品和饮料是由植物制成的，而植物中碳水化合物的碳是通过光合作用吸收大气中的二氧化碳而得到的。在自然界中，碳元素有两种稳定同位素：^{12}C（98.9%）和^{13}C（1.1%）。大气中的二氧化碳中碳同位素比值$^{13}C/^{12}C$基本是恒定的，但在光合作用过程中$^{13}CO_2$反应速度要比$^{12}CO_2$慢一些，尽管差别很小，也会使植物体内的$^{13}C/^{12}C$出现微小的偏差，这种现象称之为碳同位素的分馏效应。

许多人工合成的食品虽然取材于植物，然而二氧化碳光同化途径各异的植物，碳同位素分馏效应的大小也不尽相同。植物光同化途径有C_3、C_4以及兼有C_3和C_4三大类，这三类植物的$\delta^{13}C$存在着差异，测定食品中的$\delta^{13}C$值即可鉴别出原料的来源，辨明真伪。

正当这项技术在食品检验中获得可喜成就之时，伪造商又设法用少量特征的稳定同位素标记体掺到人工合成品中，调整该同位素的总含量，企图以假乱真。可是进一步研究发现，在伪造品中加入同位素标记物虽然可以模仿该同位素的总含量，但分子中某一些特征基团的同位素比值将出现更大的差别，因而检查起来更为灵敏。

目前利用$^{13}C/^{12}C$ SIRA 法已成功地检查出冒牌的蜂蜜、苹果汁、葡萄汁、柚子汁、柑橘汁等。这些食品或饮料中糖的$\delta^{13}C$值都较低，而玉米和甘蔗的糖的$\delta^{13}C$值较高，所以测定$^{13}C/^{12}C$值可检出是否在天然食品或饮料中掺入了玉米或甘蔗所制的糖，但检查不出是否掺了甜菜或马铃薯制成的糖。用C_3植物碳水化合物制造酒精的过程中，没有^{13}C的分馏作用，因此用$^{13}C/^{12}C$值检验果酒、啤酒和威士忌，可以查出是否掺了以C_4植物碳水化合物为原料所制的次品。

动物饲料的主要来源是植物。饲料链的研究表明，动物组织的$^{13}C/^{12}C$值与饲料$^{13}C/^{12}C$值密切相关。Gaffney 等人提议根据$^{13}C/^{12}C$值检验大豆蛋白，能查出掺入其中的猪、羊肉蛋白。美国多用玉米做饲料，畜肉蛋白质中^{13}C值较高，但欧洲牲畜的饲料主要是C_3牧草，所以这项检验技术遇到了困难。酒精发酵成醋，而醋酸又可以完全用化学方法合成。在发酵制造醋的过程中，发生了^{13}C的分馏作用，使羧基中的$\delta^{13}C$值高于甲基的$\delta^{13}C$值；而合成乙酸中这个关系正好颠倒过来。如果乙酸羧基中$\delta^{13}C < -24‰$ PDB，那就可能掺入了化学合成的乙酸。

食用香精是食品工业的重要添加剂，其中天然香草精尤为珍贵，每年工业产值可达数百万美元。天然香草精的主要成分是香草醛，而香草醛可以用廉价的木质素或愈创木酚（来自石油）来制备。香草醛分子中共有 8 个碳原子，对于从香草豆中提取的天然香草醛而言，除了塔希提出产的以外，不论是总碳的$\delta^{13}C$值还是甲基碳的$\delta^{13}C$值都很稳定。从总碳的$\delta^{13}C$值发现香草豆的$\delta^{13}C$值比木质素（C_3植物）合成的香草醛高，因此利用$\delta^{13}C$值可以容易地检查出以木质素合成的香草醛代替天然香草精的冒牌货。另外，近来发现有人利用二烃基苯醛与^{13}C-碘甲烷的甲基化反应，得到^{13}C-甲基香草醛，以一定的比例掺到木质素香草醛中，使混合物的总碳$\delta^{13}C$值与天然香草精的总碳$\delta^{13}C$值相仿。经过 SIRA 分析，发现仿制品的^{13}C主要集中在甲基上，所以只要改用甲基碳的$\delta^{13}C$值做检验指标，就能更加灵敏地检出这种仿制品来。

参考文献

[1] Balasubramanian S., Panigrahi S., Kottapall I. B., et al. Evaluation of an artificial olfactory system for grain quality discrimination [J]. Lebensmittel-Wissenschaft und-Technologie, 2007, 40: 1815-1825.

[2] Barghini P., Di Gioia D., Fava F., et al. Vanillin production using metabolically engineered *Escherichia coli* under non-growing conditions [J]. Microbial Cell Factories, 2007, 6: 13-24.

[3] Berger R. G.. Flavours and Fragrances-Chemistry, Bioprocessing and Sustainability [M]. Springer, 2007.

[4] Buffo R. A, Cardelli-Freire C.. Coffee flavour: an overview [J]. Flavour and Fragrance Journal, 2004, 19 (2): 99-104.

[5] Chiofalo B., Zumbo A., Costa R., et al. Characterization of maltese goat milk cheese flavour using SPME-GC/MS [J]. South African Journal of Animal Science, 2004, 34: 176-180.

[6] 蔡建国，邓修，周立法，等．超临界流体技术工艺与设备 [J]．机电信息，2007，155 (17): 32-34.

[7] 蔡同一，阎红，倪元颖，等．葡萄汁主要芳香物回收工艺的研究 [J]．饮料工业，2001，4 (6): 39-45.

[8] 曹雁平．食品调味技术 [M]．2 版．北京：化学工业出版社，2010.

[9] 陈美霞，陈学森，周杰，等．杏果实不同发育阶段的香味组成及其变化 [J]．中国农业科学，2005，38 (6): 1244-1249.

[10] 陈能飞，李卫华，张书敏．食用香精的制备新技术及其控释系统的开发 [J]．肉类研究，2008，5: 18-21.

[11] 陈雄，乔昕，林向东．大蒜风味的形成及香气评估 [J]．江苏调味副食品，2006，74: 24-25.

[12] 程能林．溶剂手册 [Z]．北京：化学工业出版社，2008.

[13] Fragaki G., Spyros A., Siragakis G., et al. Detection of extra virgin olive oil adulteration with lampante olive oil and refined olive oil using nuclear magnetic resonance spectroscopy and multivariate statistical analysis [J]. Journal of Agricultural and Food Chemistry, 2005, 53 (8): 2810-2816.

[14] Fukushige H., Hildebrand D. F.. Watermelon (Citrullus lanatus) hydroperoxide lyase greatly increases C6 aldehyde formation in transgenic leaves [J]. Journal of Agricultural and Food Chemistry, 2005, 53 (6): 2046-2051.

[15] 范文来，徐岩．中国白酒风味物质研究的现状与展望 [J]．酿酒，2007，4: 31-38.

[16] 费维扬，任钟旗．萃取塔设备强化的研究和应用 [J]．化工进展，2004，23 (1): 12-16.

［17］冯倩倩，胡飞，李平凡．SPME-GC-MS 分析罗非鱼体中挥发性风味成分［J］．食品工业科技，2012，6：67-70.

［18］郭娟，邢晓阳，孔令会，等．亚临界水提取干花椒中精油的研究［J］．化学与生物工程，2009，2：18-21.

［19］Hansen E. H.，Moller B. L.，Kock G. R.，et al. De novo biosynthesis of vanillin in fission yeast（*Schizosaccharomyces pombe*）and baker's yeast（*Saccharomyces cerevisiae*）［J］. Applied and Environmental Microbiology，2009，5（9）：2765-2774.

［20］Hernández I.，Molenaar D.，Beekwilder J.，et al. Expression of plant flavor genes in *Lactococcus lactis*［J］. Applied and Environmental Microbiology，2007，73（5）：1544-1552.

［21］Hui Y. H.. Handbook of Flavors from Fruits and Vegetables［M］. John Wiley & Sons，Inc.，2010.

［22］海铮，王俊．基于电子鼻山茶油芝麻油掺假的检测研究［J］．中国粮报，2006，21（3）：192-197.

［23］何香，许时婴．蒸煮鸡肉的挥发性香气成分［J］．无锡轻工大学学报，2001，5：497-499.

［24］何国庆．食品酶学［M］．北京：化学工业出版社，2006.

［25］何国庆．食品发酵与酿造工艺学［M］. 2 版．北京：中国农业出版社，2011.

［26］侯丽华，宋茜，曾小红．酱油风味研究进展［J］．中国酿造，2009，7：1-4.

［27］胡花丽，王贵喜．桃果实风味物质的研究进展［J］．农业工程学报，2007，23（4）：2-3.

［28］黄春红，冷瑞丹．肉类食品中典型异味物质研究进展［J］．肉类研究，2020，34（3）：88-93.

［29］黄江艳，李秀娟，潘思轶．固相微萃取技术在食品风味分析中的应用［J］．食品科学，2012，33（7）：289-298.

［30］居乃琥．酶工程手册［Z］．北京：中国轻工业出版社，2011.

［31］Krumbein A.，Peters P.，Brückner B.. Flavour compounds and a quantitative descriptive analysis of tomatoes（*Lycopersicon esculentum Mill.*）of different cultivars in short-term storage［J］. Postharvest Biology and Technology，2004，32：15-28.

［32］李瑜．新鲜胡萝卜片和胡萝卜混汁挥发性风味物质的研究［J］．江苏农业科学，2009，5：253-255.

［33］李超，商学兵，王乃馨，等．响应曲面法优化微波辅助提取白豆蔻挥发油的工艺研究［J］．食品科学，2011，32（8）：133-137.

［34］李荣，姜子涛．微波辅助水蒸气蒸馏调味香料肉豆蔻挥发油化学成分的研究［J］. 中国调味品，2011，36（3）：102-104.

［35］刘春香，何启伟．黄瓜芳香物质的研究进展［J］．园艺学报，2004，31（2）：269-273.

［36］刘小草，丘泰球．亚临界水提取沙姜精油的优化工艺研究［J］．食品工业科技，2009，30（12）：221-224.

［37］刘亚琼，朱运平，乔支红．食品风味物质分离技术研究进展［J］．食品研究与开发，2006，27（6）：181-183.

［38］刘月蓉，牟大庆，陈涵，等．天然植物精油提取技术——亚临界流体萃取［J］．莆田学院学报，2011，18（2）：67-70.

［39］刘明池，郝静，唐晓伟．番茄果实芳香物质的研究进展［J］．中国农业科学，2008，41（5）：1444-1451.

［40］刘曦，谭燕，袁芳．食品风味物质在水凝胶中的控释研究进展［J］．中国调味品，2019，44（3）：175-179.

［41］Madene A.，Jacquot M.，Scher J.，et al. Flavour encapsulation and controlled release-a review［J］. International Journal of Food Science and Technology，2006，41：1-21.

［42］Marco A.，Navarro J. L.，Flores M.. Volatile compounds of dry fermented sausages as affected by solid-phase microextraction（SPME）［J］. Food Chemistry，2004，84：633-641.

［43］Matheis G.. 食品的异味（上）［J］．香料香精化妆品，2001，5：28-33.

［44］Matheis G.. 食品的异味（下）［J］．香料香精化妆品，2001，6：25-30.

［45］McKinlay J. B.，Vieille C.，Zeikus J. G.. Prospects for a bio-based succinate industry［J］. Applied Microbiology and Biotechnology，2007，76：727-740.

［46］Mottram D. S.. Flavour formation in meat and meat products：a review［J］. Food Chemistry，1998，62（4）：415-424.

［47］闵勇，张薇，樊爱萍，等．微波辅助提取草果挥发油工艺研究［J］．食品工业科技，2011，（6）：238-240.

［48］马利，孙长华，张宝．红外光谱技术在食品掺假检验中的应用进展［J］．生命科学仪器，2010，8（2）：3-6.

［49］Nakamura J.，Hirano S.，Ito H.，et al. Mutations of the corynebacterium glutamicum NCgl1221 gene，encoding a mechanosensitive channel homolog，induce L-glutamic acid production［J］. Applied and Environmental Microbiology，2007，73（14）：4491-4498.

［50］Nielsen S. S.. Food Analysis［M］. 5th ed. Springer，2017.

［51］Noordermeer M. A.，Van Der Goot W.，Van Kooij A. J.，et al. Development of a biocatalytic process for the production of C6-aldehydes from vegetable oils by soybean lipoxygenase and recombinant hydroperoxide lyase［J］. Journal of Agricultural and Food Chemistry，2002，50（15）：4270-4274.

［52］Overhage J.，Steinbüchel A.，Priefert H.. Highly efficient biotransformation of eugenol to ferulic acid and further conversion to vanillin in recombinant strains of*Escherichia coli*［J］. Applied and Environmental Microbiology，2003，69（11）：6569-6576.

［53］钱敏，刘坚真，白卫东，等．食品风味成分仪器分析技术研究进展［J］．食品与机械，2009，25（4）：177-181.

［54］Reineccius G. A.. Flavor Chemistry and Technology［M］. Taylor & Francis，2006.

［55］Ro D. K.，Paradise E. M.，Ouellet M.，et al. Production of the antimalarial drug precursor artemisinic acid in engineered yeast［J］. Nature，2006，440（7086）：940-943.

[56] 任文彬，刘颖，邓丽芬．酶法酵母肉类香精的制备［J］．中国调味品，2010，35（12）：74-76.

[57] 任西营．食品风味分析技术研究进展［J］．中国食品添加剂，2014，7：173-178.

[58] Santiago - Gómez M. P. , Thanh H. T. , Coninck J. D. , et al. Modeling hexanal production in oxido-reducing conditions by the yeast *Yarrowia lipolytica*［J］. Process Biochemistry, 2009, 44: 1013-1018.

[59] Shao Q. L. , Gordon J. P. . An overview of formation and roles of acetaldehyde in winemaking with emphasis on microbiological implications［J］. International Journal of Food Science and Technology, 2000, 35 (1): 49-61.

[60] Shieh C. J. , Chang S. W. . Optimized synthesis of lipase-catalyzed hexyl acetate in n-hexane by response surface methodology［J］. Journal of Agricultural and Food Chemistry, 2001, 49 (3): 1203-1207.

[61] 商学兵，李超．超声波协同微波提取白豆蔻挥发油的工艺研究［J］．农业机械，2011（5）：64-67.

[62] 孙钰清，吴继红，庞雪莉．食品异味问题现状及其研究进展［J］．食品安全质量检测学报，2019，10（15）：4832-4839.

[63] Treichel H. , Oliveira D. , Mazutti M. , et al. Review on microbial lipases production［J］. Food and Bioprocess Technology, 2010, 3 (2): 182-196.

[64] 陶晨，王道平．7种梨子的香气成分［J］．云南大学学报，2010，32（4）：449-452.

[65] 涂正顺，李华，王华．猕猴桃果实采后香气成分的变化［J］．园艺学报，2001，28（6）：512-516.

[66] Verstrepen K. J. , Van Laere S. D. , Vanderhaegen B. M. , et al. Expression levels of the yeast alcohol acetyltransferase genes ATF1, Lg-ATF1, and ATF2 control the formation of a broad range of volatile esters［J］. Applied and Environmental Microbiology, 2003, 69 (9): 5228-5237.

[67] 汪洪武，刘艳清，韦寿莲，等．微波、超声波和水蒸气蒸馏在紫苏籽挥发油分析中的对比研究［J］．精细化工，2011，28（6）：544-547.

[68] 王劼，张水华．肉味风味的研究［J］．中国调味品，2001，8：31-35.

[69] 王勇，徐岩，范文来，等．应用GC-O技术分析牛栏山二锅头白酒中的香气化合物［J］. 酿酒科技，2011，2：74-77.

[70] 王志沛，季晓东，武千钧，等．啤酒中挥发性物质的分析及风味评价［J］．酿酒科技，2001，4：59-62.

[71] 王林祥，刘杨岷．酱油风味成分的分离与鉴定［J］．中国调味品，2005，1：45-49.

[72] 王淼．食品风味物质与生物技术［M］．北京：中国轻工业出版社，2004.

[73] 吴克刚，柴向华，李卫华，等．食品风味智能控释技术［J］．食品工业科技，2006，12：180-183.

[74] 武彦文，欧阳杰，张津凤，等．酶法水解奶油制备奶味香精的研究［J］．中国调

味品，2003，12：39-42.

［75］谢超．采收成度对樱桃果实香气成分及品质的影响［J］．食品科学，2011，32（10）：295-230.

［76］谢云霄，于娟，张雨琦．食品异味及其产生原因与抑制措施［J］．食品工业，2019，40（1）：228-233.

［77］辛松林，杨妍．电子鼻的原理、应用现状及前景［J］．四川烹饪高等专科学校学报，2011，1：23-25.

［78］徐树来，王永华．食品感官分析与实验［M］．2 版．北京：化学工业出版社，2010.

［79］Yoon S. H.，Li C.，Lee Y. M.，et al. Production of vanillin from ferulic acid using recombinant strains of *Escherichia coli*［J］. Biotechnology and Bioprocess Engineering，2005，10（4）：378-384.

［80］严蕊，张龙，马辉，等．超高压处理对黑莓酒香气成分的影响［J］．中国酿造，2012，31（6）：56-62.

［81］杨玉平，熊光权，程薇，等．水产品异味物质形成机理、检测及去除技术研究进展［J］．食品科学，2009，30：533-538.

［82］杨学军，梁志家，韩锋．复式萃取器及其应用［J］．大豆科技，2012，1：39-43.

［83］也兰春．苹果不同品种果实香气物质研究［J］．中国农业科学，2006，39（3）：641-646.

［84］于铁妹，徐迅，王永华．脂肪酶水解乳脂制备天然奶味香基的研究［J］．食品发酵与工业，2008，34（4）：150-153.

［85］Ziegler H.. Flavourings：Production，Composition，Applications，Regulations［M］. Wiley-VCH Verlag GmbH & Co.，Weinheim，2007.

［86］张运涛．树莓和蓝莓香味挥发物的构成及其影响因素［J］．植物生理学通讯，2003，39（4）：377-380.

［87］张明霞，吴玉文，段长青．葡萄与葡萄酒香气物质研究进展［J］．中国农业科学，2008，41（7）：2098-2104.

［88］张振华，葛毅强，倪元颖，等．葡萄汁芳香物回收工艺中酶解增香调控的研究［J］. 食品科学，2003，24（6）：62-65.

［89］张晓鸣，夏书芹，贾承胜，等．食品风味化学［M］．北京：中国轻工业出版社，2011.

［90］张春晖．食品微生物检验［M］．北京：化学工业出版社，2008.

［91］赵玉平，徐岩，李记明，等．白兰地主要香气物质感官分析［J］．食品工业科技，2008（3）：113-116.